Loewner 理论及其在力学中的应用

吴华 编著

西安电子科技大学出版社

内 容 简 介

　　本书对共形映射方法在平面断裂动力学中的直接应用进行了探讨. 本书前半部分(第 1~3 章)介绍了共形映射的基本理论,其中不仅涵盖了 Riemann 映射定理、边界对应等经典内容,还从映射实现的角度对共形映射理论中深刻的 Loewner 参数表示法、共形映射的变分法进行了颇为详细的讨论. 特别值得一提的是,书中较为全面地介绍了基于经典 Loewner 参数表示法发展而来的 Loewner 理论,包括一般化的 Loewner 微分方程以及近年来十分活跃的随机 Loewner 演化等内容. 本书后半部分(第 4~6 章)以平面弹性理论中的复变方法为背景,讨论了共形映射方法在平面线弹性断裂问题解析求解中的应用,并融入了 Loewner 理论、变分法在动态断裂分析中的最新应用成果.

　　本书可供应用数学或力学专业的学生以及相关科技人员阅读或参考.

图书在版编目 (CIP) 数据

　　Loewner 理论及其在力学中的应用 / 吴倖编著. -- 西安 ：西安电子科技大学出版社,2024. 6. -- ISBN 978-7-5606-7317-2

　　Ⅰ. O3

中国国家版本馆 CIP 数据核字第 2024161AE6 号

策　　划	吴祯娥
责任编辑	吴祯娥
出版发行	西安电子科技大学出版社 (西安市太白南路 2 号)
电　　话	(029) 88202421　88201467　　邮　编　710071
网　　址	www. xduph. com　　电子邮箱　xdupfxb001@163. com
经　　销	新华书店
印刷单位	咸阳华盛印务有限责任公司
版　　次	2024 年 6 月第 1 版　　2024 年 6 月第 1 次印刷
开　　本	787 毫米×960 毫米　1/16　　印张　12
字　　数	214 千字
定　　价	49.00 元

ISBN 978-7-5606-7317-2

XDUP 7618001-1

前　　言

　　进入二十世纪后，古典复分析有了多个方面的突破与进展，其中发端于复平面上共形映射原理的几何函数论发展快速，引人注目. 以勒夫纳(Ch. Loewner)创立的参数表示法为原始基础拓展演化出来的 Loewner 理论无疑是几何函数论蓬勃发展的标志性成果之一. 1984 年，德·布兰杰斯(L. De Branges)以参数表示法为核心彻底证明了比伯巴赫猜想，可以看作是 Loewner 理论在函数论领域的巅峰成就. 原始的 Loewner 参数表示法提供了在没有显式表达的情况下间接获取 S 族单叶函数映射性质的一种具体方法，也确立了对复平面上更加一般的共形映射(单叶函数)族进行间接刻画的一种范式.

　　Loewner 理论的深刻性决定了其影响力远在复分析之外. 多年来，Loewner 理论一直和其他学科(如偏微分方程理论、控制理论等)有着密切的联系，特别值得一提的是该理论近些年在理论物理及力学方面的成功应用. 在理论物理方面，1999 至 2000 年，微软研究院的学者施拉姆(O. Schramm)将 Loewner 理论在上半平面上的模拟引入概率论的随机过程领域，以弦 Loewner 微分方程为主要工具深入地探讨了有关平面布朗运动的一些经典难题. 其间，他首次引入了随机 Loewner 演化(Stochastic Loewner Evolution，SLE)的概念并加以研究，取得了一定的进展. 随后经过大量学者的努力，SLE 的研究取得了飞速的发展，形成了当前十分活跃的一个集复分析、概率论、统计物理等多学科于一体的前沿交叉领域. 法国的维尔纳(W. Werner)和俄罗斯的斯米尔诺夫(S. Smirnov)因在 SLE 方面的出色研究成果而分别荣获了 2006 年、2010 年的菲尔茨奖，由此足见 SLE 在当代数学研究中的重要性. 目前世界上不少一流的学者已经在多连通区域、黎曼曲面上开展了 SLE 的研究，使该领域在当代主流数学研究领域占有一席之地. 在力学方面，Loewner 理论主要应用于线弹性动态断裂问题的解析求解. 相较于静态断裂问题，动态断裂问题解析求解的研究进展一直是非常缓慢的，不过最近在应用复变方法处理平面动态断裂问题方面，由于 Loewner 理论的引入而有了新的突破. 2004 年，奥里加(G. Oleaga)研究了平面裂纹扩展时应力场、应变场的解析求解问题. 针对裂纹准静态(quasistatic)扩展的情形，他应用弦 Loewner 微分方程进行讨论；通过求取 Loewner 微分方程的精确解并结合最大能量释放原理及几何函数论中经典的 Schiffer 边界变分方法，他确定出了 III 型反平面场中裂纹准静态扩展试验路径(trial path)的最佳形态. 奥里加直接应用弦 Loewner 微分方程去处理力学问题显然是受到了当时十分活跃的 SLE 研究的影响. 从这个角度来看，他的这项工作也自然地将动态断裂问题的理论研究汇入了时代主流，具有开拓性的意义. 需要认识到的是，SLE 理论本身及其在应用方面取得的一切惊人进展，其根本基础乃是 Loewner 理论. 进入二十一世纪后，经典 Loewner 理论的作用再次彰显出来，也促使人们重新客观地评估 Loewner 理论的价值. 遗憾的是，目前国内尚无较系统地介绍 Loewner 理论的书籍，这是笔者撰写本书的第一个动因.

值得注意的是，二十世纪 50 年代以来，在老一辈数学家陈建功教授的倡导下，我国在单叶函数的 Loewner 参数表示法方面有过不错的研究工作，但是该理论在其他学科领域内的应用成果迄今却几乎没有. 然而如前所述，无论是施拉姆大手笔开创的多学科交叉领域 SLE，还是奥里加将 Loewner 微分方程及单叶函数论方法应用于断裂分析的成功尝试，其实都表明 Loewner 理论在跨学科应用方面应该是有不少工作值得做也是可以做的，故更多地关注深刻的 Loewner 理论，深入地发掘其潜在的应用价值并将其注入其他相关学科中去是很有必要的，这也是笔者撰写本书的第二个动因，以期通过对 Loewner 理论在断裂分析中应用的初步推介，引起国内相关同仁对这个主题的关注.

本书共 6 章，第 1 至第 3 章为数学部分，第 4 至第 6 章为力学部分.

第 1 章是共形映射的基础知识，通过较为系统地介绍共形映射理论，勾勒出 Loewner 理论根植生发的背景. 后续章节会引用共形映射理论的相关结论.

第 2 章是本书的核心内容之一，介绍了经典的 Loewner 参数表示法及其主要的发展演变成果，涉及 Loewner 理论发展的几个重要节点及断裂分析中所需要的几种 Loewner 微分方程. 为了尽可能全面地展示 Loewner 理论发展的全貌，本章还简略介绍了全纯映射半群与一般化的 Loewner 微分方程以及 SLE 等近期成果. 对这部分内容感兴趣的读者可进一步参阅有关著作，特别是劳勒尔(G. F. Lawler)的著作(文献[8]).

第 3 章主要介绍了共形映射变分法的内容，涉及共形映射(单叶函数)的定性变分及定量变分、域内变分及边界变分等，其中的 Goluzin 变分公式、Schiffer 边界变分定理也是第 6 章进行动态断裂分析时要引用的结果.

第 4 章涉及平面弹性理论中的复变方法. 从数学力学的角度来看，线弹性断裂问题不过是一般平面弹性问题的特例，故本章内容可以作为后续用复变方法进行断裂分析的基础与起点. 这是一个相对成熟的研究方向，国内外不少学者致力于其中，研究成果十分丰富且文献众多. 我国已故数学家路见可教授在解析函数的边值问题领域深耕多年，成就卓著，并且在与该领域密切相关的平面弹性复变方法方面也颇有造诣，特别是对带裂纹的平面弹性问题有其独到的见解，这方面的研究成果汇集在他的著作(文献[12])中.

第 5 章是关于线弹性断裂力学中复变方法的应用内容，主要介绍了 Muskhelishivili 方法框架下裂纹问题的共形变换解法，侧重对静态问题的讨论，目的是让读者预先了解断裂分析中共形变换解法的基本步调，为后续动态问题的分析作必要的铺垫.

第 6 章为本书的第二个核心，主要介绍了平面裂纹问题的动态分析方法及成果，相关内容以复变方法特别是共形映射法的应用为线索来展开，其中既有对 Radok-范天佑方法等较早时期成果的介绍，也有对动态断裂分析中新的数学方法与技巧应用的重点讨论，涉及奥里加将单叶函数的 Schiffer 边界变分、弦 Loewner 微分方程引入动态断裂分析中的工作以及笔者将径向 Loewner 微分方程应用于动态断裂分析的工作.

本书在编撰过程中参考了若干与本书主题密切相关的中外著作，在此一并对有关著作者表示诚挚的感谢。

受笔者水平所限，书中难免会有不妥与疏漏之处，敬请广大读者批评指正.

今年适值勒夫纳发表著名的 Loewner 基本定理 100 周年，谨以此书表示纪念.

吴 犇

2023 年 7 月

目　　录

第 1 章

共形映射及其实现

1.1 共形映射及 Riemann 映射定理

1. 共形映射简史

共形映射是数学中最重要的概念之一，起源于古希腊托勒密时代确立的立体投影的概念，十六世纪初由航海术催生的墨卡托投影技术也是共形映射的基础. 至十八、十九世纪，随着科技的发展，数学空前繁荣，达朗贝尔(J. L. R. D'Alembert)、欧拉(L. Euler)都曾解决过与共形映射相关的个别问题，共形映射的概念也出现在了高斯(C. F. Gauss)有关微分几何的研究工作中，不过那时有关共形映射的工作还是较为零散的. 随着柯西(A. L. Cauchy)建立起近代解析函数理论的基础并引导出分析中的几何内容，黎曼(G. F. B. Riemann)从复变函数理论的角度系统地探讨了共形映射的问题并取得重大成果，最终使共形映射成为经典复变函数论最基本、最重要的内容之一. 1851 年，黎曼在其博士学位论文"一元复变函数普遍理论的原理"中揭示了共形映射与复变函数理论的深刻联系，奠定了几何函数论的基础.

黎曼在其博士论文中给出了共形映射的基本定理(即 Riemann 映射定理)：对于复平面上任何两个边界多于一点的单连通区域，必定存在一个单叶解析映射(单叶解析函数)将其中一个区域共形双射成另外一个区域，一定条件下，这个映射还是唯一的.

黎曼在证明这个定理时假定了关于 Dirichlet 积分的某类极值问题的解的存在性，但这一存在性不是无条件成立的，魏尔斯特拉斯(K. T. W. Weierstrass)指出了他证明中的这一缺陷，直到 50 年后希尔伯特(D. Hilbert)证明了这类变分的极值问题的解总是存在的，这才使该定理真正地确定下来. 1869 年，施瓦茨(H. A. Schwarz)用不同的方法，严格证明了 Riemann 映射定理，在证明过程中用到了非常重要的有关单叶函数的 Schwarz 引理. 1884 年，庞加莱(J. H. Poincare)给出了 Schwarz 引理的现代常见形式.

2. Riemann 映射定理

在本书中将使用以下通用记号：

$\mathbb{C}$ 表示复平面；

$\hat{\mathbb{C}} = \mathbb{C} \cup \{\infty\}$ 表示扩充复平面；

$\mathbb{D}$ 表示 $\mathbb{C}$ 中的单位圆域，同一段论述中出现不同平面上的单位圆域的情况时，加脚标以示区别，例如在 z 平面上则表示为 $\mathbb{D}_z = \{z \in \mathbb{C}: |z| < 1\}$；

∂D 表示 $\mathbb{C}$ 中区域 D 的周界，例如 $\partial \mathbb{D}$ 表示单位圆周，如在 z 平面上则 $\partial \mathbb{D} = \{z \in \mathbb{C}: |z| = 1\}$；

$\mathbb{R}$ 表示实数集，$\mathbb{N}$ 表示自然数集.

两个区域若可由共形映射将其中一个映射为另一个，就称它们是共形等价的. 由于区域的连通数是拓扑不变的，因而也是共形不变的，因此两个区域共形等价的一个必要条件是它们有相同的连通数. 在单连通区域类中，扩充复平面 $\hat{\mathbb{C}}$ 中去掉一个点后得到的区域组成一个共形等价类，即任意两个这样的区域是共形等价的，这样的区域和其他区域不共形等价，复平面 $\mathbb{C}$ 可以看作这类区域的代表. 对于其他区域，Riemann 映射定理则断言：除上面这两类特殊的单连通区域以外，其他边界多于一点的单连通区域都共形等价于单位圆域. 这样，单连通区域有三个共形等价类，分别以 $\hat{\mathbb{C}}$、$\mathbb{C}$ 和单位圆域为代表；按共形等价的观点来看，只有上述三种不同的单连通区域.

众所周知，复平面上任意区域 D 内的非常数解析函数将区域 D 映射为区域，特别地，当此解析函数为单叶时，该单叶解析函数在 D 内的导数处处不为零，从而处处保角，也就是说此时 D 与其映像区域共形. 这个事实说明在复平面上，共形映射是由单叶解析函数（习惯上也叫作叶函数）来实现的，区域 D 上的共形映射与 D 上的单叶解析函数等价，因此，在复平面上常通过研究单叶函数来探讨共形映射的性质（特别是定量特征）.

下面以现在较为通行的表述方式给出 Riemann 映射定理并基于 Schwarz 引理予以

证明.

引理 1.1.1　(Schwarz 引理)设 $f(z)$ 是单位圆域 $\mathbb{D}=\{z\in\mathbb{C}:|z|<1\}$ 内的解析函数，满足条件 $f(0)=0$，$|f(z)|\leqslant 1(|z|<1)$，则在 $|z|<1$ 内有 $|f(z)|\leqslant|z|$，$|f'(0)|\leqslant 1$，其中等号只对 $f(z)=e^{i\vartheta}z$ 成立.

定理 1.1.1　(Riemann 映射定理)设 $D\subset\hat{\mathbb{C}}$ 是一个边界多于一点的单连通区域，z_0 是 D 内的一个有穷点，则唯一地存在一个 D 到 $\mathbb{D}$ 的共形映射 $w=f(z)$，满足条件 $f(z_0)=0$，$f'(z_0)>0$.

证明　先证唯一性. 设 $w=f(z)$ 和 $\zeta=g(z)$ 是满足指定条件的两个共形映射，令
$$w=h(\zeta)=f[g^{-1}(\zeta)]$$
为单位圆 $|z|<1$ 到单位圆 $|w|<1$ 的共形映射，且满足 $h(0)=0$，$h'(0)>0$. 由 Schwarz 引理可知 $h'(0)\leqslant 1$. 考虑这个映射的逆映射可知 $h'(0)\geqslant 1$，于是 $h'(0)=1$. 再由 Schwarz 引理结论的后一半就得到 $h(\zeta)=\zeta$，由此就有 $f(z)=g(z)$. 唯一性得证.

现在来证明满足指定条件映射的存在性. 不妨设 0 和 ∞ 不在 D 内，否则经过一个分式线性变换就可达到目的. 在这样的区域内，可以取到 $\zeta=\sqrt{z}$ 的一个单值解析分支，它把 D 映射为一个单连通区域，这个区域必有外点. 事实上，若 a 是这个区域内的一点，则 $-a$ 就一定不在这个区域内. 因此，设若 $|\zeta+a|<\rho$ 是包含在这个区域内的点 a 的邻域，那么 $|\zeta+a|<\rho$ 就完全不属于这个区域. 可以作出一个分式线性变换，把 $-a$ 变为 ∞，$\sqrt{z_0}$ 变为 0，上述有外点的区域就映射为一个包含原点的有界区域. 为简单起见，设 D 就是一个有界区域，$z_0=0$.

设 $\mathfrak{M}$ 是所有满足下列条件的函数族：$f(z)$ 在 D 内单叶解析，$|f(z)|<1$，$f(0)=0$，$f'(0)>0$，函数 z/d(d 是 D 的直径)属于 $\mathfrak{M}$，所以是非空的. 由 Montel 定理可知，$\mathfrak{M}$ 是正规的. 由 Schwarz 引理可知，$\mathfrak{M}$ 中的函数在 $z=0$ 的导数是有上界的，设其上确界为正数 λ. 从 $\mathfrak{M}$ 中取函数序列 $f_n(0)(n=1,2,\cdots)$，使
$$\lim_{n\to\infty}f_n'(0)=\lambda$$

由于 $f_n(z)(n=1,2,\cdots)$ 在 D 内一致有界，$|f_n(z)|<1$，根据 Montel 定理，存在子序列 $f_{n_k}(z)(k=1,2,\cdots)$，使它在 D 内闭一致收敛到一个解析函数 $f(z)$. 由 Weierstrass 定理可知
$$f'(0)=\lim_{k\to\infty}f_{n_k}'(0)=\lambda$$

因此，$f(z)$ 不是常数；又因为 $f_{n_k}(z)$ 都是单叶的，根据 Hurwitz 定理，$f(z)$ 在 D 内也是单

叶的. 此外, 由 $|f_{n_k}(z)|<1$, $f_{n_k}(0)=0$ 可知, $|f(z)|\leqslant1$, $f(0)=0$; 由最大模原理, 在 D 内不可能取等号, 即在 D 内有 $|f(z)|<1$. 由此, 证明了 $f(z)\in\mathfrak{M}$.

下面证明 $w=f(z)$ 就是定理所要求的函数. 为此, 只需要证明 $w=f(z)$ 映满 $\mathbb{D}$. 若不然, 则有一点 w_0, 使 $|w_0|<1$, $w_0\notin G=f(D)$. 令

$$\zeta=g(w)=\frac{w-w_0}{1-\overline{w}_0 w}$$

$g(w_0)=0$, $g(0)=-w_0$. 由于 D_1 不包含 $\zeta=0$, 因此在 D_1 内可以取 $\sqrt{\zeta}$ 的一个单值解析分支 $\omega=\varphi(\zeta)$, 它在 $-w_0$ 的值记为 $\omega_0=\sqrt{-w_0}$. 最后令

$$\tau=\psi(\omega)=\frac{\omega_0}{|\omega_0|}\cdot\frac{\omega-\omega_0}{1-\overline{\omega}_0 \omega}$$

就有 $\psi(\omega_0)=0$. 于是 $\tau=F(z)=\psi(\varphi(f(z)))$ 满足条件: $F(z)$ 在 D 内单叶解析, $F(0)=0$, $|F(z)|<1$. 但是由于

$$F'(0)=\frac{\omega_0}{|\omega_0|(1-|\omega_0|^2)^2}\cdot\frac{1}{2\omega_0}\cdot(1-|\omega_0|^2)f'(0)$$

$$|\omega_0|^2=\frac{1+|\omega_0|}{2\sqrt{|\omega_0|}}f'(0)>f'(0)$$

因此, $F'(z)\in\mathfrak{M}$, $F'(0)>f'(0)$, 由此得出了矛盾的结果, 因而 $G=f(D)$ 就是 $\mathbb{D}$. 证毕.

1.2 共形映射的边界行为

共形映射的 Riemann 映射定理解决了边界点多于一点的单连通区域与单位圆域之间共形的一一对应问题, 但对这种性质的对应关系在区域边界上是否成立却没有给出回答. 其实, 一个拓扑映射, 甚至光滑映射都未必能延拓到区域的边界上, 那么共形映射情况会怎样呢? 现在已知的情况是共形映射在边界不是很复杂的情形下能较容易地实现对区域边界的延拓, 但对于复杂边界, 问题就变得棘手起来. 此时关于边界对应关系的探讨要比域内问题复杂得多, 需要引入一些新的概念.

1.2.1　截线与素端

首先我们引入可达边界点的概念. 设 Z_0 是区域 D 的边界 ∂D 上的一点，若对于 D 上的任意一点 z_0，可以用一条连续曲线 l：

$$z = z(t) \quad (a \leqslant t \leqslant b,\ z(a) = z_0,\ z(b) = Z_0)$$

连接 z_0 和 Z_0，l 除端点 Z_0 外整个位于 D 内，则称 Z_0 是 D 的一个可达边界点；若不存在用来连接 z_0 和 D 内任意一点的这种连续曲线，则称 Z_0 是 D 的一个不可达边界点. 值得注意的是，以上提到的曲线 l 可以用 Jordan 曲线，甚至可用一条由有穷多条或无穷多条线段组成的无重点折线代替. 事实上，弧 l_k：$z = z(t)$，$b - \varepsilon_{k-1} \leqslant t \leqslant b + \varepsilon_{k-1}$（$\varepsilon_k > 0$，$\varepsilon_k > \varepsilon_{k+1}$，$k = 1, 2, \cdots$，当 $k \to +\infty$ 时，$\varepsilon_k \to 0$）是一闭集，此闭集与 ∂D 的距离是一正数. 将 l_k 分为有穷多条弧，使得这些弧上任意两点之间的距离小于 δ_k，连接相邻两个点得到一条折线，该折线完全位于 D 内. 对每条弧 $l_k (k = 1, 2, \cdots)$ 均作相同处理之后，则得到一条由无穷多条线段组成的折线，去掉一切闭折线，就得到一条无重点的折线（折线的顶点仅以 Z_0 为极限点），这是一条 Jordan 曲线.

图 1.1 给出了不可达边界点的例子.

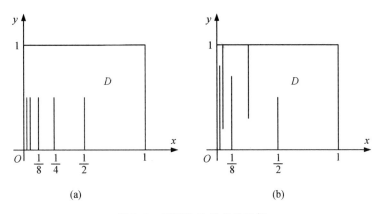

图 1.1　不可达边界点的示例

图 1.1(a) 所示的区域 D 是从正方形 $0 < x < 1$，$0 < y < 1$ 内去掉长度为 $\dfrac{1}{2}$，横坐标分别为 $\dfrac{1}{2}$，$\dfrac{1}{2^2}$，$\dfrac{1}{2^3}$，$\cdots$ 的垂直线段；图 1.1(b) 所示的区域 D 是从上述正方形内去掉一列垂直线段，与图 1.1(a) 不同的是，这列线段交替地垂直于上底边和下底边，其长度逐渐递增趋于

1. 显然，图 1.1(a) 中的线段 $Oa = \{(x,y): x=0, 0 \leqslant y \leqslant 1/2\}$ 上每一点除点 $(0,1/2)$ 外都是不可达边界点；图 1.1(b) 中的线段 $Ob = \{(x,y): x=0, 0 \leqslant y \leqslant 1\}$ 上的每一点都是不可达边界点.

垂直割线上除边界角开度为 2π 的那一个点以外，其余点均可以看成是位置相同的两个边界点（重点）. 在区域 D 内有两条曲线达到某一重点，这两条曲线分别位于垂直割线的两侧，重点虽然有相同的位置，但域内连续曲线从两侧到达重点的性态可能是很不相同的，故必须作为两个边界点来对待.

对于区域边界点均为可达边界点的情形，共形映射的边界对应问题较容易解决，目前解析函数论的教科书上也常有这方面的讨论和结果. 虽然相关定理的表述和证明过程的具体处理方法多种多样，每一种证明也都不是很简单，但是基于既有的方法技巧进行论证已经足够，不需要引入新的概念. 下面给出 Koebe 的一个定理，证明可参考有关著作.

定理 1.2.1　设 $w=f(z)$ 是单连通区域 D 到单位圆域 $\mathbb{D}=\{w \in \mathbb{C}: |w|<1\}$ 的共形映射，使得对于 D 的每个可达边界点 Z，对应于 $\partial \mathbb{D}$ 上一个确定的点 W，且当 z 在 D 内沿确定 Z 的曲线 l 趋于 Z 时，相应的 $w=f(z)$ 趋于 W，D 的两个不同的可达边界点对应于 $\partial \mathbb{D}$ 上的两个不同点，若 F 是 $\partial \mathbb{D}$ 对应于 D 的可达边界点的点集，那么 F 在 $\partial \mathbb{D}$ 上是处处稠密的.

当区域边界不再都是由可达边界点构成时，基于已有概念的研究会遇到难以克服的困难，按现在的说法就是区域边界有不可达边界点时如何紧化，这需要运用智慧创造新概念. 卡拉西奥多里 (C. Carathéodory) 首先引入了素端 (prime ends) 的概念，从而针对平面区域给出了一种新的紧化，也借此彻底解决了共形映射的边界对应问题.

首先来定义截线 (crosscut). 设 C 是区域 D 内的一条开 Jordan 弧，如果有 $\bar{C}=C \cup \{a,b\}$，且 a、b 均为 D 的可达边界点，则称 C 为 D 的一条截线. 设有一截线序列 C_n，$n=1,2,\cdots$，截线 C_1 连接 D 内的两个可达边界点，且将 D 分为两个区域，其中一个区域为 D_1. C_2 位于 D_1 内，它的两个端点是 D 的可达边界点，但不是 C_1 的两个端点. C_2 将 D_1 分为两个区域，其中边界上没有 C_1 的点的那个区域记为 D_2. 一般地，截线 C_{n+1} 位于 D_n 内，其端点为 D 的两个可达边界点，但不是 C_n 的端点，C_{n+1} 将 D_n 分为两个区域，其中边界上没有 C_n 的点的那个区域记为 D_{n+1}. 闭区域 $\bar{D}_n (n=1,2,\cdots)$ 是相互包含的，即 $\bar{D}_1 \supset \bar{D}_2 \supset \cdots \supset \bar{D}_n \supset \bar{D}_{n+1} \cdots$，它们的交集 $E = \bigcap\limits_{n=1}^{\infty} \bar{D}_n$ 是非空的.

假如截线总是使 E 只包含 D 的边界点，设在 $\mathbb{D}=\{w \in \mathbb{C}: |w|<1\}$ 内与 D_n 对应的域

是 G_n，交集 $\bigcap_{n=1}^{\infty} \bar{G}_n$ 也是非空的，且此交集仅由 ∂D 上的点组成，则称其是域对应的一个素端.

容易证明，对应于 W_0 的素端与截线序列 C_n 无关. 也就是说，假如由截线序列 C_n'、C_n'' 确定对应于 W_0 的两个素端 E'、E''，要证明 $E'=E''$. 设由 C_n'、C_n'' 分别确定域 $\bar{D}_n'$、$\bar{D}_n''$ 在 $\mathbb{D}$ 上相应的 $\bar{G}_n'$、$\bar{G}_n''$，有

$$\bar{D}_n''W_0 = \bigcap_{n=1}^{\infty} \bar{G}_n' = \bigcap_{n=1}^{\infty} \bar{G}_n''$$

因此对于每一个 $\bar{G}_n'$，存在正整数 m_1，使 $m>m_1$ 时，$\bar{G}_m'' \subset \bar{G}_n'$；对于每一个 $\bar{G}_n''$，存在 m_2，使 $m>m_2$ 时，有 $\bar{G}_m' \subset \bar{G}_n''$. 同样，$\bar{D}_n'$、$\bar{D}_n''$ 也具有这个性质，于是对于一切 n，有 $E'' \subset \bar{D}_n'$，$E' \subset \bar{D}_n''$，即 $E'' \subset E'$，$E' \subset E''$，这表明由 C_n'、C_n'' 所确定的素端是由同样的点组成的. 换言之，素端完全由它相对应的点 W_0 确定. 这一节给出的两个例子中，线段 Oa、Ob 就是所对应区域的素端.

1.2.2　共形映射的边界对应定理及映射函数向边界的延拓

应用素端的概念，共形映射的边界对应问题可以得到完全的解决. 记一个有界区域 D 和其全部素端的集合之并为 $\hat{D}$，可以对 $\hat{D}$ 中每一点建立邻域的概念，从而使 $\hat{D}$ 成为一个拓扑空间，进而可以证明区域 D 到单位圆域 $\mathbb{D}$ 的共形映射可以延拓为 $\hat{D}$ 到 $\overline{\mathbb{D}}$ 的同胚.

定理 1.2.2　在单连通区域 D 到单位圆域 $\mathbb{D}=\{w \in \mathbb{C}: |w|<1\}$ 的共形映射下，D 的所有素端与 $\partial \mathbb{D}$ 上所有点存在一一对应的关系.

证明　由素端的定义，D 的每个素端唯一地对应于 $\partial \mathbb{D}$ 上的一点 W_0，现在要证明相反的命题也是成立的，即对 $\partial \mathbb{D}$ 上的每一个 W_0，必有 D 的一个素端与之对应. 在 $\partial \mathbb{D}$ 上取两个序列 W_n'、$W_n''(n=1,2,\cdots)$，它们中的每一点都异于 W_0，当 $n \to \infty$ 时，这两个序列都趋于 W_0. 又假定 W_n'、W_n'' 的对应点 z_n'、z_n'' 都是 D 的可达边界点，W_{n+1}'、W_{n+1}'' 位于包含 W_0 的圆弧 $W_n'W_n''$ 内. 设 z_n'、z_n'' 是由曲线 l_n'、l_n'' 所确定的，在 $\mathbb{D}$ 内与 l_n'、l_n'' 对应的曲线是 λ_n'、λ_n''，对于每一个 n，在曲线 λ_n'、λ_n'' 上分别选取以 W_n'、W_n'' 为一端点的两条弧，使得它上面的点过 W_n'、W_n'' 的直线距离比过 W_{n-1}'、W_{n-1}'' 和过 W_{n+1}'、W_{n+1}'' 的直线距离近. 然后用直线连接这两条弧的另一端点得到一条在圆 $|w|<1$ 内且以 W_n'、W_n'' 为两端点的曲线. 当 $n \to \infty$ 时该曲线收敛到 W_0，并且它的原像 C_n 可确定 D 的素端，这些素端与 W_0 相对应. 证毕.

以上澄清了任意单连通区域 D 与单位圆域 $\mathbb{D}$ 之间在共形映射下边界之间是否存在一一对应的问题. 另一个相关的问题随之提出, 即如果 $w=f(z)$ 是将 D 映射到 $\mathbb{D}$ 的单叶解析函数, 那么 $w=f(z)$ 能否延拓到 D 的边界上, 其反函数 $z=g(w)$ 能否延拓到 $\partial\mathbb{D}$ 上. 下面讨论这个问题, 为此, 先给出一个关于素端的补充定理.

定理 1.2.3　设 E 是由 D 的截线 C_n 所确定的 D 的边界点集, E 是 D 的素端的充分必要条件是 E 包含 D 的可达边界点不多于一个.

证明　设 E 包含 D 的可达边界点不多于一个, 假如 E 不是 D 的素端, 则用以决定 E 的一切 $\bar{G}_n$ 的交集包含 $\partial\mathbb{D}=\{w\in\mathbb{C}:|w|=1\}$ 上的一条弧, 在此弧上选取两点 W_1、W_2, 使这两个点对应于 D 的可达边界点 Z_1、Z_2, 确定 Z_1、Z_2 的曲线为 l_1、l_2. 在 $|w|<1$ 内与它们对应的是以 W_1、W_2 为一端点的曲线 λ_1、λ_2. 在 W_1、W_2 的充分小的邻域内, λ_1、λ_2 的一部分在 $\bar{G}_n$ 内, 于是点 Z_1、Z_2 属于一切 $\bar{D}_n$, 因此属于 E, 即 E 有两个可达边界点, 这与假设矛盾.

若 E 是 D 的一素端, 则 E 包含 D 的可达边界点不能多于一个. 否则至少有两个可达边界点. 由定理 1.2.1 可知, 它们对应于 $\partial\mathbb{D}$ 上的两个不同点, 但这与定理 1.2.2 是矛盾的. 证毕.

基于定理 1.2.3, 可以证明如下共形映射的边界延拓性定理.

定理 1.2.4　若 D 是由一条 Jordan 闭曲线围成的内部区域, $w=f(z)$ 是 D 到单位圆域 $\mathbb{D}$ 的共形映射, 则单叶解析函数 $f(z)$ 可以延拓到边界上, 使其成为 $\bar{D}$ 到 $\bar{\mathbb{D}}$ 上的一个拓扑映射.

证明　容易证明 Jordan 闭曲线上每一点均为可达边界点, 即 D 的每个素端是由 D 的一个可达边界点组成的. 由定理 1.2.3 可知 D 到单位圆域 $\mathbb{D}$ 的共形映射 $w=f(z)$ 下的边界点与 $\partial\mathbb{D}$ 上的点之间是一一对应的. 下面分别证明 $w=f(z)$ 及其逆映射对边界的连续延拓:

对于 $\partial\mathbb{D}$ 上的任意一点 W_0, 定义

$$g(W_0)=\lim_{w\to w_0}g(w)\quad(|w|<1)$$

由于对应于 W_0 的素端仅由一个点组成, 因此以上极限是存在的. 现在我们来证明 $g(w)$ 在闭圆 $\bar{\mathbb{D}}$ 上连续. 设 $\{w_n\}$ 是 $\bar{\mathbb{D}}$ 上收敛到 W_0 的序列, 若 $\{w_n\}$ 中仅存在有穷多个点在 $\partial\mathbb{D}$ 上, 由 $g(W_0)$ 的定义知

$$\lim_{n\to\infty}g(w_n)=g(W_0)$$

若 $\{w_n\}$ 中有无穷多个点在圆周 $\partial\mathbb{D}$ 上, 那么记这些点为 w_{n_k}, 它们必收敛到 W_0, 现在要证明

$$\lim_{k\to\infty} g(w_{n_k}) = g(W_0)$$

设 ε 是任意正数,在 $\mathbb{D}$ 内取点列 w'_{n_k},使得

$$|w_{n_k} - w'_{n_k}| \leqslant \frac{1}{k}, \quad |g(w_{n_k}) - g(w'_{n_k})| \leqslant \frac{\varepsilon}{2}$$

由于 $w'_{n_k} \to W_0$,因此存在正整数 K,使当 $k > K$ 时,有

$$|g(w'_{n_k}) - g(W_0)| < \frac{\varepsilon}{2}$$

由此推出,当 $k > K$ 时

$$|g(w_{n_k}) - g(W_0)| \leqslant |g(w_{n_k}) - g(w'_{n_k})| + |g(w'_{n_k}) - g(W_0)|$$

$$< \frac{\varepsilon}{2} + \frac{\varepsilon}{2} = \varepsilon$$

这就是说,$\lim_{k\to\infty} g(w_{n_k}) = g(W_0)$,故 $g(w)$ 在 W_0 点连续. 因为 W_0 是 $\partial\mathbb{D}$ 上任意一点,所以 $g(w)$ 在 $\overline{\mathbb{D}}$ 上连续.

如果区域 D 的任意两个不同的点(如边界点 Z_1、Z_2)是不相等的两个复数,即 $Z_1 \neq Z_2$,那么 $f(z)$ 在 $\overline{D}$ 上是连续的. 为了证明这一点,设 Z_0 是 D 的一个边界点,$z_n \in \overline{D}$ ($n=1,2,\cdots$),$z_n \to Z_0$,则 $w = f(z_n)$ 必收敛到 $\partial\mathbb{D}$ 上的一个定点 W_0,若不然,w_n 必有两个子序列分别收敛到 $\partial\mathbb{D}$ 上的两个不同点. 这时 z_n 中有相应的两个子序列收敛到 D 的两个不同边界点上,由此推出 W_0 与收敛到 Z_0 的序列 $\{z_n\}$ 的选择无关,于是 $\lim_{z\to Z_0} f(z)$ 存在,定义此极限值为 $f(Z_0)$,从而 $f(z)$ 在 $\overline{D}$ 上是连续的. 证毕.

1.2.3　边界的光滑性与映射函数导数向边界的连续延拓

引入素端的概念后,共形映射下单连通区域的边界对应问题与映射函数对边界的延拓性问题得以圆满解决. 那么映射函数的导数对边界的延拓性如何?延拓的条件是什么?这些问题在许多实际应用中是极其重要的,本节将对其进行探讨.

1. 光滑 Jordan 曲线

在本节的讨论中,主要的工具是 Poisson 积分,如果 $g(z)$ 在 $\mathbb{D}$ 中解析,且 $v = \mathrm{Im}g(z)$ 有一个到 $\overline{\mathbb{D}}$ 的连续开拓,则有如下 Schwarz 积分公式成立:

$$g(z) = \mathrm{Re}g(0) + \frac{\mathrm{i}}{2\pi}\int_0^{2\pi} \frac{\mathrm{e}^{\mathrm{i}t}+z}{\mathrm{e}^{\mathrm{i}t}-z} v(\mathrm{e}^{\mathrm{i}t})\,\mathrm{d}t, \quad z \in \mathbb{D} \tag{1.2.1}$$

取其虚部即有 Poisson 积分公式:

$$\mathrm{Im}\,g(z) = \mathrm{e}^{\mathrm{i}t}\frac{1}{2\pi}\int_0^{2\pi}\frac{1-|z|^2}{|\mathrm{e}^{\mathrm{i}t}-z|^2}v(\mathrm{e}^{\mathrm{i}t})\,\mathrm{d}t$$

$$= \int_{\partial\Delta}p(z,\zeta)v(\zeta)|\,\mathrm{d}\zeta\,|$$

式中,$p(z,\zeta)$ 是 Possion 核,即

$$p(z,\zeta) = \frac{1}{2\pi}\frac{1-|z|^2}{|\zeta-z|^2} = \frac{1}{2\pi}\mathrm{Re}\,\frac{\zeta+z}{\zeta-z} > 0,\quad |z| < |\zeta| = 1$$

反之,如果 $g(z)$ 由式(1.2.1)给出,则由 v 在 $\zeta\in\partial\mathbb{D}$ 连续可以推出

$$\mathrm{Im}\,g(z)\to v(\zeta),\ z\to\zeta\quad(z\in\mathbb{D}) \tag{1.2.2}$$

从几何角度容易证明

$$\mathrm{Im}\,g(z)\to v(\zeta)\,|\,\mathrm{e}^{\mathrm{i}t}-r\mathrm{e}^{\mathrm{i}\theta}\,| \geqslant \max\left(\frac{|t-\theta|}{\pi},\,1-r\right) \tag{1.2.3}$$

其中,$0\leqslant r\leqslant 1$,$|t-\theta|\leqslant\pi$.

设 C 是 $\mathbb{C}$ 中的 Jordan 曲线,如果存在一个参数表示 C:$w(\tau)$,$0\leqslant\tau\leqslant 2\pi$,使得 $w'(\tau)$ 连续且 $w'(\tau)\neq 0$,则 C 为光滑的. 为了便于讨论,选择参数位于区间 $[0,2\pi]$,因而也可将 $w(\tau)$ 扩张为 $-\infty<\tau<+\infty$ 中以 2π 为周期的函数.

曲线 C 是光滑的,当且仅当其有一条连续变化的切线,即存在一连续函数 β 使得对所有 t,有

$$\arg[w(\tau)-w(t)]\to\begin{cases}\beta(t),\ \tau\to t+\\ \beta(t)+\pi,\ \tau\to t-\end{cases} \tag{1.2.4}$$

则将 $\beta(\tau)$ 称为曲线 C 在 $w(t)$ 处的切向角.

设 f 把 $\mathbb{D}$ 共形地映射为 C 的内部区域,因为曲线的光滑性基于切线的刻画方式不依赖于参数,可以选择共形的参数化:

$$C:w(t) = f(\mathrm{e}^{\mathrm{i}t}),\ 0<t<2\pi \tag{1.2.5}$$

接下来先给出光滑性的一个解析刻画,以下定理由林德勒夫(E. L. Lindelöf)提出.

定理 1.2.5   设 $f(z)$ 将 $\mathbb{D}$ 共形地映射为 Jordan 曲线 C 的内部区域,当且仅当 $\arg f'(z)$ 有一个到 $\overline{\mathbb{D}}$ 的连续开拓时,C 是光滑的. 如果 C 光滑,则

$$\arg f'(\mathrm{e}^{\mathrm{i}t}) = \beta(t)-t-\frac{\pi}{2},\ t\in\mathbb{R} \tag{1.2.6}$$

对于共形的参数化，还有

$$\ln f'(z) = \ln|f'(0)| + \frac{\mathrm{i}}{2\pi}\int_0^{2\pi}\frac{\mathrm{e}^{\mathrm{i}t}+z}{\mathrm{e}^{\mathrm{i}t}-z}\left(\beta(t)-t-\frac{\pi}{2}\right)\mathrm{d}t, \quad z\in\mathbb{D} \tag{1.2.7}$$

证明　(a) 首先设 C 是光滑的，由定理 1.2.4 可知函数

$$g_n(z) = \ln\frac{f(\mathrm{e}^{\frac{\mathrm{i}}{n}}z)-f(z)}{(\mathrm{e}^{\frac{\mathrm{i}}{n}}-1)z} \quad (n=1, 2, \cdots) \tag{1.2.8}$$

在 $\mathbb{D}$ 中解析并连续到 $\overline{\mathbb{D}}$，因而由式(1.2.1)，有

$$g_n(z) = \mathrm{Re}\,g(0) + \frac{\mathrm{i}}{2\pi}\int_0^{2\pi}\frac{\mathrm{e}^{\mathrm{i}t}+z}{\mathrm{e}^{\mathrm{i}t}-z}\mathrm{Im}\,g_n(\mathrm{e}^{\mathrm{i}t})\,\mathrm{d}t \quad (z\in\mathbb{D}) \tag{1.2.9}$$

由式(1.2.8)和式(1.2.4)，可得当 $n\to\infty$ 时，有

$$\mathrm{Im}\,g_n(\mathrm{e}^{\mathrm{i}t}) = \arg\left[f(\mathrm{e}^{\mathrm{i}t+\frac{\mathrm{i}}{n}})-f(\mathrm{e}^{\mathrm{i}t})\right]-t-\arg(\mathrm{e}^{\frac{\mathrm{i}}{n}}-1)\to\beta(t)-t-\frac{\pi}{2}$$

因为 $\beta(t)$ 关于 t 是连续的，故收敛是一致的. 因为当 $n\to\infty$ 时，$g_n(z)\to\ln f'(z)$ 对每一个 $z\in\mathbb{D}$ 成立，故从式(1.2.9)可以得到式(1.2.5)，并且由式(1.2.2)经计算还可以得到当 $z\to\mathrm{e}^{\mathrm{i}t}$ 时，存在

$$\arg f'(z)\to\beta(t)-t-\frac{\pi}{2}$$

证毕.

(b) 相反，设 $v=\arg f'(z)$ 在 $\overline{\mathbb{D}}$ 上连续，$\zeta, z\in\mathbb{D}$ 且 $\zeta\neq z$，记

$$q(z) \equiv \frac{f(z)-f(\zeta)}{z-\dfrac{\pi}{2}}\mathrm{e}^{-\mathrm{i}v(\zeta)} = \int_0^1|f'(\zeta+(z-\zeta)s)|\mathrm{e}^{\mathrm{i}v(\zeta+(z-\zeta)s)-\mathrm{i}v(\zeta)}\mathrm{d}s$$

如果 $0<\varepsilon<\dfrac{\pi}{2}$ 且选择足够小的 $\delta>0$ 使得 $|v(z)-v(\zeta)|<\varepsilon$ 对 $|z-\zeta|<\delta$ 成立，则可得

$$|\mathrm{Im}\,q(z)|\leqslant\sin\varepsilon\int_0^1|f'(z)|\mathrm{d}s, \quad \mathrm{Re}\,q(z)\geqslant\cos\varepsilon\int_0^1|f'(z)|\mathrm{d}s$$

在 $|z-\zeta|<\delta$ 中成立，从而 $|\arg q(z)|\leqslant\varepsilon$，因此，由连续性可得

$$\arg\frac{f(z)-f(\zeta)}{z-\zeta} = v(\zeta)+\arg q(z)\to v(\zeta)$$

在 $z\to\zeta\in\partial\mathbb{D}$，$z\in\overline{\mathbb{D}}$ 时成立. 由此可知曲线 C 在 $f(\zeta)$ 处有一连续变化的径向角 $v(\zeta)+\arg(\zeta)+\dfrac{\pi}{2}$，因而该曲线是光滑的. 证毕.

曲线 C 的光滑性并不能保证 $f'(z)$ 有到 $\overline{\mathbb{D}}$ 的连续开拓. 比如, 设 $h(z)$ 在 $\mathbb{D}$ 上解析, 在 $\overline{\mathbb{D}}$ 上连续且当 $z \in \mathbb{D}$ 时, 有

$$|\operatorname{Re} h(z)| < 1, \quad |\operatorname{Im} h(z)| < \frac{\pi}{2}$$

如果 $\ln f'(z) = h(z)$, 则

$$e^{-1} < |f'(z)| = e^{\operatorname{Re} h(z)} < e$$

并且

$$\arg |f'(z)| = |\operatorname{Im} h(z)| < \frac{\pi}{2}$$

因此由函数单叶解析的一个命题(参阅文献[5])可知 $f(z)$ 将 $\mathbb{D}$ 共形地映射到 Jordan 区域 G 上, 并且由定理 1.2.5 知 ∂G 是光滑的, 我们可以选择 $h(z)$ 使得 $\operatorname{Re} h(z)$ 在 $\overline{\mathbb{D}}$ 上不连续.

下面给出瓦尔沙夫斯基(S. E. Warschawski)提出的一个定理, 它从另一个侧面给出了曲线光滑性的刻画.

定理 1.2.6　如果曲线 C 是光滑的, 则 C 是可求长的, 且

$$\Lambda(\{f(e^{i\theta}) : t_1 \leqslant \theta \leqslant t_2\}) \leqslant M(t_2 - t_1)^{1/2} \tag{1.2.10}$$

对 $t_1 \leqslant t_2 \leqslant t_1 + 2\pi$ 成立, 其中 M 为常数.

证明　由定理 1.2.5, 函数 $\arg f'(e^{it})$ 是周期为 2π 的连续函数. 由 Weierstrass 逼近定理可知, 该函数能被一个三角多项式逼近, 因此能找到一个多项式 $P(z)$, 使得 $|\arg f'(z) - \operatorname{Im} P(z)| < \frac{\pi}{6}$ 对 $z \in \partial \mathbb{D}$ 成立, 因而也对 $z \in \mathbb{D}$ 成立. 下面用 M_1 表示 $\operatorname{Re} P(z)$ 在 $\overline{\mathbb{D}}$ 上的最大值, 记 $z = re^{it}$, 其中 $0 < r < 1$, 于是可得

$$e^{-2M_1} \int_0^{2\pi} |f'(z)|^2 \, dt \leqslant \int_0^{2\pi} |f'(z) e^{-p}|^2 2\cos[2(\arg f'(z) - \operatorname{Im} P(z))] \, dt$$

$$= \operatorname{Re}\left\{ \frac{2}{i} \int_{|z|=r} [f'(z) e^{-p}]^2 z^{-1} \, dz \right\}$$

$$= M_2$$

此处 M_2 是由留数定理得到的常数. 令 $n \in \mathbb{N}$ 且 $t_1 = \theta_0 < \theta_1 < \cdots < \theta_n = t_2$, 两次应用 Schwarz 不等式可得到

$$\sum_{\nu=1}^n |f(re^{i\theta_\nu}) - f(re^{i\theta_{\nu-1}})| \leqslant \sum_{\nu=1}^n \int_{\theta_{\nu-1}}^{\theta_\nu} |f'(re^{it})| \, dt$$

$$\leqslant \left(\sum_\nu (\theta_\nu - \theta_{\nu-1}) \sum_\nu \int_{\theta_{\nu-1}}^{\theta_\nu} |f'(z)|^2 \, dt \right)^{\frac{1}{2}}$$

利用以上的估计并令 $r \to 1$，则可推出

$$\sum_{\nu=1}^{n} \left| f(\mathrm{e}^{\mathrm{i}\theta_{\nu}}) - f(\mathrm{e}^{\mathrm{i}\theta_{\nu-1}}) \right| \leqslant M_3 (t_2 - t_1)^{\frac{1}{2}}$$

这表明式(1.2.10)成立. 证毕.

2. 导数的连续性

设函数 $\varphi(z)$ 在连通集 $A \subset \mathbb{C}$ 上是一致连续的，则其连续模定义为

$$\omega(\delta) \equiv \omega(\delta, \varphi, A) = \sup\{ |\varphi(z_1) - \varphi(z_2)| : z_1, z_2 \in A, |z_1 - z_2| \leqslant \delta \}, \delta \leqslant 0$$

(1.2.11)

这是一个初值 $\omega(0) = 0$ 的递增连续函数. 如果 A 是凸的，容易看到对于 $\delta \geqslant 0$，$n = 1$，2，$\cdots$，有

$$\omega(n\delta) \leqslant n\omega(\delta)$$

(1.2.12)

成立.

如果函数 $\varphi(z)$ 满足

$$\int_0^{\pi} t^{-1} \omega(t) \mathrm{d}t < \infty$$

(1.2.13)

则称其为 Dini 连续的，上限 π 可以被换成任意正常数. 当 $0 < \delta < \pi$ 时，对于 Dini 连续函数 $\varphi(z)$，可定义

$$\omega^*(\delta) \equiv \omega^*(\delta, \varphi, A) = \int_0^{\delta} \frac{\omega(t)}{t} \mathrm{d}t + \delta \int_{\delta}^{\pi} \frac{\omega(t)}{t^2} \mathrm{d}t$$

(1.2.14)

基于上述概念，下面给出一个与共轭函数密切相关的有趣定理.

定理 1.2.7　设 $\varphi(z)$ 的周期为 2π 且在 $\mathbb{R}$ 中 Dini 连续，则

$$g(z) = \frac{\mathrm{i}}{2\pi} \int_0^{2\pi} \frac{\mathrm{e}^{\mathrm{i}t} + z}{\mathrm{e}^{\mathrm{i}t} - z} \varphi(t) \mathrm{d}t, \quad z \in \mathbb{D}$$

(1.2.15)

有一个到 $\overline{\mathbb{D}}$ 的连续开拓，进一步地，有

$$|g'(z)| \leqslant \frac{2}{\pi} \frac{\omega(1-r)}{1-r} + 2\pi \int_{1-r}^{\pi} \frac{\omega(t)}{t^2} \mathrm{d}t$$

$$\leqslant 2\pi \frac{\omega^*(1-r)}{1-r}$$

(1.2.16)

当 $|z| \leqslant r < 1$，且 z_1、$z_2 \in \overline{\mathbb{D}}$，$|z_1 - z_2| \leqslant \delta < 1$ 时，有

$$|g(z_1) - g(z_2)| \leqslant 20\omega^*(\delta)$$

(1.2.17)

证明　由式(1.2.15)，可得

$$g'(z) = \frac{i}{\pi} \int_0^{2\pi} \frac{e^{it}}{(e^{it} - z)^2} \varphi(t) dt$$

对于所有 $z \in \mathbb{D}$ 成立，因为该积分在 $\varphi(z)$ 取常数时为 0，作代换 $t = \theta + \tau$，可得

$$g'(re^{i\theta}) = \frac{i}{\pi} \int_{-\pi}^{\pi} \frac{e^{i\tau - i\theta}}{(e^{i\tau} - r)^2} [\varphi(\theta + \tau)] d\tau$$

对于 $0 \leqslant r < 1$ 成立，并且由此，再据式(1.2.1)可得

$$|g'(re^{i\theta})| \leqslant \frac{2}{\pi} \int_0^{\pi} \frac{\omega(\tau)}{|e^{i\tau} - r|^2} d\tau$$

如果分别在区间 $[0, 1-r]$ 及 $[1-r, \pi]$ 上考虑积分，并在 $0 \leqslant r \leqslant 1$、$|t - \theta| \leqslant \pi$ 时应用一个熟知的不等式(参阅文献[5])

$$|e^{it} - re^{i\theta}| \geqslant \max\left(\frac{|t - \theta|}{\pi}, 1 - r\right) \tag{1.2.18}$$

便得到第一个不等式(1.2.16)，接着根据式(1.2.12)和极大值原理，可以得到 $|z| < r$ 时，下列估计式

$$\frac{1}{3}\omega(\delta) \leqslant \omega\left(\frac{\delta}{3}\right) \leqslant \int_{\frac{\delta}{3}}^{\delta} \frac{\omega(t)}{t} dt \leqslant \int_0^{\delta} \frac{\omega(t)}{t} dt$$

成立.

令 $z_j = r_j \zeta_j$，$r_j < 1$，$\zeta_j \in \partial\mathbb{D}(j = 1, 2)$ 并满足 $|z_1 - z_2| < \delta$ 且置 $r = 1 - \delta$. 在 $[z_1, z_2]$ 上对式(1.2.16)的右侧不等式积分，可得

$$|g(z_1) - g(z_2)| \leqslant 2\pi\omega^*(\delta) \tag{1.2.19}$$

对 $r_1 < r$，$r_2 < r$ 成立.

假定 $r_j > r$ 对某些 j 成立，从式(1.2.16)的左侧不等式可得

$$|g(r\zeta_j) - g(r_j\zeta_j)| \leqslant \int_r^{r_j} |g'(\xi\zeta_j)| d\xi$$

$$\leqslant \frac{2}{\pi} \int_0^{\delta} \frac{\omega(x)}{x} dx + 2\pi \int_0^{\delta} \left(\int_x^{\pi} \frac{\omega(t)}{t^2} dt\right) dx$$

$$= 2\pi \int_0^{\delta} \frac{\omega(t)}{t} dt + 2\pi\delta \int_{\delta}^{\pi} \frac{\omega(t)}{t^2} dt$$

由式(1.2.14)得到 $|g(r\zeta_j) - g(r_j\zeta_j)| \leqslant 7\omega^*(\delta)$. 进一步地，由式(1.2.19)得到

$$|g(r\zeta_1) - g(r\zeta_2)| \leqslant 2\pi\omega^*(\delta)$$

由此可知式(1.2.17)在所有情形下成立. 证毕.

对于幂指数 $\alpha(0<\alpha\leqslant1)$，如果当 z_1、$z_2\in A$ 时满足

$$|\varphi(z_1)-\varphi(z_2)|\leqslant M|z_1-z_2|^\alpha \tag{1.2.20}$$

则函数 $\varphi(z)$ 称为 Hölder 连续的，例如当 $0<\alpha<1$，$\omega(\delta)\leqslant M\delta^\alpha$ 时，$\varphi(z)$ 是 Dini 连续的且 $\omega^*(\delta)=O(\delta^\alpha)$，但仅当 $\alpha=1$ 时，$\omega^*(\delta)=O\left(\delta\ln\dfrac{1}{\delta}\right)$，因此由定理 1.2.7 可知，在 $\overline{\mathbb{D}}$ 上如果 $0<\alpha<1$，则 $g(z)$ 是 Hölder 连续的.

如果曲线 C 有一个参数表示 $C:w(\tau)$，$0<\tau<2\pi$，且 $w'(\tau)$ 是 Dini 连续的并且不等于 0，则称曲线 C 为 Dini 光滑的. 令 M_1，M_2，$\cdots$ 为合适的正常数，则有下面的定理.

定理 1.2.8　$f(z)$ 将 $\mathbb{D}$ 共形地映射为 Dini 光滑 Jordan 曲线 C 的内部，则 $f'(z)$ 有一个到 $\overline{\mathbb{D}}$ 的连续开拓，且当 $\zeta\to z$，ζ、$z\in\overline{\mathbb{D}}$ 时，有

$$\frac{f(\zeta)-f(z)}{\zeta-z}\to f'(z) \tag{1.2.21}$$

成立，当 z_1、$z_2\in\overline{\mathbb{D}}$，$|z_1-z_2|\leqslant\delta$ 时，有

$$|f'(z_1)-f'(z_2)|\leqslant M_1\omega^*(\delta) \tag{1.2.22}$$

成立，假定 $\tau_1<\tau_2$ 时，有

$$|w'(\tau_1)-w'(\tau_2)|\leqslant\omega(\tau_2-\tau_1) \tag{1.2.23}$$

成立，且式(1.2.13)也成立，$\omega^*(\delta)$ 由式(1.2.14)定义，则式(1.2.22)可改写为

$$\omega(\delta,f',\overline{\mathbb{D}})\leqslant M_1\omega^*(\delta,w',\mathbb{R})$$

证明　令 $0<t_2-t_1\leqslant\delta\leqslant\pi$，并且通过 $w(\tau_j)=f(\mathrm{e}^{it_j})$ 定义 $\tau_j(j=1,2)$. 因为

$$|w'(\tau_1)|\geqslant\frac{1}{M_2}$$

由定理 1.2.6 可得

$$\tau_1-\tau_2\leqslant M_2\int_{\tau_1}^{\tau_2}w'(\tau)\,|\,\mathrm{d}\tau\leqslant M_3(t_2-t_1)^{\frac{1}{2}}\leqslant M_3\delta^{\frac{1}{2}} \tag{1.2.24}$$

用 $\beta(t)$ 表示在 $f(\mathrm{e}^{it})$ 处的切向角. 由熟知的不等式(1.2.18)可推出

$$|r_1\mathrm{e}^{i\beta_1}-r_2\mathrm{e}^{i\beta_2}|\geqslant\frac{r}{\pi}|\beta_2-\beta_1|$$

其中 $r_1\geqslant r$，$r_2\geqslant r$，$|\beta_1-\beta_2|\leqslant\pi$. 因为 $|w'(\tau)|\leqslant\dfrac{1}{M_2}$ 且 ω 是单调增长的，所以由式(1.2.23)和式(1.2.24)得到

$$|\beta(t_1)-\beta(t_2)|\leqslant\pi M_2\omega(\tau_2-\tau_1)\leqslant M_4\omega(M_3\sqrt{\delta})$$

由式 (1.2.12) 知 $t\leqslant M_5\omega(t)$，可推得 $\gamma(t)=\beta(t)-t-\dfrac{\pi}{2}$ 的连续模满足 $\omega(\delta,\gamma)\leqslant M_6\omega(\sqrt{\delta})$，由此有

$$\int_0^\pi\frac{\omega(\delta,\gamma)}{\delta}\mathrm{d}\delta\leqslant\int_0^\pi\frac{\omega(\sqrt{\delta})}{\delta}\mathrm{d}\delta=2M_6\int_0^{\sqrt{\pi}}\frac{\omega(x)}{x}\mathrm{d}x<\infty$$

故 $\gamma(t)$ 是 Dini 连续的，据定理 1.2.5、定理 1.2.7 可知，$\ln f'(z)$ 有一个到 $\overline{\mathbb{D}}$ 的连续开拓且 $\varphi=\gamma$. 因此，$f'(z)$ 在 $\overline{\mathbb{D}}$ 上连续且不为 0，于是

$$\frac{f(\zeta)-f(z)}{\zeta-z}=\int_0^1 f'(z+s(\zeta-z))\mathrm{d}s,\ z,\zeta\in\overline{\mathbb{D}}$$

上式包含着式 (1.2.21). 就如在式 (1.2.24) 中 $f'(z)$ 是有界的，故

$$\tau_1-\tau_2\leqslant M_7(t_2-t_1)$$

于是

$$\omega(\delta,\gamma)\leqslant M_8\omega(\delta)$$

因而

$$|\ln f'(z_1)-\ln f'(z_2)|\leqslant M_9\omega^*(\delta)$$

据定理 1.2.7 可知其中包含着式 (1.2.22). 证毕.

下面进行高阶导数的讨论.

如果 Jordan 曲线 C 有一个参数表示 C：$w(\tau)$，$0\leqslant\tau\leqslant2\pi$，满足 n 次可微且 $w'(\tau)\neq0$，则该曲线属于族 $C^n (n=1,2,\cdots)$. 进一步地，如果满足

$$|w^{(n)}(\tau_1)-w^{(n)}(\tau_2)|\leqslant M_{10}|\tau_1-\tau_2|^\alpha$$

则称其属于 $C^{n,\alpha} (0<\alpha\leqslant1)$.

对于函数高阶导数向区域边界的连续延拓性，在满足简单 Hölder 条件的情况下，有以下 Kellog-Warschawski 定理.

定理 1.2.9　$f(z)$ 将 $\mathbb{D}$ 共形地映射为族 $C^{n,\alpha}$ 的 Jordan 曲线 C 的内部，此处 $C^{n,\alpha} (n=1,2,\cdots;0<\alpha<1)$，于是 $f^{(n)}(z)$ 有一个到 $\overline{\mathbb{D}}$ 的连续开拓，且当 $z_1,z_2\in\overline{\mathbb{D}}$ 时，有

$$|f^{(n)}(z_1)-f^{(n)}(z_2)|\leqslant M_{11}|z_1-z_2|^\alpha \tag{1.2.25}$$

证明　通过归纳法取 $n=1,2,\cdots$ 来证明定理的论断成立. 进一步地，当 $\gamma(t)=\arg f'(\mathrm{e}^{it})$ 时，有关系式

$$\left(z\,\frac{\mathrm{d}}{\mathrm{d}z}\right)^n \ln f'(z) = \frac{\mathrm{i}^{1-n}}{2\pi}\int_0^{2\pi}\frac{\mathrm{e}^{\mathrm{i}t}+z}{\mathrm{e}^{\mathrm{i}t}-z}\gamma^{(n)}(t)\,\mathrm{d}t \quad (z\in\mathbb{D}) \tag{1.2.26}$$

$$\left(\,|\,f'(\mathrm{e}^{\mathrm{i}t})\,|^{-1}\,\frac{\mathrm{d}}{\mathrm{d}t}\right)^{n-1}\left[\gamma(t)+t+\frac{\pi}{2}\right]=\left(\,|\,w'(\tau)\,|^{-1}\,\frac{\mathrm{d}}{\mathrm{d}\tau}\right)^{n-1}\arg w'(\tau) \tag{1.2.27}$$

这里 t 和 τ 的关系由 $f(\mathrm{e}^{\mathrm{i}t})=w(\tau)$ 确定.

首先令 $n=1$. 从定理 1.2.8 知道 $\ln f'(z)$ 在 $\overline{\mathbb{D}}$ 上连续并且式(1.2.25)成立,由定理 1.2.5 中的式(1.2.7),微分可得

$$z\,\frac{\mathrm{d}}{\mathrm{d}z}\ln f'(z)=\frac{\mathrm{i}}{2\pi}\int_0^{2\pi}\frac{2z\mathrm{e}^{\mathrm{i}t}}{(\mathrm{e}^{\mathrm{i}t}-z)^2}\gamma(t)\,\mathrm{d}t$$

在 $n=1$ 时利用 $\gamma(t)$ 的周期性及分部积分法就能得到式(1.2.26). 而当 $n=1$ 时,式(1.2.27)等价于定理 1.2.5 的式(1.2.6).

现对于族 $C^{n+1,\alpha}$ 中的曲线 C 假定结论成立. 于是 $|w'(\tau)|\neq0$,且 $\arg w'(\tau)$ 有第 n 次 Hölder-连续导数(指数为 α),于是式(1.2.27)的右侧有一个关于 τ 的 Hölder 连续导数. 因此

$$\frac{\mathrm{d}\tau}{\mathrm{d}t}=\frac{|\,f'(\mathrm{e}^{\mathrm{i}t})\,|}{|\,w'(\tau)\,|}$$

是 Hölder 连续的,式(1.2.27)的左侧有一个关于 t 的 Hölder 连续导数且具有形式 $|\,f'(z)\,|^{-(n-1)}\gamma^{n-1}+\cdots$,已知其余项都具有 Hölder 连续导数,因此 $\gamma^{(n)}$ 存在且是 Hölder 连续的.

当 $\varphi=\gamma^{(n)}$ 时,应用定理 1.2.7,由式(1.2.26)看到 $\left(z\,\dfrac{\mathrm{d}}{\mathrm{d}z}\right)^n\ln f'(z)$ 在 $\overline{\mathbb{D}}$ 上是 Hölder 连续的,因此 $f^{(\nu)}$ 对于 $\nu\leqslant n$ 是 Hölder 连续的,故 $f^{n+1}(z)$ 是 Hölder 连续的. 最后,对于式(1.2.26)求 n 阶导数,然后进行分部积分,就得到式(1.2.26)在 $n+1$ 时的情形.

由定理 1.2.9 立刻得到结论,如果 Jordan 曲线 C 属于族 C^{∞},即对于族 C^n 中所有的 n,则所有导数 $f^{(n)}(z)$ 在 $\overline{\mathbb{D}}$ 上连续. 证毕.

1.3 单连通区域共形映射的实现

Riemann 映射定理表明任意边界多于一点的单连通区域 D,必定存在唯一的单叶解析

函数将 D 共形地映射为单位圆域 $\mathbb{D}$. 但这仅仅是一个存在性定理, 对不同类型的区域 D 来讲, 映射函数 $W=f(z)$ 具体该是怎样的, 此定理却没有给出解答, 甚至于映射函数应该具备的一般性构造特征也没有给出提示. 然而在诸多应用问题中, 获得具体的映射函数却是至关重要的, 从这个意义上来讲, 探讨 Riemann 映射定理中映射函数的具体构造特征或"量化"属性(即共形映射的实现)就成了函数论的重要课题. 为了实现这个目标, 数学家们经过了长期探索, 取得了很多成果, 这些成果大致集中在两个方面: 其一是在适当条件下给出映射函数的构造方法, 例如用正交多项式生成映射函数、对多角形区域给出映射函数的具体结构; 其二是通过间接方式对映射函数的特征进行刻画, 其中最重要的就是 Loewner 参数表示法、单叶函数的变分法.

　　关于单叶解析函数参数表示法、变分法将在后续章节单独讨论, 而多角形区域共形映射函数的构造问题在普通复变函数教程中多有介绍, 故此处不作赘述, 下面只简单介绍单连通区域映射函数的正交多项式生成原理(注: 该原理与方法属于多项式逼近解析函数的传统内容, 但在复变函数现有的诸多文献资料中并不多见, 故下文仅参考文献[6]给出相关内容的介绍).

　　一个函数将一个区域共形地映射为单位圆域, 可以利用该函数的某些极值性质将其构造出来. 下面用最小面积原理的极值性质(这些性质可参阅文献[6]的第二章)来处理某些问题.

　　设 D 是 z 平面上的一个有界区域, D 含有原点 $z=0$. 设 $f(z)$ 是 D 上满足就范条件 $f(0)=0$, $f'(0)=1$ 的解析函数, 令

$$A \equiv A(f) = \iint_D |f'(z)|^2 \mathrm{d}\sigma \tag{1.3.1}$$

将这类函数 $f(z)$ 都记为 $M(D)$, 则 $M(D)$ 中必有函数 $f(z)$ 使 $A(f)$ 取得最小值, 此时且仅限于此时, 函数 $\zeta = f(z)$ 把区域 D 单叶地映射到圆域 $\mathbb{D}$.

　　现考虑如下问题, 设 $p(z)$ 是一个 n 次多项式, $p(0)=0$, $p'(0)=1$, 设 A'_n 是 $A(p)$ 的最小值, 则当 $n \to \infty$ 时, A_n 是否趋于 $\min A(f)$, $f \in M(D)$?

　　为了回答这个问题, 首先考虑区域上的正交多项式系:

$K_0(z)$, $K_1(z)$, $\cdots$, $K_n(z)$ 的次数是 n, 且有

$$\iint_D K_m(z) \overline{K_n(z)} \mathrm{d}\sigma = \begin{cases} 0, & m \neq n \\ 1, & m = n \end{cases} \tag{1.3.2}$$

满足以上条件的正交多项式 $\{K_n(z)\}$ 是容易构造的. 令

$$a_{k,l} = \iint\limits_{D} z^k \bar{z}^l \, \mathrm{d}\sigma, \quad A^{(n)} = \begin{vmatrix} a_{0,0} & a_{0,1} & \cdots & a_{0,n} \\ a_{1,0} & a_{1,1} & \cdots & a_{1,n} \\ \vdots & \vdots & \ddots & \vdots \\ a_{n,0} & a_{n,1} & \cdots & a_{n,n} \end{vmatrix}$$

记 $A^{(n)}$ 中的元素 $a_{k,l}$ 的代数余因子为 $A_{k,l}^{(n)}$. 设 $K_n(z)$ 为如下行列式：

$$\begin{aligned} K_n(z) &= \alpha_n (A_{0,n}^{(n)} + A_{1,n}^{(n)} z + \cdots + A_{n,n}^{(n)} z^n) \\ &= \alpha_n \begin{vmatrix} a_{0,0} & a_{0,1} & \cdots & a_{0,n-1} & 1 \\ a_{1,0} & a_{1,1} & \cdots & a_{1,n-1} & z \\ \vdots & \vdots & \ddots & \vdots & \vdots \\ a_{n,0} & a_{n,1} & \cdots & a_{n,n-1} & z^n \end{vmatrix} \end{aligned} \tag{1.3.3}$$

其中 $\alpha_n \neq 0$.

实际上，由式(1.3.3)可得

$$\begin{aligned} \iint\limits_{D} K_n(z) \bar{z}^l \, \mathrm{d}\sigma &= \alpha_n (A_{0,n}^{(n)} a_{0,l} + A_{1,n}^{(n)} a_{1,l} + \cdots + A_{n,n}^{(n)} a_{n,l}) \\ &= \begin{cases} 0, & l < n \\ \alpha^n A^{(n)}, & l = n \end{cases} \end{aligned} \tag{1.3.4}$$

由此可知，当 $m > n$ 时，式(1.3.2)成立. 又因为 $A^{(n)} \neq 0$，否则，从式(1.3.4)可得

$$\iint\limits_{D} |K_n(z)|^2 \, \mathrm{d}\sigma = \iint\limits_{D} K_1(z) \overline{K_n(z)} \, \mathrm{d}\sigma = 0$$

从而 $K_n(z) \equiv 0$，此时 $K_n(z)$ 中的一切系数 $A_{0,n}^{(n)}, \cdots, A_{n,n}^{(n)}$ 均等于 0，因而 $A^{(n-1)} = 0$. 现在既然可以从 $A^{(n)} = 0$ 导出 $A^{(n-1)} = 0$，由归纳法则可以得出 $A^{(0)} = a_{0,0} = 0$，但这是不可能的，所以 $A^{(n)} \neq 0$. 设 $\alpha_n = \dfrac{1}{A^{(n)}}$，$n = 0, 1, \cdots$，则多项式(1.3.3)满足式(1.3.2)的第二式. 由于积分的共轭数等于 0，故当 $m < n$ 时，式(1.3.2)成立.

现在考察 $A(p_n)$ 的最小值，但由于 $p_n(0) = 0$，$p_n'(0) = 1$，n 是固定的，因此 $p_n(z)$ 的导数是 $n-1$，即

$$p_n'(z) = c_0 K_0(z) + c_1 K_1(z) + \cdots + c_{n-1} K_{n-1}(z)$$

由此，根据式(1.3.2)，可得

$$c_0 K_0(z) \iint\limits_{D} |p_n'(z)|^2 \, \mathrm{d}\sigma = |c_0|^2 + |c_1|^2 + \cdots + |c_{n-1}|^2 \tag{1.3.5}$$

另一方面，由条件 $p'_n(0)=1$，可得

$$c_0 K_0(0)+c_1 K_1(0)+\cdots+c_{n-1} K_{n-1}(0)=1$$

然后由 Buniakowski 不等式，可得

$$1=\left|\sum_{k=0}^{n-1} c_k K_k(0)\right|^2 \leqslant \sum_{k=0}^{n-1}|c_k|^2 \cdot \sum_{k=0}^{n-1}|K_k(0)|^2 \tag{1.3.6}$$

由式(1.3.5)与式(1.3.6)可得不等式

$$\iint_D |p'_n(z)|^2=\mathrm{d}z \geqslant \frac{1}{\displaystyle\sum_{k=0}^{n-1}|K_k(0)|^2} \tag{1.3.7}$$

式(1.3.7)中的等号限于式(1.3.6)取等式时才成立，此时

$$c_k=\varepsilon \overline{K_k(0)}, \ k=0,1,2,\cdots,n-1$$

其中 ε 是一正常数，故此，等式限于

$$p'_n(z)=\frac{\displaystyle\sum_{k=0}^{n-1}\overline{K_k(0)} \cdot K_k(z)}{\displaystyle\sum_{k=0}^{n-1}|K_k(0)|^2}, \ p_n(0)=0 \tag{1.3.8}$$

如此，我们所提出的问题便获得唯一的解答.

若以 A_n 表示式(1.3.1)的最小值，可得

$$A_n=\frac{1}{\displaystyle\sum_{k=0}^{n-1}|K_k(0)|^2} \tag{1.3.9}$$

于是出现另一个问题，即下列极限关系是否成立：

$$\begin{cases}\lim\limits_{n\to\infty}A_n=A \\[2mm] \lim\limits_{n\to\infty}p_n(z)=F(z)\end{cases} \tag{1.3.10}$$

此处的 $F(z)$ 和 $p_n(z)$ 分别表示所设问题的极限函数和极值多项式. 从下述简单的分析我们知道极限关系式(1.3.10)并非始终成立：假如在 D 中引入新的割线从而得到新的单连通区域，在新区域上，$K_n(z)$ 显然不变（因为一切积分 $a_{k,l}$ 都不变），但是映射函数却有变动. 对于区域 D，若增加一般的条件，不允许存在上述割线，则关系式(1.3.10)可以成立. 事实上，只要假定在 z 平面上，D 的余集是一闭区域 $\bar{G}$ 就够了（此时 $\bar{G}$ 含有 ∞）.

当 z 平面上的 G 单叶地映射到 ζ 平面上的区域 $|\zeta|>1$ 时，使 $z=\infty$ 对应于 $\zeta=\infty$，且

设 $\rho_n > 1$，$\rho_n \to 1$，$|\zeta| > \rho_n$ 的原像为 G_n. 在 z 平面上，设 $\bar{G}$ 的余集为 D_n，函数 $\zeta = f_n(z)$，$f_n(0) = 0$，$f'_n(0) = 1$ 和 $\zeta = f(z)$，$f(0) = 0$，$f'(0) = 1$ 分别单叶地映射区域 D_n、D 于 $|\zeta| < R_n$ 和 $|\zeta| < R$. 对于函数 $\psi_n(z) = \dfrac{f_n(z)}{R_n}$，应用关于区域核收敛的 Carathéodory 定理(见定理 2.2.7)，可得 $R_n \to R$，$f_n(z) \to f(z)$，且在 D 上 $f_n(z)$ 内闭一致收敛于 $f(z)$. 另一方面，对于任意的 n，D_n 的边界是一条解析的 Jordan 闭曲线，所以函数 $f'_n(z)$ 在 $\bar{D}_n$ 中是解析的，因此在 $\bar{D}_n$ 上，可用多项式任意逼近 $f'_n(z)$. 这就是说，对于任一正数 ε，有多项式 $q(z)$，设其次数为 ν，$q(0) = 0$，在 $\bar{D}_n$ 上下述不等式成立

$$|q'(z) - f'(z)| < \varepsilon$$

由此，在 $\bar{D}_n$ 中，$|q'(z)| \leqslant \varepsilon + |f'_n(z)|$，此外，$q'(0) > 1 - \varepsilon$. 多项式 $r(z) = \dfrac{q(z)}{q'(0)}$ 适合于 $r(0) = 0$ 和 $r'(0) = 1$，所以

$$\iint_D |r'(z)|^2 \mathrm{d}\sigma \leqslant \iint_{D_n} |r'(z)|^2 \mathrm{d}\sigma \leqslant \iint_{D_n} \frac{(|f'_n(z)| + \varepsilon)^2}{(1-\varepsilon)^2} \mathrm{d}\sigma$$

$$D_n = \frac{\pi R_n^2 + 2\varepsilon T_n + \varepsilon^2 S_n}{(1-\varepsilon)^2} \tag{1.3.11}$$

其中 S_n 表示 D_n 的面积. 由 Buniakowski 不等式，得

$$T_n = \iint_{D_n} |f'_n(z)| \mathrm{d}\sigma \leqslant \sqrt{\pi R_n^2 S_n}$$

因此，从式(1.3.11)可得

$$A_\nu \leqslant \frac{\pi R_n^2 + 2\varepsilon \sqrt{\pi R_n^2 S_n} + \varepsilon^2 S_n}{(1-\varepsilon)^2} \tag{1.3.12}$$

显然，A_n 随 n 增大而减小，因此由式(1.3.12)可得

$$\lim_{\nu \to \infty} A_\nu \leqslant \frac{\pi R_n^2 + 2\varepsilon \sqrt{\pi R_n^2 S_n} + \varepsilon^2 S_n}{(1-\varepsilon)^2}$$

先让 $n \to \infty$，再令 $\varepsilon \to 0$，则得到

$$\lim_{\nu \to \infty} A_\nu \leqslant \pi R^2 = A \tag{1.3.13}$$

因为 $A_\nu \geqslant A$，所以可知式(1.3.10)的第一式成立. 要证式(1.3.10)的第二式，首先注意到极值多项式 $p_n(z)$ 是在 D 中内闭一致有界的. 事实上，设 D^* 是 D 中任一闭集，ρ 表示 D^*

和 D 边界的距离，那么当 $r < \rho$，$z_0 \in D^*$ 时，有

$$[p_n'(z_0)]^2 = \frac{1}{2\pi}\int_0^{2\pi}[p_n'(z_0 + r\mathrm{e}^{i\theta})]^2\,\mathrm{d}\theta$$

因此

$$|p_n'(z_0)|^2 \leqslant \frac{1}{2\pi}\int_0^{2\pi}|p_n'(z_0 + r\mathrm{e}^{i\theta})|^2\,\mathrm{d}\theta$$

在此不等式两边乘以 r，关于 r 从 0 到 ρ 积分，可得

$$|p_n'(z_0)|^2\rho^2 \leqslant \frac{1}{2\pi}\iint\limits_{|z-z_0|<\rho}|p_n'(z)|^2 r\,\mathrm{d}r\,\mathrm{d}\theta \leqslant \frac{A_n}{2\pi}$$

或

$$|p_n'(z_0)|^2 \leqslant \frac{A_n}{2\pi\rho^2}$$

这证明了多项式 $p_n(z)$ 在 D^* 上的一致有界性.

对于多项式 $p_n(z)$，可以应用凝聚原理. 设函数列 $p_{n_k}(z)$ 具有极限函数 $\chi(z)$，$\chi(0) = 0$，$\chi'(0) = 1$，那么对于 D 中任一闭区域 D_1，有

$$\iint\limits_{D_1}|\chi'(z)|^2\,\mathrm{d}\sigma = \lim_{k\to\infty}\iint\limits_{D_1}|p_{n_k}'(z)|^2\,\mathrm{d}\sigma$$

$$\leqslant \lim_{k\to\infty}\iint\limits_{D}|p_{n_k}'(z)|^2\,\mathrm{d}\sigma$$

$$= \lim_{k\to\infty}A_{n_k} = A$$

因此

$$\lim_{k\to\infty}\iint\limits_{D}|\chi'(z)|^2\,\mathrm{d}\sigma \leqslant A \tag{1.3.14}$$

根据单叶函数 $F(z)$ 的极值性质，式(1.3.14)只能在 $\chi(z) = F(z)$ 时成立. 由于以上所证明的事实对于任一收敛子函数列 $p_{n_k}(z)$ 都成立，所以 $p_n(z)$ 在 D 中内闭一致收敛于 $F(z)$(若不是如此的话，从 $p_n(z)$ 中可以选出两个子函数列分别收敛于不同的函数).

将此结果与式(1.3.8)、式(1.3.9)相结合，便可得到以下定理：

定理 1.3.1 在 z 的平面上，假如含有原点的单连通区域 D 的余集是一闭区域(区域的包)，那么将 D 共形地映射于圆域 $|\zeta| < R$ 的映射函数 $\zeta = F(z)$(满足 $F(0) = 0$，$F'(0) = 1$)以及共形半径 R 分别可由式(1.3.15)决定.

$$
\begin{cases}
F'(z) = \dfrac{\displaystyle\sum_{n=0}^{\infty} \overline{K_n(0)} K_n(z)}{\displaystyle\sum_{n=0}^{\infty} |K_n(0)|^2} \\[4ex]
\pi R^2 = \dfrac{1}{\displaystyle\sum_{n=0}^{\infty} |K_n(0)|^2}
\end{cases}
\tag{1.3.15}
$$

其中，$K_n(z)$ 是由上文所确定的正交多项式.

　　能直接构造 Riemann 映射定理中映射函数的显式自然是重要的，但构造显式函数十分困难且烦琐，因此在只需要知晓映射函数的某些特征的场合，间接地对映射函数进行刻画就成为自然的选择. 在这方面的探索中，单叶解析函数的参数表示法、变分法应该是最有成效的方法，对此将在后续章节予以讨论.

第 2 章

共形映射的参数表示与 Loewner 微分方程

Loewner 参数表示法是几何函数论中出现的第一个深刻理论, 由勒夫纳在 1923 年提出. Loewner 参数表示法本质上可以看作是满足 Riemann 映射定理的某些类型映射函数的一种间接刻画方法, 即将某类映射函数通过一个非线性偏微分方程表示成半显形式, 映射函数的性质探讨则通过解析该微分方程来实现, 从这个角度来讲也可以认为该方法是对 Riemann 映射定理的一种补充. 特别地, 在有关单叶函数的极值问题的一系列研究中, 参数表示法作为一种强有力的工具可以使不少问题获得圆满的解答. 例如, 1984 年德布兰杰斯彻底解决了比伯巴赫猜想, Loewner 参数表示法可以说是最重要的基础之一. 经过人们不断的研究和发展, 目前以 Loewner 微分方程为中心的 Loewner 理论已经获得了不小的拓展和演进, 其内容也更加丰富多彩. Loewner 理论不仅是几何函数论中的活跃研究方向之一, 在函数论以外的其他学科中也有重要的应用.

为建立 Loewner 理论的相关基本定理, 下面先给出一些必要的函数论基础知识.

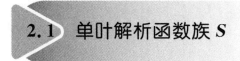

2.1 单叶解析函数族 S

前已叙及, 在复平面上, 共形映射与单叶解析函数是等价的, 共形映射的定量研究往

往通过对单叶解析函数的研究来实现. 鉴于单位圆域上单叶解析函数的性质可以容易地推广甚至平行地移植到一般的边界多于一点的单连通区域上，故单位圆域上的单叶解析函数历来都是人们研究的重点. 若 $f(z)$ 为定义在单位圆域 $\mathbb{D} = \{z \in \mathbb{C} : |z| < 1\}$ 上的单叶解析函数，则在 $\mathbb{D}$ 中，显然有 $f'(z) \neq 0$. 如果设定 $f(0) = 0$，$f'(0) = 1$（即加上规范条件），则所有这类函数 $f(z)$ 构成一正规族，记为 S. 此时，函数的 Taylor 展开式为

$$f(z) = z + a_2 z^2 + a_3 z^3 + \cdots + a_n z^n + \cdots, \quad |z| < 1 \tag{2.1.1}$$

由 Riemann 映射定理可知：任意边界多于一点的单连通区域一定可以共形映射到 $\mathbb{D}$，所以在 S 上的任何结果都可以推广到任意边界多于一点的单连通区域上.

在族 S 中扮演着重要角色的是 Koebe 函数：

$$K(z) = \frac{z}{(1-z)^2} = z + 2z^2 + 3z^3 + \cdots + nz^n + \cdots \tag{2.1.2}$$

它将 $\mathbb{D}$ 映射到全平面除去负实数轴上从 $-\dfrac{1}{4}$ 到无穷远点的一条射线. 若 θ 为任意实数，则 $e^{-i\theta} K(e^{i\theta} z) \in S$，且将 $\mathbb{D}$ 映射到全平面除去 $-\dfrac{1}{4} e^{i\theta}$ 到无穷远点的一条射线. 当 θ 固定时，这样的函数称为 Koebe 函数的一个旋转.

与函数族 S 紧密相关的是函数族 Σ，它由单位圆外区域 $\mathbb{D}' = \{z \in \mathbb{C} : |z| > 1\}$ 的亚纯单叶函数

$$g(z) = z + b_0 + b_1 z^{-1} + b_2 z^{-2} + \cdots \tag{2.1.3}$$

的全体所组成，也就是函数 $g(z)$ 在单位圆外单叶且除去在无穷远点有残数为 1 的极点外是解析的. 显然，Σ 也是正规族.

当 $z \in \mathbb{D}'$ 时，$g(z) \neq 0$，$g(z) \in \Sigma$，这样的 $g(z)$ 的全体组成函数族 Σ'. 显然，Σ 中的任何函数只要作适当变换，均可成为 Σ' 中的函数.

若 $f(z) \in S$，则

$$g(z) = \left\{ f\left(\frac{1}{z}\right) \right\}^{-1} = z - a_2 + (a_2^2 - a_3) z^{-1} + \cdots \tag{2.1.4}$$

属于 Σ'. 反之，Σ' 中的一个函数 $g(z)$，也可以用上述变换得到 $f(z) \in S$，所以上述变换是将 S 中的函数与 Σ' 中的函数建立起一一对应的变换.

若 $g(z) \in \Sigma$，且 $g(z)$ 将 $\mathbb{D}'$ 映射为全平面除去一个二维 Lebesgue 测度为零的集合，这样的函数全体记作 $\widetilde{\Sigma}$.

函数族 S 有许多独特的性质. 过去 100 年来，人们围绕函数族 S 进行了大量的研究，取得了丰硕的成果，极大地丰富了现代几何函数论的内容. 下面给出早期有关族 S 的几个最基本的定理.

定理 2.1.1 （Gronwall 面积原理）若由式(2.1.3)所定义的函数 $g(z) \in \Sigma$，则有不等式

$$\sum_{n=1}^{\infty} n |b_n|^2 \leqslant 1 \tag{2.1.5}$$

等号成立当且仅当 $g(z) \in \widetilde{\Sigma}$.

证明 若 E 为 $g(z)$ 的像取不到的点构成的集合，C_r 为由 $g(z)$ 映射 $|z| = r (r > 1)$ 的像. 由于 $g(z)$ 为单叶，因此 C_r 为一简单封闭曲线，它包含区域 E_r，显然 $E_r \subset E$. 由 Green 定理，E_r 的面积为

$$A_r = \frac{1}{2\mathrm{i}} \int_{C_r} \bar{w} \, \mathrm{d}w = \frac{1}{2\mathrm{i}} \int_{|z|=r} \overline{g(z)} g'(z) \, \mathrm{d}z$$

$$= \frac{1}{2} \int_0^{2\pi} \left\{ r \mathrm{e}^{-\mathrm{i}\theta} + \sum_{n=0}^{\infty} \bar{b}_n r^{-n} \mathrm{e}^{\mathrm{i}n\theta} \right\} \left\{ 1 - \sum_{\nu=1}^{\infty} \nu b_\nu r^{-\nu-1} \mathrm{e}^{-\mathrm{i}(\nu+1)\theta} \right\} r \mathrm{e}^{\mathrm{i}\theta} \, \mathrm{d}\theta$$

$$= \pi \left\{ r^2 - \sum_{n=1}^{\infty} n |b_n|^2 r^{-2n} \right\}, \quad r > 1$$

令 $r \to 1$，则 A_r 趋于 E 的外测度

$$m(E) = \pi \left\{ 1 - \sum_{n=1}^{\infty} n |b_n|^2 \right\}$$

由于 $m(E) \geqslant 0$，因此得定理结论. 证毕.

该定理为格隆瓦尔(T. H. Gronwall)于 1914 年基于几何直观所得，虽然简明，但却是几何函数论一系列重要结论的开端.

定理 2.1.1 有一个显然的推论(证明略)：

推论 2.1.1 若 $g(z) \in \Sigma$，则 $|b_1| \leqslant 1$，等号成立当且仅当

$$g(z) = z + b_0 + \frac{b_1}{z}, \quad |b_1| = 1$$

此函数将 $\mathbb{D}$ 映射成 $\mathbb{C}$ 上补集为一条线段的像，此线段长度为 4.

定理 2.1.2 （Bieberbach 定理）如果由式(2.1.1)所定义的 $f(z) \in S$，则有 $|a_2| \leqslant 2$，等号成立当且仅当 $f(z)$ 为式(2.1.2)所定义的 Koebe 函数及其旋转.

证明　由于 $f(z) \in S$，故

$$g(z) = \left\{ f\left(\frac{1}{z^2} \right) \right\}^{-\frac{1}{2}} = z - \frac{a_2}{2} z^{-1} + \cdots \in \Sigma$$

由推论 2.1.1，得到 $|a_2| \leqslant 2$，等号成立当且仅当 $g(z) = z - \dfrac{e^{i\theta}}{z}$，由此可得 $f(z) =$

$\dfrac{z}{(1 - e^{i\theta}z)^2} = e^{-i\theta} K(e^{i\theta} z)$，即为 Koebe 函数的旋转．证毕．

定理 2.1.3　(Koebe 覆盖定理) 每个属于函数族 S 的函数 $f(z)$ 的像，一定包含圆域 $\left\{ \omega \in \mathbb{C}: |\omega| < \dfrac{1}{4} \right\}$．

证明　若 $f(z) \in S$，不取值 $\omega \in \mathbb{C}$，则

$$g(z) = \frac{\omega f(Z)}{\omega - f(z)} = z + \left(a_2 + \frac{1}{\omega} \right) z^2 + \cdots \in S$$

由定理 2.1.2，得到

$$\left| \left(a_2 + \frac{1}{\omega} \right) \right| \leqslant 2$$

又由于 $|a_2| \leqslant 2$，因此 $\left| \dfrac{1}{\omega} \right| \leqslant 4$，即 $|\omega| \geqslant 4$，故 $f(z)$ 取不到的值必然在 $|\omega| < \dfrac{1}{4}$ 之外．证毕．

Koebe 函数及其旋转取不到一点，其模等于 $\dfrac{1}{4}$，而在 S 中只有这个函数具有此性质，也就是 S 中的其他函数的像都包含以原点为中心、半径稍大于 $\dfrac{1}{4}$ 的圆．

定理 2.1.4　若 $f(z) \in S$，则

$$\left| \frac{z f''(z)}{f'(z)} - \frac{2r^2}{1 - r^2} \right| \leqslant \frac{4r}{1 - r^2}, \quad |z| = r < 1 \tag{2.1.6}$$

成立．

证明　已知若 $f(z) \in S$，$\zeta \in \mathbb{D}$ 固定，应用 Möbius 变换，则

$$F(z) = \frac{f\left(\dfrac{z + \zeta}{1 + \bar{\zeta} z} \right) - f(z)}{(1 - |\zeta|^2) f'(\zeta)} = z + A_2(\zeta) z^2 + \cdots \in S \tag{2.1.7}$$

直接计算可得

$$A_2(\zeta) = \frac{1}{2}\left\{(1-|\zeta|^2)\frac{f''(\zeta)}{f'(\zeta)} - 2\bar{\zeta}\right\}$$

由定理 2.1.2 可得，$|A_2(\zeta)| \leqslant 2$. 经简单计算，以 z 代替 ζ，即可得到式(2.1.6). 易知 Koebe 函数及其旋转使式(2.1.6)取等号. 证毕.

定理 2.1.5 （偏差定理）若 $f(z) \in S$，则

$$\frac{1-r}{(1+r)^3} \leqslant |f'(z)| \leqslant \frac{1+r}{(1-r)^3} \tag{2.1.8}$$

成立. 当且仅当 $f(z)$ 为 Koebe 函数及其旋转，且 $z \neq 0$，$z \in \mathbb{D}$ 时上式等号成立.

证明 由式(2.1.6)可得

$$\frac{2r^2-4r}{1-r^2} \leqslant \mathrm{Re}\left\{\frac{zf''(z)}{f'(z)}\right\} \leqslant \frac{2r^2+4r}{1-r^2} \tag{2.1.6$'$}$$

由于 $f'(z) \neq 0$，$f'(0) = 1$，故可选 $\ln f'(z)$ 单值支，使得

$$\ln f'(z)\big|_{z=0} = 0$$

但是由于

$$\mathrm{Re}\left\{\frac{zf''(z)}{f'(z)}\right\} = r\frac{\partial}{\partial r}\mathrm{Re}\{\ln f'(z)\},\quad z = r\mathrm{e}^{i\theta}$$

故得

$$\frac{2r-4}{1-r^2} \leqslant \frac{\partial}{\partial r}\ln|f'(r\mathrm{e}^{i\theta})| \leqslant \frac{2r+4}{1-r^2}$$

固定 θ，上式从 0 到 R 对 r 积分，可得

$$\ln\frac{1-R}{(1+R)^3} \leqslant \ln|f'(R\mathrm{e}^{i\theta})| \leqslant \ln\frac{1+R}{(1-R)^3}$$

由此就得到式(2.1.8). 证毕.

若 $f(z)$ 为由式(2.1.2)所定义的 Koebe 函数及其旋转，则一定有一点使式(2.1.8)中等号成立. 反之，若式(2.1.8)中等号成立，则由式(2.1.6$'$)消去 r，然后再取 $r=0$，就有

$$\mathrm{Re}\left(\mathrm{e}^{i\theta}\frac{f''(0)}{f'(0)}\right) = \pm 4$$

由此导出 $|a_2| = 2$. 由定理 2.1.2 可知，$f(z)$ 必须是 Koebe 函数及其旋转.

定理 2.1.6 （增长定理）若 $f(z) \in S$，则有

$$\frac{r}{(1+r)^2} \leqslant |f(z)| \leqslant \frac{r}{(1-r)^2} \tag{2.1.9}$$

当 $z \neq 0$，$z \in \mathbb{D}$ 时，上式取等号当且仅当 $f(z)$ 为 Koebe 函数及其旋转.

证明　若 $f(z) \in S$，$z = r\,\mathrm{e}^{i\theta}$，$0 < r < 1$，由于 $f(0) = 0$，所以

$$f(z) = \int_0^r f'(\rho\mathrm{e}^{i\theta})\,\mathrm{e}^{i\theta}\,\mathrm{d}\rho$$

于是由偏差定理，可得估计式

$$|f(z)| \leqslant \int_0^r |f'(\rho\mathrm{e}^{i\theta})|\,\mathrm{d}\rho \leqslant \int_0^r \frac{1+\rho}{(1-\rho)^3}\,\mathrm{d}\rho = \frac{r}{(1-r)^2}$$

这就是式(2.1.9)右侧的不等式. 若 $|f(z)| \geqslant \dfrac{1}{4}$，因为当 $0 < r < 1$ 时，$\dfrac{r}{(1+r)^2} < \dfrac{1}{4}$ 成立，故不等式显然成立. 若 $|f(z)| < \dfrac{1}{4}$，则由定理 2.1.3，由 0 到 $f(z)$ 的线段包含在 $f(z)$ 的像中. 若 C 为 $\mathbb{D}$ 中该线段的逆像，则 C 为由 0 到 z 的一条简单曲线，于是有

$$f(z) = \int_C f'(\zeta)\,\mathrm{d}\zeta$$

并且 $f'(\zeta)\,\mathrm{d}\zeta$ 在 C 上保持一个方向，根据定理 2.1.5，可得

$$f'(\zeta)\,\mathrm{d}\zeta\ |f(z)| = \int_C |f'(\zeta)|\,|\mathrm{d}\zeta| \geqslant \int_0^r \frac{1-\rho}{(1+\rho)^3}\,\mathrm{d}\rho = \frac{r}{(1+r)^2}$$

等号成立，当且仅当 $f(z)$ 为 Koebe 函数及其旋转.

2.2　Carathéodory 核收敛定理

　　由卡拉西奥多里引入的复平面上区域序列的核收敛定理在几何函数论中扮演着极其重要的角色. 该定理将"序列""收敛"等分析的概念直接赋予平面区域这个几何对象，建立起了区域与单叶解析函数变化性态的某种联系(至少在考察序列的敛散性与极限方面是这样的)，这为从几何角度直观地理解某些函数论问题提供了便利，某些情况下也成为提出新问题及获取问题解决方案的直觉源泉.

　　定理 2.2.1　(Hurwitz 定理)若 $\{f_n(z)\}$ 在 D 中解析，且当 $n \to \infty$ 时，$\{f_n(z)\}$ 局部一致收敛于 $f(z)$，则 $f(z)$ 要么在 D 中恒等于零，要么 $f(z)$ 的每个零点是 $f_n(z)$ 的零点

序列的极限,这里 D 为 Jordan 曲线所围成的单连通区域.

证明 若 $f(z) \not\equiv 0$,而 $f(z_0) = 0$,$z_0 \in D$,只要证明在 z_0 的每个邻域中包含有某个 $f_n(z)$ 的零点即可. 选取 $\delta > 0$ 足够小,使得 $|z - z_0| \leqslant \delta$ 在 D 中,且在 $|z - z_0| = \delta$ 上,$f(z) \neq 0$. 若 $m = \min\limits_{|z-z_0|} |f(z)|$,则有 N,使得当 $n \geqslant N$ 时,$|f_n(z) - f(z)| < m \leqslant |f(z)|$ 在 $|z - z_0| = \delta$ 上成立. 由 Rouch 定理,当 $n \geqslant N$ 时,$f_n(z)$ 与 $f(z)$ 在 $|z - z_0| < \delta$ 中有相同的零点个数. 证毕.

定理 2.2.2 如果 $\{f_n(z)\}$ 在 D 内解析单叶,且当 $n \to \infty$ 时,$\{f_n(z)\}$ 在 D 内局部一致收敛到 $f(z)$,则 $f(z)$ 在 D 内仍为单叶,或在 D 内为常数. 这里 D 为 Jordan 曲线所围成的单连通区域.

证明 若定理不成立,则在 D 中可找到两点 z_1 及 z_2,使 $f(z_1) = f(z_2) = \alpha$ 成立. 于是由定理 2.1.1,对于充分大的 N,点 z_1 及 z_2 分别存在各自的邻域,这两个邻域互不相交,且当 $n \geqslant N$ 时,$f_n(z)$ 在这两个邻域中,都有使 $f_n(z) - \alpha$ 等于零的点,这与 $f_n(z)$ 为单叶的假设相矛盾,故 $f(z) \equiv \alpha$. 证毕.

定理 2.2.3 (Montel 定理)函数族是正规的当且仅当其为局部有界.

该定理的证明可参阅一般复变函数论的教科书,此处略.

由定理 2.1.6、定理 2.2.2 及定理 2.2.3 容易得到定理 2.2.4.

定理 2.2.4 函数族 S 是正规族且为紧的.

定理 2.2.5 (Vitali 定理)若 D 为 Jordan 曲线围成的单连通区域,$f_n(z)$ 在 D 内解析,局部有界,$\{f_n(z)\}$ 在聚点属于 D 内的某一点列上收敛,则 $\{f_n(z)\}$ 在 D 内每个紧子集上一致收敛.

该定理的证明可参考一般复变函数论的教科书,此处略.

接下来先定义一个函数族,该函数族在本节及后续内容中会被多次提到. 若函数 $f(z)$ 在 $\mathbb{D}$ 中解析,且满足 $f(0) = 1$,$\mathrm{Re} f(z) > 0$,则称其为具有正实部的函数,全体这样的函数构成的族记为 P.

定理 2.2.6 (Herglotz 表示定理)若 $f(z) \in P$,则 $f(z)$ 可表示为

$$f(z) = \int_0^{2\pi} \frac{e^{it} + z}{e^{it} - z} \mathrm{d}\mu(z), \quad |z| < 1 \tag{2.2.1}$$

其中 $\mathrm{d}\mu$ 是一个正的概率测度.

证明 若 $f(z) \in P$,则 $\mathrm{Re} f(z) = \mu(re^{i\vartheta})$ 是 $\mathbb{D}$ 内的一个正的调和函数,这里 $z = re^{i\vartheta}$. 当 $r < 1$ 时,定义

$$\mu(t) = \frac{1}{2\pi}\int_0^t \mu(r\,\mathrm{e}^{i\theta})\,\mathrm{d}\theta$$

于是 u_r 是增函数，$\mu_r(0) = 0$ 及 $\mu_r(2\pi) = u(0) = 1$. 由 Helly 选择定理，存在一个增加的子序列 r_n，$r_n \to 1$，使得 $\mu_{r_n}(t)$ 趋于一个在 $[0, 2\pi]$ 中非减的函数 $\mu(t)$，由 Poisson 积分公式可得

$$u(r_n z) = \frac{1}{2\pi}\int_0^{2\pi} P(r,\,\theta - t)u(r_n\,\mathrm{e}^{it})\,\mathrm{d}t$$

$$= \int_0^{2\pi} P(r,\,\theta - t)\,\mathrm{d}\mu_{r_n}(t)$$

其中 $P(r,\,\theta - t)$ 为 Poisson 核，其表达式为

$$\frac{1 - r^2}{1 - 2r\cos(\theta - t) + r^2} = \mathrm{Re}\left\{\frac{1 + 2\mathrm{e}^{-it}}{1 - z\mathrm{e}^{-it}}\right\}$$

让 $n \to \infty$，应用 Helly 选择定理，得到

$$u(r\,\mathrm{e}^{i\theta}) = \int_0^{2\pi} P(r,\,\theta - t)\,\mathrm{d}\mu(t)$$

由于 $f(0) = 1$，即得式 (2.2.1).

接下来证明表示的唯一性，若

$$\int_0^{2\pi} \frac{\mathrm{e}^{i\theta} + z}{\mathrm{e}^{i\theta} - z}\,\mathrm{d}\mu(t) \equiv 0,\ |z| < 1$$

由于

$$\frac{\mathrm{e}^{i\theta} + z}{\mathrm{e}^{i\theta} - z} = 1 + 2\sum_{n=1}^{\infty} \mathrm{e}^{-int}z^n$$

故

$$\int_0^{2\pi} \mathrm{e}^{int}\,\mathrm{d}\mu(t) = 0,\ n = 0,\ \pm 1,\ \pm 2,\ \cdots$$

成立，也就是 $\mathrm{d}\mu$ 与每个三角多项式的积分为零. 而任何连续周期函数均可用三角多项式来逼近，任意区域上的特征函数均可用连续周期函数在 L^1 意义下逼近，故测度在每个区间上为零，即 $\mathrm{d}\mu$ 是零测度，故表示的唯一性得证. 证毕.

为了建立核收敛定理，以下先给出区域序列的核及核收敛的概念. 若 $\{F_n\}$ 为 $\mathbb{C}$ 中的一串区域，且每个 F_n 都包含同一固定的点，不妨取这一点为 0，对于 $w \in \mathbb{C}$，如果存在区域 H，使得 $0 \in H$，$w \in H$，且当 n 充分大时，$H \subset F_n$. 由这样的 w 的全体及 0 组成的集合 $\mathbb{F}$，称为 $\{F_n\}$ 的核. 于是 $\{F_n\}$ 的核或为 $\{0\}$，或为 $\mathbb{C}$ 中的一个区域. 若 $\{F_n\}$ 中每个子序列

都有相同的核,则称 $\{F_n\}$ 核收敛于 F.

定理 2.2.7 (Carathéodory 核收敛定理)若 $\{f_n(z)\}$ 在 $\mathbb{D}$ 内解析单叶,且 $f_n(0)=0$, $f_n'(0)>0$, $F_n=f_n(\mathbb{D})$,则 $\{f_n(z)\}$ 在 $\mathbb{D}$ 内局部一致收敛当且仅当 $\{F_n\}$ 核收敛于 F,且 $F\neq\mathbb{C}$,这时 $\{f_n(z)\}$ 的极限函数将 $\mathbb{D}$ 映射到 F 上.

证明 当 $n\to\infty$ 时,若 $f_n(z)$ 在 $\mathbb{D}$ 内局部一致收敛于 $f(z)$,由定理 2.2.2 可知,$f(z)$ 仍为单叶函数或常数,故 $F\neq\mathbb{C}$. 若 $f(z)$ 为常数,由于 $f_n(0)=0$,故 $f(z)\equiv 0$,此时,显然 $\{F_n\}$ 核收敛于零. 若 $f(z)\not\equiv 0$,而 $w_0\neq 0$,$w_0\in f(\mathbb{D})$,于是可选 r,使 $w_0=f(z_0)$,$|z_0|<r<1$,域 $H=\{w=f(z),|z|<1\}$ 包含 0 及 w_0. 现在证明:当 n 充分大时 $H\subset F_n$ 成立,如果不成立,则有序列 $\{n_k\}$,$n_k\to\infty$ 及点 $w_k\in H$,使得 $w_k\notin F_{n_k}$. 取子序列使 $w_k\to w^*(k\to\infty)$,而 $w^*\in\bar{H}$. 由于 $f_{n_k}(z)-w_k=(f_{n_k}(z)-w_k+w^*)-w^*\neq 0$ 对于 $z\in\mathbb{D}$ 都成立,故在 $f(z)$ 不为常数的前提下,由定理 2.2.2 可知 $f(z)-w^*\neq 0$ 对所有 $|z|<1$ 都成立,这与 $w^*\subset\bar{H}\subset f(|z|<1)$ 相矛盾. 因此,当 n 充分大时,$H\subset F_n$ 成立,故对于 $w_0\in f(\mathbb{D})$,存在这样的 H,使得 $0\in H$,$w_0\in H$,当 n 充分大时 $H\in F_n$ 成立.

反之,如果对任意一点 $w_0\neq 0$,总存在 H,$0\in H$,$w_0\in H$,使得当 n 充分大时,$H\subset F_n$ 成立,则 $w_0\in f(\mathbb{D})$ 一定成立. 证明如下:$0=f(0)$ 在 $f(\mathbb{D})$ 的像域内,$\varphi_n(w)=f_n^{-1}(w)$ 在 H 解析且 $|\varphi_n(w)|<1$. 由定理 2.2.3,可找到一子序列 $\{\varphi_n\}$ 在 H 局部一致收敛,极限函数 $\varphi(z)$ 满足 $\varphi(0)=0$ 及 $|\varphi(w)|\leqslant 1$. 故当 $w\in H$ 时,$|\varphi(w)|<1$. 因此,$f_{n_\nu}(z)$ 在 $\varphi(w_0)$ 附近局部一致收敛. 由于 $\varphi_{n_\nu}(w_0)\to\varphi(w_0)$ 及 $w_0=f_{n_\nu}(\varphi_{n_\nu}(w_0))$,故 $w_0=f(z_0)\in f(\mathbb{D})$,于是得到 $\{F_n\}$ 的核 F 为 $f(\mathbb{D})$.

由于 $\{f_n(z)\}$ 的每个子序列 $\{f_{n_\nu}\}$ 都收敛于 $f(z)$,因此 $\{F_{n_\nu}\}$ 有相同的核 F,故 $\{F_n\}$ 核收敛于 F.

接下来在 F_n 核收敛于 F 且 $F\neq\mathbb{C}$ 的情况下,证明 $\{f_n(z)\}$ 在 $\mathbb{D}$ 内局部一致收敛.

由定理 2.1.3 可知,$\{w:|w|<1/4 f_n'(0)\}\subset F_n$ 成立,若 $f_n'(0)$ 无界,则有子序列 $\{f_{n_\nu}\}$ 以 $\mathbb{C}$ 为核,但 $\{F_{n_\nu}\}$ 的核 $F\neq\mathbb{C}$,故 $f_n'(0)$ 有界. 由定理 2.1.6 可知,$|f_n(z)|\leqslant f_n'(0)\dfrac{|z|}{(1-|z|)^2}$ 在 $\mathbb{D}$ 中成立,而 $f_n'(0)$ 有界,故 $f_n(z)$ 为局部一致有界. 由定理 2.2.3 可知,$\{f_n(z)\}$ 为正规族,假如 $\{f_n(z)\}$ 在 $\mathbb{D}$ 中不是局部一致收敛的,则存在两个子序列 $\{f_{m_\nu}(z)\}$ 及 $\{f_{n_\nu}(z)\}$ 局部一致收敛到不同的极限函数 $f(z)$ 及 $g(z)$. 由前半部分的证明可知:$\{f_{m_\nu}(z)\}$ 及 $\{f_{n_\nu}(z)\}$ 有核 $f(\mathbb{D})$ 及 $g(\mathbb{D})$,由于 $\{F_n\}$ 核收敛于 F,故 $f(\mathbb{D})=g(\mathbb{D})=F$,

又由于 $f(0)=g(0)=0$，$f'(0)\geqslant 0$，$g'(0)\geqslant 0$，则根据 Riemann 映射定理的唯一性，有 $f(z)\equiv g(z)$，这与两个子序列应该局部一致收敛到不同的极限函数矛盾. 故 $\{f_n(z)\}$ 在 $\mathbb{D}$ 内局部一致收敛，极限函数将 $\mathbb{D}$ 映射到 F 上. 证毕.

2.3 Loewner 基本定理

如果一个共形映射将单位圆域 $\mathbb{D}$ 映射到整个复平面除去一组延伸至无穷远点的 Jordan 曲线，则称此映射为裂纹映射（Slit Mapping）. 如果除去的只是一条延伸至无穷远点的 Jordan 曲线，则称该映射为单裂纹映射（Single Slit Mapping）. 如果 $f(z)\in S$ 为一单裂纹映射函数，则由所有这类函数构成的 S 族的子族记为 S_L. 勒夫纳于 1923 年最早得到了刻画 S_L 的一个偏微分方程，即现在常说的 Loewner 微分方程，由此创立了单叶函数的参数表示方法，为现代 Loewner 理论的发展奠定了基础. Loewner 参数表示方法的基本出发点就在于单裂纹映射在函数族 S 中是稠密的，此特性可用以下定理来刻画.

定理 2.3.1　对于 S 中的每个函数 $f(z)$，可以找到一个单裂纹序列 $f_n(z)\in S$，使得 $f_n(z)$ 在 $\mathbb{D}$ 中每个紧子集上一致收敛于 $f(z)$，即 $f_n(z)$ 在 $\mathbb{D}$ 中局部一致收敛于 $f(z)$.

证明　要得到定理的结论，只要证明对于已给的函数 $f(z)\in S$，任给 ε 及 $\rho<1$，总有单裂纹映射 $g(z)\in S_L\subset S$，使得当 $|z|\leqslant\rho<1$ 时，$|f(z)-g(z)|<\varepsilon$ 成立. 然后选取 $\{\varepsilon_n\}$ 及 $\{\rho_n\}$，使得 $\varepsilon_n\to 0$，$\rho_n\to 1$ 即可. 以下给出一个基于几何直观的论证.

若 $f(z)\in S$ 将 $\mathbb{D}$ 映射为区域 D，D 由解析 Jordan 曲线 C 围成（否则可用 $f(rz)/r$ 来逼近，这里 $0<r<1$），如图 2.1 所示. 记 Γ_n 为由无穷远点到 C 上一点 w_0 的 Jordan 曲线加上由 w_0 沿着 C 到 C 上一点 w_n 的部分所组成的曲线，D_n 为 Γ_n 的余集，$g_n(z)$ 映射 $\mathbb{D}$ 到 D_n，而 $g_n(0)=0$，$g'_n(0)>0$. 选择端点 w_n，使得 $\Gamma_n\subset\Gamma_{n+1}$，$w_n\to w_0$，于是 D 为序列 $\{D_n\}$ 的核，$D_n\to D$. 由 Carathéodory 核收敛定理 2.2.7，$g_n(z)$ 在 $\mathbb{D}$ 内局部一致收敛于 $f(z)$，于是 $g'_n(0)\to f'(0)=1$. 由此可知 $h_n(z)=\dfrac{g_n(z)}{g_n}(0)\in S_L\subset S$ 就是这样的单裂纹映射，在 $\mathbb{D}$ 内局部一致收敛于 $f(z)$. 证毕.

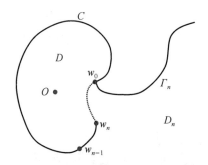

图 2.1　单裂纹区域序列及其收敛核 D

为了得到 Loewner 微分方程，以下先给出裂纹的参数表示.

若 $f(z) \in S$ 将 $\mathbb{D}$ 映射到全复平面除去一条由一个有限点 w_0 到无穷远点的 Jordan 曲线 Γ，则这个区域记作 D. 设 $w = \psi(t)$，$0 \leqslant t < T$ 是 Γ 的一个连续参数表示，而 $\psi(0) = w_0$，当 $s \neq t$ 时 $\psi(s) \neq \psi(t)$，记 Γ_t 为由 $\psi(t)$ 到无穷远的这段 Γ 上的曲线，D_t 为 Γ_t 之补，则 $D_0 = D$，当 $s < t$ 时，$D_s \subset D_t$，令

$$g(z, t) = \beta(t)\{z + b_2(t)z^2 + b_3(t)z^3 + \cdots\}$$

为将 $\mathbb{D}$ 映射到 D_t，$g(0, t) = 0$，$g'(0, t) = \dfrac{\partial}{\partial t}g(z, t)\Big|_{z=0} = \beta(t) > 0$ 的共形映射. 由定理 2.2.7 及 Cauchy 积分公式，$g(z, t)$ 的展开式的系数是 t 的连续函数，故 $\beta(t)$ 为连续函数. 由于 $g(z, 0) = f(z)$，故 $\beta(0) = 1$. 由 Schwarz 引理，$\beta(t)$ 为 t 的严格递增函数，故可以重新对 Γ 选择参数，使得 $\beta(t) = e^t$，$0 \leqslant t < T$. 具体可以这样来做：若 $w = \tilde{\psi}(s) = \psi(\sigma(s))$ 是 Γ 的另一个参数表示，则 $\tilde{\beta}(s) = \beta(\sigma(s))$，取 $\sigma(s) = \beta^{-1}(e^s)$，即得 $\tilde{\beta}(s) = e^s$. 有了这个表示之后，T 一定是 ∞，对此可证明如下：若 M 为一固定正数，取 t 充分靠近 T，使 Γ_t 完全在 $|w| = M$ 之外，由极大模定理得

$$\left| \frac{z}{g(z, t)} \right| \leqslant \frac{1}{M}, \ |z| < 1$$

故当 t 充分靠近 T 时，$M \leqslant |g'(0, t)| = e^t$. 由于 M 是任意取的，故当 $t \to T$ 时，$e^t \to \infty$，因此，$T \to \infty$. 这样，我们就得到了 Γ 的标准参数表示 $w = \psi(t)$，这时

$$g(z, t) = e^t\left\{z + \sum_{n=2}^{\infty} b_n(t)z^n\right\}, \ 0 \leqslant t < \infty \tag{2.3.1}$$

考虑到函数

$$f(z, t) = g^{-1}(f(z), t) = e^{-t}\left\{z + \sum_{n=2}^{\infty} a_n(t)z^n\right\}, 0 \leqslant t < \infty \qquad (2.3.2)$$

将 $\mathbb{D}$ 映射为 $\mathbb{D}$ 除去一条由边界点向内的裂纹，显然 $f(z, 0) = z$. 每个系数 $a_n(t)$ 为 $b_2(t)$，$\cdots$，$b_n(t)$ 的一个多项式函数，故 $a_n(t)$ 也是连续的. 证毕.

定理 2.3.2 （Loewner 基本定理）若 $f(z) \in S$ 为除去弧 Γ 的单裂纹映射，$w = \psi(t)$，$0 \leqslant t < \infty$ 为 Γ 的标准参数表示，$f(z, t)$ 由式（2.3.2）所定义，则 $f(z, t)$ 满足微分方程

$$\frac{\partial f(z, t)}{\partial t} = -f(z, t)\frac{1 + k(t)f(z, t)}{1 - k(t)f(z, t)} \qquad (2.3.3)$$

其中 $k(t)$ 是连续复值函数，满足 $|k(t)| = 1$，$0 \leqslant t < \infty$，并且

$$\lim_{t \to \infty} e^t f(z, t) = f(z), \ |z| < 1 \qquad (2.3.4)$$

成立，但收敛是局部一致的.

证明　先证式（2.3.4）. 由定理 2.1.6 可得

$$\frac{e^t|z|}{(1 + |z|)^2} \leqslant |g(z, t)| \leqslant \frac{e^t|z|}{(1 - |z|)^2}, \ |z| < 1$$

成立，已知 $w \in \mathbb{C}$，取充分大的 t，令 $z = g^{-1}(w, t)$，上式即可变换为

$$\{1 - |g^{-1}(w, t)|\}^2 \leqslant e^t\left|\frac{g^{-1}(w, t)}{w}\right| \leqslant \{1 + |g^{-1}(w, t)|\}^2 \qquad (2.3.5)$$

特别地，有 $|g^{-1}(w, t)| \leqslant 4|w|e^{-t}$，故当 $t \to \infty$ 时，$g^{-1}(w, t) \to 0$ 在每个紧子集上一致成立. 于是由式（2.3.5），可得 $e^t\left|\dfrac{g^{-1}(w, t)}{w}\right| \to 1$ 在紧集上一致成立. 这样 $\dfrac{e^t g^{-1}(w, t)}{w}$ 组成正规族，当 t 经过一个序列趋于无穷时，其在紧集上一致趋于 $G(w)$. 由于 $|G(w)| \equiv 1$ 及 $G(0) = 1$，故 $G(w) \equiv 1$. 因极限值不依赖于序列的选取，故当 $t \to \infty$ 时，$\dfrac{e^t g^{-1}(w, t)}{w} \to 1$，也就是 $e^t g^{-1}(w, t) \to w$ 在紧集上一致成立，这就证明了式（2.3.4）.

现在来建立微分方程（2.3.3）. 当 $0 \leqslant s < t < \infty$ 时，考虑函数

$$\zeta = h(z, s, t) = g^{-1}(g(z, s), t) = e^{s-t}z + \cdots$$

该函数将 z 平面上的 $\mathbb{D}$ 映射到 ζ 平面上的 $\mathbb{D}$ 除去一条从边界出发的 Jordan 弧 J_{st}，如图 2.2 所示. 若弧 B_{st} 为 $|z| = 1$ 上与 J_{st} 相当的部分. 令 $\lambda(t) = g^{-1}(\psi(t), t)$ 为单位圆周上的点，$g(z, t)$ 将它映射为 Γ_t 的端点，且在 ζ 平面上. $\lambda(t)$ 为 J_{st} 与单位圆周相遇的点，故 $\lambda(s)$ 为 B_{st} 的一个内点. 由 Carathéodory 延拓定理（若 D 为由一条 Jordan 曲线 C 围成的区域，$f(z)$ 将 D 共形映射到 $\mathbb{D}$ 上，则 $f(z)$ 可扩充为 $\bar{D} = D \bigcup C$ 到 $\overline{\mathbb{D}}$ 上的一个同胚），函数

$g^{-1}(w,s)$ 在裂纹 Γ_s 的两侧连续，故当 t 下降到 s 时，弧 B_{st} 缩成点 $\lambda(s)$. 同样，若 t 固定，让 s 上升到 t，则弧 J_{st} 缩到 $\lambda(t)$.

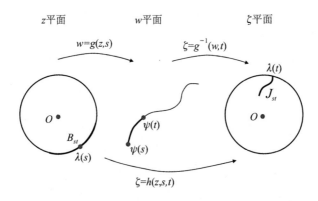

图 2.2　单位圆域到含裂纹单位圆域的复合映射

下面证明 $\lambda(t)$ 是连续函数.

用 Schwarz 反射法，$h(z,s,t)$ 对除去 B_{st} 以外的单位圆周进行解析开拓，所得的函数将 B_{st} 的补映射到 $J_{st}\bigcup J_{st}^{*}$ 的补，这里 J_{st}^{*} 为 J_{st} 对单位圆周进行的反射，由定理 2.1.3，弧 J_{st} 在圆盘 $\left\{\zeta\colon|\zeta|<\dfrac{1}{4}\mathrm{e}^{s-t}\right\}$ 之外，故其反射 J_{st}^{*} 在圆盘 $\left\{\xi\colon|\xi|<\dfrac{1}{4}\mathrm{e}^{t-s}\right\}$ 之内. 另外，由反射性质可得

$$\lim_{z\to\infty}\frac{h(z,s,t)}{z}=\lim_{z\to0}\frac{z}{h(z,s,t)}=\mathrm{e}^{t-s}$$

故由最大模原理，在 B_{st} 的余集上，有

$$\left|\frac{h(z,s,t)}{z}\right|\leqslant4\mathrm{e}^{t-s}$$

当 t 下降到 s 时，B_{st} 缩成点 $\lambda(s)$. 由正规族的性质可知，可选择一个序列 t 下降到 s，函数 $h(z,s,t)/z$ 在紧集上一致收敛到解析函数 $\varphi(z)$，这在全平面除去 $\lambda(s)$ 点外是有界的，且 $\varphi(0)=1$. 由 Liouville 定理，$\varphi(z)\equiv1$. 由于极限不依赖于序列的选取，故当 t 下降到 s 时，$h(z,s,t)$ 在不包含 $\lambda(s)$ 的每个紧集上一致收敛到 z.

令 $\lambda\geqslant0$ 固定，已给 $\varepsilon>0$，选取 $\delta>0$ 足够小，使得当 $0<t-s<\delta$ 时，弧 B_{st} 全在以 $\lambda(s)$ 为中心、ε 为半径的圆 c 内. c 在扩充了的映射 $\zeta=h(z,s,t)$ 下映射为 $\tilde{c}$，于是 $\tilde{c}$ 为包含 $J_{st}\bigcup J_{st}^{*}$ 的 Jordan 曲线，点 $\lambda(t)$ 当然在 $\tilde{c}$ 内. 由于当 $t\to s$ 时，$h(z,s,t)$ 在 c 上一致收

敛于 z，故当 t 充分靠近 s 时，$\tilde{c}$ 的直径可小于 3ε，所以对于每个 $z_0 \in c$，$t > s$ 且充分靠近 s，有

$$|\lambda(s) - \lambda(t)| \leqslant |\lambda(s) - z_0| + |z_0 - h(z_0)| + |h(z_0) - \lambda(t)|$$
$$\leqslant \varepsilon + \varepsilon + 3\varepsilon = 5\varepsilon$$

此处 $h(z_0) = h(z_0, s, t)$，故 λ 为右连续. 同样可证其为左连续，因而 λ 为连续函数.

下面来导出 Loewner 微分方程，令

$$\Phi(z) = \Phi(z, s, t) = \ln\left\{\frac{h(z, s, t)}{z}\right\}$$

以上对数函数取 $\Phi(0) = s - t$ 的一支. $\Phi(z)$ 在 $\mathbb{D}$ 内解析，在 $\overline{\mathbb{D}}$ 上连续，由 $h(z, s, t)$ 的定义，除去弧 B_{st} 外，在单位圆周上，$\mathrm{Re}\{\Phi(z)\} = 0$. 而在 B_{st} 上，$\mathrm{Re}\{\Phi(z)\} < 0$. 由 Poisson-Schwarz 积分公式，可得

$$\Phi(z) = \frac{1}{2\pi}\int_\alpha^\beta \mathrm{Re}\{\Phi(\mathrm{e}^{\mathrm{i}\theta})\}\frac{\mathrm{e}^{\mathrm{i}\theta} + z}{\mathrm{e}^{\mathrm{i}\theta} - z}\mathrm{d}\theta \tag{2.3.6}$$

其中，$\mathrm{e}^{\mathrm{i}\alpha}$ 与 $\mathrm{e}^{\mathrm{i}\beta}$ 为 B_{st} 的端点，特别地，有

$$s - t = \Phi(0) = \frac{1}{2\pi}\int_\alpha^\beta \mathrm{Re}\{\Phi(\mathrm{e}^{\mathrm{i}\theta})\}\mathrm{d}\theta \tag{2.3.7}$$

在式 (2.3.6) 中以 $f(z, s)$ 代替 z，并注意到 $h(f(z, s), s, t) = f(z, t)$，则可得到

$$\ln\frac{f(z, t)}{f(z, s)} = \frac{1}{2\pi}\int_\alpha^\beta \mathrm{Re}\{\Phi(\mathrm{e}^{\mathrm{i}\theta})\}\frac{\mathrm{e}^{\mathrm{i}\theta} + f(z, s)}{\mathrm{e}^{\mathrm{i}\theta} - f(z, s)}\mathrm{d}\theta \tag{2.3.8}$$

分别对式 (2.3.8) 中的积分按实部与虚部运用中值定理，就有

$$\ln\frac{f(z, t)}{f(z, s)} = \frac{1}{2\pi}\left\{\mathrm{Re}\left[\frac{\mathrm{e}^{\mathrm{i}\sigma} + f(z, s)}{\mathrm{e}^{\mathrm{i}\sigma} - f(z, s)}\right] + \mathrm{i}\,\mathrm{Im}\left[\frac{\mathrm{e}^{\mathrm{i}\tau} + f(z, s)}{\mathrm{e}^{\mathrm{i}\tau} - f(z, s)}\right]\right\} \cdot \int_\alpha^\beta \mathrm{Re}\{\Phi(\mathrm{e}^{\mathrm{i}\theta})\}\mathrm{d}\theta$$

其中，$\mathrm{e}^{\mathrm{i}\sigma}$ 与 $\mathrm{e}^{\mathrm{i}\tau}$ 为弧 B_{st} 上的点. 由式 (2.3.7)，再让 t 下降到 s，就得到

$$\frac{\partial}{\partial s}\{\ln f(z, s)\} = -\frac{\lambda(s) + f(z, s)}{\lambda(s) - f(z, s)} \tag{2.3.9}$$

这是因为当 t 下降到 s 时，B_{st} 缩成点 $\lambda(s)$，于是式 (2.3.9) 对右导数成立. 当 s 增加到 t 时，B_{st} 缩成点 $\lambda(t)$，就得到式 (2.3.9) 对左导数成立. 令 $k(t) = \dfrac{1}{\lambda(t)}$，由式 (2.3.9) 就得到 Loewner 微分方程 (2.3.3). 由于 λ 的连续性且 $\lambda(t) \equiv 1$，故 $k(t)$ 也有相同的性质. 证毕.

需要提到的是方程 (2.3.3) 也常称为 "径向 Loewner 方程"，这个名称中 "径向" 二字的源起是这样的，在 Loewner 基本定理证明过程中定义的函数 $h(z, s, t)$（简记为 $h_{s,t}$），当

$0 \leqslant s \leqslant t$ 时构成一个 $\mathbb{D}$ 上的全纯自映射族 $(h_{s,t}) = (g_t^{-1} \circ g_s)$，其中的每一个函数将 z 平面上的 $\mathbb{D}$ 映射到 ζ 平面上的 $\mathbb{D}$ 除去一条从边界出发的 Jordan 弧 J_{st}（如图 2.2 所示），而 $(h_{s,t})$ 所对应的是 $\mathbb{D}$ 除去一条从边界出发连续变化的 Jordan 弧的区域族，当 t 趋于 ∞ 时这条弧"接近于"单位圆中的一段半径. 另外微分方程(2.3.3)中的连续复值函数 $k(t)$ 也常称作"驱动函数"，显然其解析性质决定着方程"解区域"（也就是 $f(z,t)$ 的像域）的几何特征.

Loewner 微分方程(2.3.3)还有另一种等价的形式，故 Loewner 基本定理也可表述如下：

定理 2.3.2′　若 $f(z) \in S$ 为除去弧 Γ 的单裂纹映射，$w = \psi(t)$，$0 \leqslant t < \infty$ 为 Γ 的标准参数表示，$g(z,t)$ 由式(2.3.1)所定义，则 $g(z,t)$ 满足微分方程

$$\frac{\partial g(z,t)}{\partial t} = \frac{\partial g(z,t)}{\partial z} z \frac{1+k(t)z}{1-k(t)z} \tag{2.3.10}$$

其中 $k(t)$ 是连续复值函数，满足 $|k(t)| = 1$，$0 \leqslant t < \infty$，并且

$$g(z,0) = f(z)$$

证明　对式(2.3.6)应用中值定理，可得

$$\Phi(z) = \frac{1}{2\pi} \left[\mathrm{Re}\left(\frac{\mathrm{e}^{\mathrm{i}\sigma} + z}{\mathrm{e}^{\mathrm{i}\sigma} - z}\right) + \mathrm{i}\,\mathrm{Im}\left(\frac{\mathrm{e}^{\mathrm{i}\tau} + z}{\mathrm{e}^{\mathrm{i}\tau} - z}\right) \right] \int_\alpha^\beta \mathrm{Re}\{\Phi(\mathrm{e}^{\mathrm{i}\theta})\}\,\mathrm{d}\theta$$

由式(2.3.7)，有

$$\frac{\Phi(z)}{s-t} = \mathrm{Re}\left(\frac{\mathrm{e}^{\mathrm{i}\sigma} + z}{\mathrm{e}^{\mathrm{i}\sigma} - z}\right) + \mathrm{i}\,\mathrm{Im}\left(\frac{\mathrm{e}^{\mathrm{i}\tau} + z}{\mathrm{e}^{\mathrm{i}\tau} - z}\right)$$

但是

$$\frac{\Phi(z)}{s-t} = \frac{\ln h(z,s,t) - \ln z}{s-t} = \frac{\ln h(z,s,t) - \ln z}{g(z,s) - g(z,t)} \cdot \frac{g(z,s) - g(z,t)}{s-t}$$

而当 $t \to s$ 时，$h(z,s,t) \to z$，故当 $t \to s$ 时，上式等号右边部分就变为

$$\frac{\dfrac{\partial g(z,s)}{\partial s}}{z\dfrac{\partial g(z,s)}{\partial z}}$$

于是得到方程

$$\frac{\partial g(z,t)}{\partial t} = \frac{\partial g(z,s)}{\partial z} z \frac{1+k(t)z}{1-k(t)z}$$

证毕.

定理 2.3.2′在有些问题的研讨中会用到，并且十分有效. 1984 年，德布兰杰斯彻底证

明了著名的比伯巴赫猜想，就用到了这种形式的 Loewner 微分方程. 在一些文献中，方程
(2.3.10)也被称为"全平面 Loewner 方程". Loewner 基本定理实际上是在 $\mathbb{D}$ 上针对函数族
S 来展开讨论的，故其中的微分方程不论是"径向"形式的还是"全平面"形式的，其本质是
一样的. 后续将介绍 Loewner 基本定理在非单位圆域上的变异，它们和 $\mathbb{D}$ 上的 Loewner 基
本定理需要在一个更广泛的概念之下才能统一起来.

注记 2.3.1　值得指出的是，在定理 2.3.2 中，若 $k(t)$ 是一连续或分段连续的具有单
位模的函数，相应的微分方程(2.3.3)在初始条件 $f(z,0)=z$ 时有唯一解 $f(z,t)$. 函数
$f(z,t)$ 将 $\mathbb{D}$ 映射到 $\mathbb{D}$ 中，但其像域未必是裂纹圆域. 库法雷夫(P. P. Kufarev)曾证明：如
$k'(t)$ 在 $[0,\infty)$ 上连续时，$f(z,t)$ 的像域为裂纹圆域.

2.4　Loewner 基本定理的拓展

Loewner 基本定理一经发表，便引起了人们的高度重视，因为其所含的微分方程将单
裂纹映射表示成了半显形式，而单裂纹映射在族 S 中又是稠密的，故 S 中的每一个函数在
$\mathbb{D}$ 的紧子集上均能用单裂纹映射来一致地逼近. 这实际上就提供了一种通过间接手段表示、
刻画共形映射函数性质的手段，其理论意义是巨大的. 鉴于此，勒夫纳之后，人们除了应用
Loewner 方法去解决一些具体问题，还尝试着进一步发掘该理论的内涵和实质，从而对该
理论进行拓展.

准确地追踪 Loewner 理论过去几十年的发展历史不是一件容易的事，因为在二十世纪
中叶，人们发表了大量与 Loewner 参数表示法相关的论文，并且其中相当一部分重要文献
是在苏联出版的. 由于在那个年代东、西方缺乏交流，故有一部分成果并不被各国数学家
广泛知晓. 尽管如此，人们还是普遍认为苏联学者库法雷夫和丹麦学者波默仁克(Christian
Pommerenke)对 Loewner 理论的早期推广和发展所作的贡献最大. 应用稍微不同的观点，
库法雷夫和波默仁克将勒夫纳的想法融入到一般复区域的增长族及其演化方面. 波默仁克
采用了序化单位圆盘上单叶映射的方法，并且从目前可查阅到的资料来看，波默仁克似乎
是第一个使用"Loewner 链"的措辞来描述 Loewner 理论中单叶映射增长族的人. 库法雷夫

也研究了区域中的增长族, 即使这些区域族不是精确的波默仁克意义下的 Loewner 链, 其研究方法与成果也显示了和波默仁克观点的某些相似性.

2.4.1 径向 Loewner 微分方程的本质性推广

下面介绍径向 Loewner 微分方程的一个推广形式, 这是库法雷夫在 1943 年发表的一项重要成果.

定理 2.4.1 令 $w = f(z, t)$, 若 $p(w, t)$ 在 $w \in \mathbb{D}$ 及 $0 \leqslant t < \infty$ 中定义, 对于每个固定的 $w \in \mathbb{D}$, $p(w, t)$ 在每个区间上可积. 假如对每个固定的 $t \in [0, \infty)$, 有 $p(w, t) \in P$, 则以 $f(z, 0) = z$ 为初始条件的微分方程

$$\frac{\partial w}{\partial t} = -wp(w, t) \tag{2.4.1}$$

在 $0 \leqslant t < \infty$ 中有唯一的解. 对于每个固定的 t, $f(z, t)$ 在 $\mathbb{D}$ 内单叶解析, 且 $\mathrm{e}^t f(z, t) \in S$. 当 $t \to \infty$ 时, $\mathrm{e}^t f(z, t)$ 在 $\mathbb{D}$ 内局部一致收敛到一个函数 $f(z) \in S$.

方程 (2.4.1) 也称为 Loewner-Kufarev 微分方程.

为了证明定理 2.4.1, 下面给出两个引理.

引理 2.4.1 对于所有具有正实部的复数 α, β, 有

$$|\mathrm{e}^{-\alpha} - \mathrm{e}^{-\beta}| \leqslant |\alpha - \beta|$$

证明 固定 β, $\mathrm{Re}\{\beta\} > 0$, 考虑到函数

$$F(z) = \frac{\mathrm{e}^{-z} - \mathrm{e}^{-\beta}}{z - \beta}, \quad \mathrm{Re}\{z\} \geqslant 0$$

而 $F(\beta) = -\mathrm{e}^{-\beta}$, $F(z)$ 在右半平面解析, 且当 $z \to \infty$ 时, $F(z) \to 0$. 由最大模原理, 只要证明 $|F(\mathrm{i}y)| \leqslant 1$, $-\infty < y < \infty$ 即可, 也就是要证明当 $\mathrm{Re}\ w \geqslant 0$ 时 $|G(w)| \leqslant 1$ 成立, 这里 $G(w) = \frac{1 - \mathrm{e}^{-w}}{w}$, $G(0) = 1$, 而这就是要证明当 $-\infty < \nu < \infty$ 时, $|G(\mathrm{i}\nu)| \leqslant 1$, 这等价于当 $|\theta| \leqslant \pi$ 时, $|1 - \mathrm{e}^{\mathrm{i}\theta}| \leqslant |\theta|$, 这显然是成立的. 证毕.

引理 2.4.2 对于每个 $\varphi \in P$, $\mathbb{D}$ 中的任意两个数 α、β, 当 $|\alpha| \leqslant r$, $|\beta| \leqslant r$ 时, 有不等式

$$|\varphi(\alpha) - \varphi(\beta)| \leqslant 2(1 - r)^{-2} |\alpha - \beta|$$

成立.

证明 由定理 2.2.6, 当 $|z| < 1$ 时, 有

$$\varphi'(z) = 2\int_0^{2\pi} e^{it}(e^{it} - z)^{-2} d\mu(t)$$

此处 $d\mu(t) \geq 0$，$\int d\mu = 1$. 由此得到

$$|\varphi'(z)| \leq 2(1 - |z|)^{-2}$$

沿着由 α 到 β 的直线对 $\varphi'(z)$ 积分，即得引理结论. 证毕.

下面对定理 2.4.1 进行证明.

(1) 存在性.

方程(2.4.1)及初始条件等价于积分方程

$$w = z\exp\left[-\int_0^t p(w, t)dt\right] \tag{2.4.2}$$

用逐次逼近法来证明方程(2.4.2)解的存在性及唯一性. 记 $w_n = w_n(z, t)$ 而 $w_0(z, t) \equiv 0$，于是有

$$w_{n+1} = z\exp\left[-\int_0^t p(w_n, t)dt\right], \quad n = 0, 1, \cdots \tag{2.4.3}$$

由于 $\mathrm{Re}\{p(w, t)\} > 0$，故 $|w_n(z, t)| \leq |z|$ 对所有 $t \geq 0$ 都成立. 对每个固定的 t，函数 w_n 在 $\mathbb{D}$ 内解析，且

$$w_n(0, t) = 0, \quad w_n'(0, t) = e^{-t}, \quad w_n(z, 0) = z, \quad n = 1, 2, \cdots$$

由式(2.4.3)及引理 2.4.1、引理 2.3.2 得到

$$|w_{n+1} - w_n| \leq |z| \left| \int_0^t [p(w_{n+1}, t) - p(w_n, t)]dt \right|$$

$$\leq 2|z|(1 - |z|)^2 \int_0^t |w_{n+1} - w_n| dt$$

进行多次归纳，就得到

$$|w_{n+1}(z, t) - w_n(z, t)| \leq \frac{2^n |z|^n t^n}{(1 - |z|)^{2n} n!}, \quad n = 0, 1, \cdots \tag{2.4.4}$$

由于 $w_n = \sum_{k=1}^n [w_k - w_{k-1}]$，故 $w_n(z, t)$ 在 $|z| \leq r$，$0 \leq t \leq T (r < 1, T < \infty)$ 中一致收敛. 极限函数

$$f(z, t) = \lim_{n \to \infty} w_n(z, t)$$

对每个 t，是 z 在 $\mathbb{D}$ 中的解析函数；对每个 z，是 t 在 $0 \leq t \leq T$ 中的连续函数. 这满足积分方程(2.4.2)以及 $f(0, t) = 0$，$f'(0, t) = e^{-t}$，$f(z, 0) = z$，$|f(z, t)| \leq |z|$.

(2) 唯一性.

若方程(2.4.2)有两个解 $w = f(z, t)$，$\nu = g(z, t)$. 如同证明式(2.4.4)那样，可得

$$|w - \nu| \leqslant 2|z|(1 - |z|)^{-2} \int_0^t |w - \nu| \mathrm{d}t$$

这可导出

$$|f(z, t) - g(z, t)| \leqslant \frac{2^{n+1}|z|^{n+1}t^n}{(1 - |z|)^{2n}n!}, \quad n = 0, 1\cdots$$

当 $n \to \infty$ 时，就有 $f(z, t) \equiv g(z, t)$，故解是唯一的.

(3) 对每个固定的 t，$f(z, t)$ 在 $\mathbb{D}$ 中单叶.

若对于某个 τ，有两点 z_1，z_2，$|z_1| < r$，$|z_2| < r$ 而 $f(z_1, \tau) = f(z_2, \tau)$. 令 $w = f(z_1, t)$，$v = f(z_2, t)$，则由式(2.4.1)得到

$$\frac{\partial}{\partial t}(w - v) = vp(v, t) - wp(w, t)$$

$$= v[p(v, t) - p(w, t)] + p(w, t)(v - w)$$

由定理 2.2.6 及引理 2.4.2，得到

$$\left|\frac{\partial}{\partial t}|w - v|\right| \leqslant \left|\frac{\partial}{\partial t}(w - v)\right| \leqslant \left(\frac{2r}{(1-r)^2} + \frac{1+r}{1-r}\right)|w - v|$$

记 $A = \dfrac{2r}{(1-r)^2} + \dfrac{1+r}{1-r}$，则由上式可得

$$\frac{\partial}{\partial t}|w - v| \geqslant -A|w - v|$$

这等价于 $\dfrac{\partial}{\partial t}\{\mathrm{e}^{At}|w - v|\} \geqslant 0$. 由 0 到 τ 对 t 积分，由于 $f(z, 0) = z$，故得

$$-|z_1 - z_2| \geqslant 0$$

即 $z_1 = z_2$. 这就证明了 $f(z, t)$ 的单叶性，故 $\mathrm{e}^t f(z, t) \in S$ 对每个 t 都成立.

(4) 当 $t \to \infty$ 时，$\mathrm{e}^t f(z, t)$ 的局部一致收敛性.

由于 $w = f(z, t)$ 满足方程(2.4.2)，故有

$$\mathrm{e}^t f(z, t) = z\exp\left\{\int_0^t [1 - p(f(z, t), t)]\mathrm{d}t\right\} \tag{2.4.5}$$

需要证明上式右边的积分当 $t \to \infty$ 时，在 $\mathbb{D}$ 中局部一致收敛.

由于 $p(0, t) = 1$，$|f(z, t)| \leqslant |z|$，由引理 2.4.2，得

$$|1 - p(f(z, t), t)| \leqslant 2(1 - r)^{-2}|f(z, t)|, \quad |z| \leqslant r < 1$$

由于 $\mathrm{e}^t f(z, t) \in S$，根据定理 2.1.6，当 $|z| \leqslant r$ 时，有

$$|f(z,t)| \leqslant r(1-r)^{-2} \mathrm{e}^{-t}$$

因此，积分 $\int_0^\infty |1-p(f(z,t),t)| \mathrm{d}t$ 在 $|z| \leqslant r$ 内一致收敛. 故当 $t \to \infty$ 时，$\mathrm{e}^t f(z,t)$ 在 $\mathbb{D}$ 内局部一致收敛. 这样就证明了极限函数 $f(z)$ 属于 S. 证毕.

定理 2.3.2 中的 $\dfrac{1+k(t)w}{1-k(t)w}$ 满足定理 2.4.1 中 $p(w,t)$ 的所有要求，故 Loewner-Kufarev 微分方程是 Loewner 微分方程(2.3.3)的推广形式.

2.4.2 从属原理与 Loewner 链

由于函数的从属原理具有鲜明的几何性质，能够在相关问题的研究中提供一些便捷手段，故其在几何函数论中具有重要作用. 本书不专门研讨从属原理，但基于从属原理引导出的一个概念与本章讨论的主题密切相关，这个概念就是"Loewner 链". 鉴于 Loewner 链在当前有关 Loewner 理论的各种文献中被广泛使用，故以下简要地对其加以说明.

定义 2.4.1　函数 $f(z)$、$g(z)$ 在 $\mathbb{D}$ 中解析，若存在 $\mathbb{D}$ 中的解析函数 $\varphi(z)$，$|\varphi(z)|<1$，$\varphi(0)=0$，使得 $f(z)=g(\varphi(z))$，我们就称 $f(z)$ 在 $\mathbb{D}$ 中从属于 $g(z)$，记为 $f(z) \prec g(z)$.

关于单叶函数的从属有一个简单的定理：

定理 2.4.2　设 $g(z)$ 在 $\mathbb{D}$ 中单叶，则 $f(z) \prec g(z)$ 当且仅当 $f(0)=g(0)=0$ 且 $f(\mathbb{D}) \subset g(\mathbb{D})$.

证明　若 $f(z) \prec g(z)$，由 $\varphi(\mathbb{D}) \subset \mathbb{D}$，$\varphi(0)=0$，从而根据从属的定义我们推出

$$f(\mathbb{D}) \subset g(\mathbb{D})$$

且

$$f(0)=g(0)$$

由 Schwarz 引理，$|\varphi(z)| \leqslant |z|$，得

$$f(|z|<r) \subset g(|z|<r), \quad (0<r<1)$$

由于 $g(z)$ 在 $\mathbb{D}$ 中单叶，故 $g^{-1}(w)$ 在 $g(\mathbb{D})$ 中解析且单叶，若 $f(\mathbb{D}) \subset g(\mathbb{D})$，则令 $\varphi(z)=g^{-1}(f(z))$，且由 $f(0)=g(0)$ 得到 $\varphi(0)=0$，显然对这样的 $\varphi(z)$ 有

$$f(z)=g(\varphi(z))$$

证毕.

对于 S 族中的单裂纹映射，在取定裂纹 Γ 的标准参数表示的前提下，对于式(2.3.1)定义的映射函数 $g(z,t)$，根据从属的定义，显然有 $g(z,s) \prec g(z,t)$，$(0 \leqslant s \leqslant t < +\infty)$.

称全体这样的函数 $g(z,t)$ 关于 $t \in [0, +\infty)$ 构成一个 Loewner 链,记为 (g_t). 由从属的关系易知:

$$g(z,s) = g(h(z,s,t),t), \quad (0 \leqslant s \leqslant t < \infty) \tag{2.4.6}$$

而 $h(z,s,t)$ 在 $\mathbb{D}$ 内单叶并满足 $|h(z,s,t)| \leqslant |z|$. 由标准式(2.3.1)可得

$$h(z,s,t) = e^{s-t}z + \cdots \quad (z \in \mathbb{D}) \tag{2.4.7}$$

由于 $g'(0,t) \neq 0$,函数 $h(z,s,t)$ 由式(2.4.6)唯一确定,因此从式(2.4.6)得出

$$h(z,s,\tau) = h(h(z,s,t),t,\tau), \quad 0 \leqslant s \leqslant t \leqslant \tau < \infty$$

实际上该类函数构成了 $\mathbb{D}$ 上的一个全纯自映射族,它是一种典型的(连续)半群, Loewner 理论也可以认为是以此为基本出发点的. 这种观点也引导着人们从半群角度对 Loewner 理论进行深入探讨,后续将对此做非常简略的介绍.

前述 Loewner 基本定理 2.3.2′ 表明,任一函数 $g(z,t)$ 若构成 Loewner 链 (g_t),则可以用一个非线性偏微分方程进行刻画并揭示出其深刻的"物理"内涵. 波默仁克得到了一个较定理 2.3.2′ 更一般的结果(参阅文献[7]),对此有更清晰的刻画. 下面我们不加证明地给出此定理.

定理 2.4.3 函数 $g(z,t)$ 在 $t \in [0, +\infty)$ 时构成一个 Loewner 链当且仅当下列两个条件满足:

(1) 函数 $g(z,t) = e^t z + \cdots$ 对每个 $t \geqslant 0$ 在 $|z| < r_0$ 内解析,对每个 $z \in \{|z| < r_0\}$ 关于 $t \geqslant 0$ 为绝对连续,并且对某两个正常数 K_0 和 r_0 满足

$$|g(z,t)| \leqslant K_0 e^t, \quad |z| < r_0 \quad t \geqslant 0 \tag{2.4.8}$$

(2) 存在函数 $p(z,t)$ 在 $\mathbb{D}$ 内解析,关于 $t \geqslant 0$ 可测且满足 $p(z,t) \in P$,使得对几乎所有的 t,有

$$\dot{g}(z,t) = zg'(z,t)p(z,t) \quad |z| < r_0, t \geqslant 0 \tag{2.4.9}$$

特别地,在条件(1)和(2)下即可断定函数 $g(z,t)$ 对每个 $t \geqslant 0$ 都可解析延拓到 $\mathbb{D}$,且在 $\mathbb{D}$ 内单叶,以上 $\dot{g}$ 表示对 t 求导,g' 表示对 z 求导.

Loewner 链实际上可以理解为一种膨胀流,其中 (g_t)(当 $z \in \mathbb{D}$ 固定)描述了质点的路径,基于此,定理 2.4.3 中的 Loewner 微分方程(2.4.9)可获得一种直观的解释. 将式(2.4.9)改写成

$$|\arg \dot{g}(z,t) - \arg zg'(z,t)| = |\arg p(z,t)| < \frac{\pi}{2} \tag{2.4.10}$$

这意味着,在 $\{g(z,t): |z| \leqslant r\}$ 的边界点处的速度向量 $f(z,t)$ 指向该集的外部.

2.4.3 上半平面及带形域上的 Loewner 微分方程

近年来，随着由施拉姆首先倡导的 SLE（随机 Loewner 演化）及相关研究的兴起，Loewner 理论再次成为热点. SLE 除了与经典的 Loewner 基本定理（径向 Loewner 微分方程与全平面 Loewner 微分方程）有关以外，也涉及上半平面上的 Loewner 微分方程及带形域上的 Loewner 微分方程. 施拉姆在 2000 年实际上就是基于上半平面的 Loewner 微分方程第一次引入了 SLE 并加以研究. 不过这也导致了不少人将施拉姆认作是在上半平面上给出 Loewner 微分方程模拟形式的第一人，但这有违史实.

其实对于 Loewner 基本定理在上半平面上进行变异推广的工作，最早可以追溯到二十世纪四十年代. 1946 年，库法雷夫模拟 Loewner 微分方程在单位圆盘的情形（即径向型方程）首先提出了在上半平面的一个演化过程并给出了相应的微分方程，随后在二十世纪下半叶，苏联的不少院校集中地研究了该方程并取得了不少成果，库法雷夫本人与索伯列夫（V. V. Sobolev）、斯波尔亚谢娃（L. V. Sporysheva）于 1968 年的一项工作则是对上半平面的一族单叶函数建立了一种参数方法，该方法现在已被非常成功地用于与流体力学有关的物理问题. 遗憾的是这些工作主要发表在苏联以外难以见到的杂志上，故多不为人所知. 事实上，库法雷夫的一些重要论文甚至没有在《数学评论》中被评介过，这也难怪对于 SLE 的研究，很多人都知道上半平面的 Loewner 方程是其必需的重要基础之一，但却对该方程的来由背景知之甚少. 下面用当下流行的术语和表述方式简要地介绍上半平面及带形域上的 Loewner 方程.

1. 上半平面的 Loewner 微分方程

记 $\mathbb{H} = \{z \in \mathbb{C} : \mathrm{Re}\, z \in \mathbb{R},\ \mathrm{Im}\, z > 0\}$ 表示上半复平面. 若 K 是闭上半平面 $\overline{\mathbb{H}}$ 上的一个紧集使得 $\mathbb{H} \setminus K$ 是一个单连通区域且 $K = \overline{K \cap \mathbb{H}}$，则称 K 为上半平面 $\mathbb{H}$ 的一个紧致包（compact hull）. 对任意一个紧致包 K，都存在唯一一个共形映射 g_K，将 $\mathbb{H} \setminus K$ 映射到 $\mathbb{H}$，并且 $g_K(z)$ 满足规范化条件 $\lim_{z \to \infty}(g_K(z) - z) = 0$，当 $z \to \infty$ 时，有下面 Laurent 展开式：

$$g_K(z) = z + \frac{a_1}{z} + \cdots + \frac{a_n}{z^n} + \cdots$$

其中系数 $a_n (n = 1, 2, \cdots)$ 都是实数. 定义 $a_1 = a_1(K)$ 为紧致包 K 的上半平面容量. 假设 $\gamma(t) (t \geq 0)$ 是 $\overline{\mathbb{H}}$ 上一条连续的路径且 $\gamma(0) \in \mathbb{R}$，这里 $\mathbb{R}$ 表示实轴. 规定 $\gamma(t)$ 碰到自身或者 $\mathbb{R}$ 就立即弹到开阔的区域，这样随着时间的改变，我们就得到了一族递增的紧致包

$\{K_t : t \geqslant 0\}$. 相应地, 对于每一个紧致包 K_t 都有一个容量 $a_1(K_t)$, 同时也得到一个从 $\mathbb{H} \setminus K_t$ 到 $\mathbb{H}$ 的共形映射 g_{K_t}. 由于 $a_1(K_t)$ 是连续的, 因此可以参数化 $\gamma(t)$ 使得 $a_1(K_t) = 2t$. 在这种情形下, 对于每一个 $t \geqslant 0$, 记 g_t 为 g_{K_t}, 则 $g_t(z)$ 满足下面 Loewner 型微分方程 (一般性的论证可参阅文献[8]):

$$\frac{\partial g_t(z)}{\partial t} = \frac{2}{g_t(z) - W_t}, \quad g_0(z) = z \qquad (2.4.11)$$

$W_t = g_t(\gamma(t))$ 称为方程(2.4.11)的驱动函数, 也叫作驱动项. 反之, 若给定一个定义在 $[0, \infty)$ 上的连续实值函数 W_t, 则对于所有 $z \notin K_t = \{w \in \overline{\mathbb{H}} : \tau(w) \leqslant t\}$, 方程(2.4.11)在时间 t 之前是可解的, 其中 $\tau(w)$ 表示 $g_t(z) - W_t$ 等于 0 的第一时间. 而且, 对于任意 $t \geqslant 0$, g_t 将 $\mathbb{H} \setminus K_t$ 共形映射到 $\mathbb{H}$ 上, 称 K_t 为这个 Loewner 链 (g_t) 的紧致包, 但是特别需要指出的是该紧致包并非一定是曲线. 对于该 Loewner 方程, 链 (g_t) 与曲线的关系有下面的定理(参阅文献[8]):

定理 2.4.4　假设 (g_t) 是方程(2.4.11)对于某一驱动函数 W_t 所得的 Loewner 链, 令 $z = x + \mathrm{i}y$, $f_t(z) = g_t^{-1}(z)$, $\hat{f}_t(z) = g_t^{-1}(z + W_t)$, $V(y, t) = \hat{f}_t(\mathrm{i}y)$. 对于每个 t, 若极限

$$\gamma(t) = \lim_{y \to 0+} \hat{f}_t(\mathrm{i}y) \qquad (2.4.12)$$

存在, 并且函数 $t \mapsto \gamma(t)$ 连续, 即假定 V 在 $[0, \infty) \times [0, \infty)$ 上连续, 则 (g_t) 是由曲线 γ 生成的 Loewner 链.

注记 2.4.1　假定存在一个正数序列 $r_j \to 0$ 以及一个 c, 使得 $|\hat{f}'_{k2^{-2j}}(2^{-j}\mathrm{i})| \leqslant 2^j r_j$, $k = 0, 1, \cdots, 2^{2j-1}$; $|U_{t+s} - U_t| \leqslant c\sqrt{j}\, 2^{-j}$, $0 \leqslant t \leqslant 1$, $0 \leqslant s \leqslant 2^{-2j}$, 并且 $\lim\limits_{j \to \infty} \dfrac{\sqrt{j}}{\ln r^j} = 0$, 则以上定理中定义的函数 V 在 $[0, 1] \times [0, 1]$ 上连续. 该结论在相关研究中经常被用到.

如果令 $f_t(z)$ 为 $g_t(z)$ 的逆映射, 即 $f_t(z) = g_t^{-1}(z)$, 则对任意的 $z \in \mathbb{H}$, $f_t(z)$ 满足下面的 Loewner 型微分方程:

$$\frac{\partial f_t(z)}{\partial t} = -\frac{\partial f_t(z)}{\partial z} \frac{2}{z - W_t}, \quad f_0(z) = z \qquad (2.4.13)$$

该方程的解构成一个 Loewner 链 (f_t), 这是一类从上半平面 $\mathbb{H}$ 到 $\mathbb{H}$ 的子集的共形映射.

在一些文献中, 方程(2.4.11)或方程(2.4.13)也称为以 W_t 作为驱动项的"弦 Loewner 微分方程", 这个名称基于一个直观的事实, 就是当曲线 $\gamma[0, t]$ 随着参数 t 趋向于无穷而

逐渐演化时其两侧的映像在实轴上会进入一段连接两个有界边界点的弦（在许多结合物理背景的讨论中，参数 t 常常被作为时间看待），如图 2.3 所示.

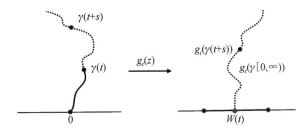

图 2.3　含单裂纹上半平面到上半平面的映射

2. 带形区域上的 Loewner 微分方程

考虑带形区域 $\mathbb{S}_\pi = \{z \in \mathbb{C} : 0 < \mathrm{Im}\, z < \pi\}$，$\bar{\mathbb{S}}_\pi$ 为其闭. 设 $K \subset \bar{\mathbb{S}}_\pi$ 是一个紧集使得 $\mathbb{S}_\pi \setminus K$ 是一个单连通区域且 $K = \overline{K \cap \mathbb{S}_\pi}$，则称 K 为 $\mathbb{S}_\pi$ 的一个紧致包. 对每一个紧致包 K，存在唯一共形映射 $g_K(z): \mathbb{S}_\pi \setminus K \to \mathbb{S}_\pi$. 记 $\mathrm{cap}_{\mathbb{S}_\pi}(K)$ 为紧致包 K 的容量，则有 $\lim\limits_{z \to \pm\infty}(g_K(z) - z) = \pm\mathrm{cap}_{\mathbb{S}_\pi}(K)$.

假设 $\gamma(t)$ 是在 $\mathbb{S}_\pi$ 内一条从原点出发到上边界 $\mathbb{R}_\pi = \{z \in \mathbb{C} : \mathrm{Im} = \pi\}$ 的连续路径，则对每个 t，都产生一个 $\mathbb{S}_\pi$-紧致包 $(K_t)_{t \geqslant 0}$ 与相应的一个共形映射 $g_{K_t}(z): \mathbb{S}_\pi \setminus K_t \to \mathbb{S}_\pi$. 同样地，可以参数化 $\gamma(t)$，使得 $\mathrm{cap}_{\mathbb{S}_\pi}(K) = t$，在这种情况下令 $g_t := g_{K_t}$，则 g_t 满足下面 Loewner 型微分方程：

$$\frac{\partial g_t(z)}{\partial t} = \coth\left(\frac{g_t(z) - W_t}{2}\right), \quad g_0(z) = z \tag{2.4.14}$$

其中驱动项 W_t 是定义在 $[0, \infty)$ 上的一个实值函数. 反过来，如果给定一个定义在 $[0, \infty)$ 内且取值于实轴上的连续函数 W_t，对于所有 $z \notin K_t = \{w \in \bar{\mathbb{S}}_\pi : \tau(w) \leqslant t\}$，方程 (2.4.14) 在时间 t 之前是可解的，其中 $\tau(w)$ 表示 $g_t(z)$ 碰到 W_t 的第一时间，且对于任意的 $t \geqslant 0$，g_t 将 $\mathbb{S}_\pi \setminus K_t$ 共形映射到 $\mathbb{S}_\pi$ 上，则称 K_t 为 Loewner 链 (g_t) 的紧致包.

固定 $t \in [0, \infty)$，$w \in \mathbb{S}_\pi$，令 $h_s(w)(0 \leqslant s \leqslant t)$ 为下面微分方程的解：

$$\frac{\partial h_s(w)}{\partial s} = -\coth\left(\frac{h_s(w) - W_{t-s}}{2}\right), \quad h_0(w) = w \tag{2.4.15}$$

则称方程 (2.4.15) 为方程 (2.4.14) 的逆时间 Loewner 微分方程.

如果令 $f_t = g_t^{-1}$，则对于每一个 $z \in \mathbb{S}_\pi$，f_t 满足以下微分方程：

$$\frac{\partial f_t(z)}{\partial t}=-\frac{\partial f_t(z)}{\partial z}\coth\left(\frac{z-W_t}{2}\right),\ g_0(z)=w \tag{2.4.16}$$

这个方程的解构成的 Loewner 链(f_t)是一类从带型区域$\mathbb{S}_\pi$到$\mathbb{S}_\pi$的子集的共形映射.

2.4.4　全纯映射半群与复平面上一般化的 Loewner 微分方程

1. Loewner 链与全纯映射半群

全纯映射半群是一个经典研究课题, 但很难准确地确定这个概念诞生的日期, 特里柯米(F. Tricomi)于 1917 年发表的论文似乎是涉及全纯映射半群及其渐进行为的第一篇文献. 全纯映射半群也显示出与柯尔莫哥洛夫(A. Kolmogorov)和德米切耶夫(N. A. Dmityiev)始于二十世纪四十年代的 Galton-Watson 过程(分支过程)理论的某种相关性. 此外, 全纯映射半群也是解析函数空间上强连续算子半群理论研究的一个重要工具. 迄今为止, 该理论已经通过贝克尔(I. N. Baker)、柯温(C. C. Cowen)、艾林(M. Elin)、戈雅诺夫(V. V. Goryainov)、波默仁克等学者的广泛研究和推广, 已经延伸到了 Riemann 曲面、多复变以及无穷维 Banach 空间方面.

如 2.4.2 节所述, 每一个 Loewner 链(g_t)总能伴生一族单位圆域上的全纯自映射$(h_{s,t})=(g_t^{-1}\circ g_s)$, 有时称之为转换函数或演化族. 通过恰当的构造, 可以让这样一个演化族满足代数性质:

$$h_{s,t}=h_{u,t}\circ h_{s,u},\ 0\leqslant s\leqslant u\leqslant t<+\infty \tag{2.4.17}$$

演化族中特别而重要的情形是$\mathbb{D}$上的全纯自映射半群. 而一个$\mathbb{D}$上的全纯自映射族$(\varnothing_t)$是一(连续)半群, 只要$\varnothing:(\mathbb{R}^+,+)\to\mathrm{Hol}(\mathbb{D},\mathbb{D})$是非负实数半群和被赋予了紧子集上一致收敛拓扑的$\mathbb{D}$中全纯自映射半群间的一个连续同态, 换句话说, 就是$\varnothing_0=id_\mathbb{D}$; $\varnothing_{t+s}=\varnothing_s\circ\varnothing_t$对所有$s,t\geqslant 0$成立, 并且当$t$趋于$t_0$时, $\varnothing_t$在紧子集上一致收敛到$\varnothing_{t_0}$. 对于一条 Loewner 链(g_t), 如果置$h_{s,t}=\varnothing_{t-s}$, $0\leqslant s\leqslant t<+\infty$, 且能核定$h_{s,t}$满足式(2.4.17), 则$(h_{s,t})$就成为一个全纯自映射半群.

关于$\mathbb{D}$上全纯自映射半群理论的一项很重要的工作属于贝尔克森(E. Berkson)和波塔(H. Porta), 他们证明了一个单位圆域上全纯自映射半群$(\varnothing_t)$对于变量t实际上是实解析的, 并且是如下 Cauchy 问题的解:

$$\begin{cases}\dfrac{\partial\varnothing_t(z)}{\partial t}=G(\varnothing_t(z))\\[2mm]\varnothing_0(z)=z\end{cases} \tag{2.4.18}$$

此处映射 G 为半群上的无穷小生成元, 具有以下形式:

$$G(z) = (z - \tau)(\bar{\tau}z - 1)p(z) \qquad (2.4.19)$$

对于某些 $\tau \in \bar{\mathbb{D}}$ 及全纯函数 $p: \mathbb{D} \to \mathbb{C}$, $\mathrm{Re}\, p \geqslant 0$, 半群 $(\varnothing_t)$ 的动力学受无穷小生成元的解析性质的控制和影响. 例如, 当 τ 属于单位圆域的边界时, 在非切向极限的意义下, 半群有一个渐进地趋于 τ 的公共不动点, 其可以被认为是由 G 生成的动力系统的一个汇点.

当 $\tau = 0$ 时, 显然式 (2.4.19) 是式 (2.4.1) 的一种特殊情形. 因为无穷小生成元 G 具有形式 $-wp(w)$, 此处 p 是一个 Helglotz 函数 (不必是标准化的). 故当半群有一个 $\mathbb{D}$ 上的不动点时 (此处, 通过一个圆盘上的自同构取共轭, 等同于取 $\tau = 0$), 一旦证明了其关于 t 的可微性, 就可以很容易地从 Loewner 理论推导出 Berkson-Porta 定理. 然而当半群在单位圆盘内部没有公共不动点时, Berkson-Porta 的结果就是该理论的一个真正的新进展.

由半群诱导演化族, 从而给出 Loewner 链具体例子的另一项值得注意的工作是海因兹 (M. H. Heins)、西卡西斯 (A. G. Siskasis) 在二十世纪八十年代各自独立完成的, 他们各自独立地证明了如果 $(\varnothing_t)$ 是单位圆盘上的全纯自映射半群, 在适当标准化后, 存在一个唯一的全纯函数 $h: \mathbb{D} \to \mathbb{C}$ (半群中的 Königs 函数), 使得 $h(\varnothing_t(z)) = m_t(h(z))$ 对所有 $t \geqslant 0$ 成立, 此处 m_t 是一个仿射映射 (换句话讲, 该半群对仿射映射半群是半共轭的). 于是容易看到映射 $f_t(z) = m_t^{-1}(h(z))$, $t \geqslant 0$ 构成 Loewner 链.

2. 一般的 Loewner 方程

以半群的无穷小生成元来对比径向 Loewner 方程 (2.4.1)、弦 Loewner 方程 (2.4.11) 及 Berkson-Porta 分解 (2.4.18), 可知对所有 $t \geqslant 0$, Loewner 理论中的映射均是 $\mathbb{D}$ 上全纯自映射半群的无穷小生成元. 这引导出一般形式的 Loewner 方程 (参阅文献 [9]):

$$\begin{cases} \dfrac{\mathrm{d}z}{\mathrm{d}t} = G(z, t) \\[2mm] z(0) = z \end{cases} \qquad (2.4.20)$$

这里的 $G(z, t)$ 对于几乎所有的 $t \geqslant 0$ 是一个无穷小生成元. 此外, 同样可以有另一种形式的一般 Loewner 方程:

$$\frac{\partial f_t(z)}{\partial t} = -G(z, t)\frac{\partial f_t(z)}{\partial z} \qquad (2.4.21)$$

当假定 $G(0, t) \equiv 0$ 或取特殊弦形式的 $G(z, t)$ 时, 所得方程均与之前讨论过的相符 (式 (2.4.19)), 因此方程 (2.4.20) 和方程 (2.4.21) 可以被看作复平面上一般的或统一的 Loewner 方程.

2.5 随机 Loewner 演化(SLE)简介

1999 年至 2000 年间,微软研究院的学者施拉姆在研究平面布朗运动的回路擦除随机游走时,利用 Loewner 理论最先讨论了随机 Loewner 演化(Stochastic Loewner Evolution)过程,也就是所谓的 SLE 问题,从而导致了当前在国际上十分活跃的集复分析、概率论、统计物理等多学科于一体的一个前沿交叉领域的诞生.

SLE 本质上是一类含有一个参数的随机曲线族,这类随机曲线可以通过求解一个具有特定驱动函数的 Loewner 微分方程来描述,这个特定的驱动函数就是一个随时间改变的布朗运动(Brownian Motion). 目前在相关研究中,结合不同形式的 Loewner 方程有好几种形式的 SLE,下面扼要介绍一下常见的弦 SLE(参阅文献[8]、[10]),它也是施拉姆最早引入并研究的 SLE 之一.

2.5.1 布朗运动的共形不变性

1. 有关随机分析的几个基本概念

以下是几个常用的基本术语及相关命题(采用文献[8]的表述方式),它们通常出现在一般的随机分析教程中. 另外,在后续讨论中,用 P 表示概率.

标准的(1-维)布朗运动 B_t 是相对于概率空间 $(\Omega, \mathcal{F}, P)$ 上右连续滤子 F_t 的一个随机过程,满足以下两个条件:

(1) 对于每个 $0 < s < t$,随机变量 $B_t - B_s$ 是 $\mathcal{F}_t$-可测的,独立于 $\mathcal{F}_s$,服从均值为 0,方差为 $t-s$ 的正态分布.

(2) 依概率为 1,$t \mapsto B_t$ 是连续函数.

如果 B_t 是标准布朗运动并且 $b, \sigma \in \mathbb{R}$,则 $\widetilde{B}_t = B_0 + b_t + \sigma(B_t - B_0)$ 被称为具有漂移 b 和方差(参数)σ^2 的一维布朗运动,满足与 B_t 相同的条件,只不过 $\widetilde{B}_t - \widetilde{B}_s$ 是服从均值为 $b(t-s)$,方差为 $\sigma^2(t-s)$ 的正态分布.

一个对应于 $\mathcal{F}_t$ 的标准 d-维布朗运动是一个过程，该过程可表示为 $B_t=(B_t^1,\cdots,B_t^d)$，其中 $B_t^1,\cdots,B_t^d$ 分别是适用于 $\mathcal{F}_t$ 的独立（1-维）标准布朗运动. 如果 $d=2$，我们可以将 B_t 写成复数形式，即 $B_t=B_t^1+iB_t^2$，并称 B_t 为（标准）复布朗运动（注：每当我们说"复的布朗运动"时，"标准"一词往往是隐含的）.

任意区域可看作是 $\mathbb{R}^d$ 或 $\mathbb{C}$ 上的连通开子集. 如果 D 是 $\mathbb{R}^d$ 中的一个区域，令 τ_D 为布朗运动不在 D 中的第一时间，可表示为

$$\tau_D=\inf\{t>0:B_t\notin D\}$$

一个随机过程 H_t 是 $\mathcal{F}_t$-可测的，则称该过程是自适应的，所有连续且自适应的过程 H_t 构成的集用 I 表示.

假设 $h(t,x)$ 是由 $(t,x)\in[0,\infty)\times\mathbb{R}$ 表征的随机变量的集合，如果依概率为 1，$h(t,x)$ 是 $[0,\infty)\times\mathbb{R}$ 上的连续函数，并且对于每一个 x，$h(t,x)\in I$，就说 h 是一个自适应连续函数.

连续性假设意味着函数 $h(t,x)$ 中的变量 x 取有理数. 令 A 为自适应连续函数集，并令 $A_{1,2}$ 为使得依概率 1，$\dot{h}$、h'、h'' 存在并且属于 A 的自适应连续函数 $h(t,x)$ 的集（·表示对时间的导数，$'$、$''$ 表示对 x 的导数）.

命题 2.5.1　（Itô 公式）假设 $H\in I$，$Z_t=\displaystyle\int_0^t H_s\mathrm{d}B_s$，并且 $h\in A_{1,2}$，于是有

$$h(t,Z_t)-h(0,Z_0)=\int_0^t h'(s,Z_s)H_s\mathrm{d}B_s+$$
$$\int_0^t\left[\dot{h}(s,Z_s)+\frac{1}{2}h''(s,Z_s)H_s^2]\mathrm{d}s\right]$$

假设 $H\in I$ 且 $Z_t=\displaystyle\sum_{j=1}^d H_s^j\mathrm{d}B_s$ 是一个连续局部鞅，并且依概率为 1，则有

$$\lim_{t\to\infty}\langle Z\rangle_t=\int_0^\infty\sum_{j=1}^d(H_s^j)^2\mathrm{d}s=\infty$$

定义停时 τ_r 为 $\tau_r=\inf\{t:\langle Z\rangle_t=r\}$，则有以下命题成立.

命题 2.5.2　令 $W_r=Z_{\tau_r}$，则 W_r 是对应于滤子 $\mathcal{F}_{\tau_r}$ 的一个标准布朗运动.

2. 复布朗运动的共形不变性

令 $B_t=B_t^1+iB_t^2$ 为复布朗运动. 假设 $D\subset\mathbb{C}$ 是定义域，$f:D\to\mathbb{C}$ 是非常数解析函数，令 $\tau_D=\inf\{t\geq0:B_t\notin D\}$. 如果 $z\in D$ 且 $f'(z)\neq0$，则局部地看，f 的像是由 $|f'(z)|$ 产生的连带着旋转的扩张，而布朗运动在旋转下是不变的，只有膨胀会改变时间参数. 这是

证明有关复布朗运动某些性质的基本思想.

定理 2.5.1 假设 D 是一个区域并且 $f: D \to \mathbb{C}$ 是一个非常量解析函数，B_t 是从 $z \in D$ 开始的（复）布朗运动，定义

$$S_t = \int_0^t |f'(B_r)|^2 \mathrm{d}r, \quad 0 \leqslant t < \tau_D$$

令 $\sigma_s = S_s^{-1}$，即

$$\int_0^{\sigma_s} |f'(B_r)|^2 \mathrm{d}r = s$$

于是

$$Y_s = f(B_{\sigma_s}), \quad 0 \leqslant s < S_{\tau_D}$$

与开始于 $f(z)$ 停止于 S_{τ_D} 的布朗运动具有相同的分布.

证明 记 $f = u + iv$. Cauchy-Riemann 方程意味着 $u_x = v_y$，$u_y = -v_x$；特别地，u 和 v 是调和的. 由命题 2.5.1 及 Cauchy-Riemann 方程可得

$$\mathrm{d}[u(B_t)] = u_1(B_t)\mathrm{d}B_t^1 + u_2(B_t)\mathrm{d}B_t^2$$
$$\mathrm{d}[v(B_t)] = -u_2(B_t)\mathrm{d}B_t^1 + u_1(B_t)\mathrm{d}B_t^2$$

那么 $u(B_t)$ 和 $v(B_t)$ 是局部鞅，满足

$$\langle u(B) \rangle_t = \langle v(B) \rangle_t = \int_0^t ([u_1(B_s)]^2 + [u_2(B_s)]^2)\,\mathrm{d}s$$
$$= \int_0^t |f'(B_s)|^2 \mathrm{d}s$$

注意到 $\langle u(B), v(B) \rangle_t = 0$，再根据命题 2.5.2 即可得到结论. 证毕.

注记 2.5.1 如果 f 在 D 上是非常数，则 f' 的零点是孤立的，因此对于 $0 \leqslant t \leqslant \tau_D$，$S_t$ 严格递增，由此 S_s^{-1} 被明确定义. 另外，如果 f 是一对一的，则 $S_{\tau_D} = \tau_{f_D}$.

复布朗运动的共形不变性使人们能借助于复分析的方法对其进行研究，Loewner 理论的成功应用就是一个典型例子.

2.5.2 弦 SLE

定义 2.5.1 参数 $k \geqslant 0$（标准参数化）的弦 Schramm-Loewner 演化，简称弦 SLE_κ，是从求解初值问题(2.5.1)得到的共形映射 g_t 的随机集合：

$$\frac{\partial g_t(z)}{\partial t} = \frac{2}{g_t(z) - \sqrt{k}B_t}, \ g_0(z) = 0, \ z \in \mathbb{H} \tag{2.5.1}$$

其中 B_t 是一个标准的一维布朗运动.

也可以说，弦 SLE_{κ} 是从求解方程 (2.4.11) 得到的 (随机) Loewner 链 (g_t)，此时驱动函数为 $W_t = \sqrt{k} B_t$. 除非另有说明，否则将假设布朗运动 B_t 从原点开始. 设 H_t 是 g_t 的像域，$K_t = \mathbb{H} \setminus H_t$ 是随机连续增长的紧致包.

对应于其他不同形式的 Loewner 方程，还可以定义其他的 SLE (径向的、全平面的)，此处不作过多介绍.

由前述弦 Loewner 理论可知，对任意的连续驱动函数 W_t，相应 Loewner 微分方程的解产生的紧致包并不一定由一条连续曲线生成. 但是对于 SLE_{κ}，依概率 1，其对应的紧致包是由一条曲线生成的，这也就是所谓的"SLE 的曲线性质". 这个结论的证明是很困难的，涉及非常复杂的技术细节，有些情况 (如 $k=8$) 至今也还没有获得直接证明，为不过分偏离本书的主题，下面仅介绍与此相关的涉及弦 SLE_{κ} 的一个定理，为此先给出几个预备结论.

假设 g_t 具有驱动函数 $W_t = \sqrt{k} B_t$ 的弦 SLE_{κ}，其中 B_t 是标准布朗运动，于是 g_t 也满足

$$\frac{\partial g_t(z)}{\partial t} = \frac{2}{g_t(z) + \sqrt{k} B_t}$$
$$g_0(z) = z$$

为方便起见，令 $a = \dfrac{2}{k}$，$h_t(z) = \dfrac{g_t(\sqrt{k} z)}{\sqrt{k}}$. 显然，$h_t$ 满足 Loewner 方程

$$\frac{\partial h_t(z)}{\partial t} = \frac{a}{h_t(z) + B_t}$$
$$h_0(z) = z$$

按以上意义，有以下引理：

引理 2.5.1　对于每一个 $0 \leqslant r \leqslant 2a+1$，存在一个 $c = c(r, a)$ 使得对所有 $0 \leqslant t \leqslant 1$，$0 < y \leqslant 1$，$e \leqslant \lambda \leqslant y_0^{-1}$，有

$$P\{|h_t'(z_0)| \geqslant \lambda\} \leqslant c\lambda^{-b} \left(\frac{|z_0|}{y_0}\right)^{2r} \delta(y_0, \lambda)$$

其中 $b = \dfrac{[(2a+1)r - r^2]}{a} \geqslant 0$，并且有

$$\delta(y_0, \lambda) = \begin{cases} \lambda^{\left(\frac{r}{a}\right) - b}, & r < ab \\ -\ln(\lambda y_0), & r = ab \\ y_0^{b - \left(\frac{r}{a}\right)}, & r > ab \end{cases}$$

引理 2.5.2 令 $\hat{f}_t(z) = h_t^{-1}(z - B_t)$，$B_t$ 为标准的布朗运动. 如果 $s \geqslant 0$，那么函数 $z \mapsto \hat{f}_s(z) + B_s$ 的分布与 $z \mapsto h_{-s}(z)$ 相同. 特别地，$z \mapsto \hat{f}_s'(z)$ 与 $z \mapsto h_{-s}'(z)$ 有相同的分布.

定义 2.5.2 对于函数 $f: \mapsto [0, \infty) \to \mathbb{R}^d$，其连续（或称振荡模）为

$$\mathrm{osc}(f, \delta) = \mathrm{osc}(f, \delta, t_0)$$
$$= \sup\{|f(t) - f(s)| : 0 \leqslant s, t \leqslant t_0, |t - s| \leqslant \delta\}$$

按定义 2.5.2，则有以下引理：

引理 2.5.3 如果 B_t 是一个 1—维布朗运动，于是依概率 1，有以下不等式成立：

$$1 \leqslant \liminf_{\delta \to 0+} \frac{\mathrm{osc}(B, \delta)}{\sqrt{\delta \ln\left(\frac{1}{\delta}\right)}} \leqslant \limsup_{\delta \to 0+} \frac{\mathrm{osc}(B, \delta)}{\sqrt{\delta \ln\left(\frac{1}{\delta}\right)}} \leqslant 6$$

且当 $a \geqslant 12\sqrt{\ln 2}$，$\delta \in (0, 1)$ 时，有

$$P\left\{\mathrm{osc}(B, \delta) \geqslant a\sqrt{\delta \ln\left(\frac{1}{\delta}\right)}\right\} \leqslant \left(\frac{4}{\sqrt{2\pi}}\right)(2\delta)^{a^2/144}$$

如果将弦 SLEκ 生成的随机曲线 $\gamma(t)$ 称作其在 $\mathbb{H}$ 上的路径，则有如下定理：

定理 2.5.2 如果 $k \neq 8$，依概率为 1，弦 SLEκ 可由其路径生成.

证明 由定理 2.4.4 及注记 2.4.1，可知依概率 1 存在一个 $\varepsilon > 0$ 和一个（随机）常数 c，使得

$$|\hat{f}_{k2^{-2j}}'(\mathrm{i}2^{-2j})| \leqslant c2^{j-\varepsilon}, \quad j = 1, 2, \cdots, k = 0, 1, \cdots, 2^{2j}$$
$$|B_t - B_s| \leqslant c|t - s|^{1/2}|\ln\sqrt{|t - s|}|, \quad 0 \leqslant t \leqslant 1$$

第二个不等式可以由布朗运动的连续性模（引理 2.5.3）得到. 由第一个不等式，并据引理 2.5.2 和概率论中熟知的 Borel-Cantelli 引理可知能找到 c、ε 使得对于所有 $0 \leqslant t \leqslant 1$，有

$$P\{|h_t'(\mathrm{i}2^{-j})| \geqslant 2^{j-\varepsilon}\} \leqslant c2^{-(2+\varepsilon)j} \tag{2.5.2}$$

置 $r = a + \left(\frac{1}{4}\right) < 2a + 1$，且

$$b = \frac{(1+2a)r - r^2}{a} = a + 1 + \frac{3}{16a}$$

由引理 2.5.1，当 $r < ab$ 时可得

$$P\{|h_t'(\mathrm{i}2^{-j})| \geqslant 2^{j-\varepsilon}\} \leqslant c2^{-j\left[2b - \left(\frac{r}{a}\right)\right](1-\varepsilon)}$$

但是，$2b - \left(\frac{r}{a}\right) = 2a + 1 + (8a)^{-1} > 2$ 成立的前提是 $a \neq \frac{1}{4}$. 如果 $a \neq \frac{1}{4}$，就能找到一

个正数 ε 使得式(2.5.2)成立. 证毕.

    SLE 具有能完成许多具体计算的特点(这些计算在 SLE 出现之前是无法实现的),因此 SLE 成为了研究随机分析与统计物理问题的一种强有力工具,人们借此可以将以往一些问题的研究大幅度向前推进,也使许多悬而未决的问题能得到圆满解决,如平面布朗运动的相交指数问题的研究,一些离散模型的尺度极限的刻画,临界渗流模型、调和探索模型的建立,回路擦除随机游动、均匀生成树的研究等. 特别值得提到的是,以 SLE 作为主要工具关于平面布朗运动边界的 Hausdorff 维数的 Mandelbrot 猜测得以彻底解决,这是一项非常重大的标志性成果,其主要贡献者之一的法国学者维尔纳也因此荣获了 2006 年度菲尔兹奖.

第 3 章

共形映射的变分法

古典变分法起源于欧拉、拉格朗日时代人们对泛函极值问题的研究，经过几百年的发展，目前变分法在数学、数学物理、力学、工程等诸多领域发挥着重大的作用. 拉夫连季耶夫(M. A. Lavrentiev)是最早将变分法引入到复分析中的学者，而针对 S 族单叶函数变分的研究，则是始于施菲尔(M. Schiffer)于 1938 年的工作. 复分析中变分方法的关键是要针对不同的问题通过不同的途径构造出有用的变分. 对于某种类型的共形映射(单叶函数)，人们之所以构造其不同的变分来加以研究，主要有两个方面的原因，一方面是纯数学研究的需要，由于所研究的对象难以直接获得，故通过该对象的变分函数来间接刻画其性态，从这个意义上来讲，共形映射(单叶函数)的变分法也可看作是共形映射实现的一种"间接"手段，施菲尔由于 S 族函数极值问题的研究需要率先建立的单叶函数的"边界"变分方法就是一个典型例子；另一方面是基于实际应用(甚至是工程设计)的需求，当某一实际对象被作为共形映射的像域来处理时，调整该对象的某些要素(如周界发生改变等)，则相应的映射会怎样改变？怎样实施这种改变？对共形映射变分的深入、量化的研究能够在一定程度上回答这些问题，实际上拉夫连季耶夫就是出于力学方面应用的需要而去探讨共形映射与拟共形映射的变分方法的.

多年来，有关单叶函数族 S 的变分方面的研究成果十分丰富. 施菲尔在创立了"边界"变分方法以后，于 1940 年前后基于位势理论又建立了单叶函数的所谓"内部"变分方法. 稍晚于施菲尔，戈鲁津(G. M. Goluzin)同样是以单叶函数极值问题的研究为出发点发展出了一种非常有用的"内部"变分方法，Goluzin 变分蕴含了 Schiffer "内部"变分. 之后，库法雷夫、古德曼(G. S. Goodman)等还通过 Loewner 理论建立了单叶函数的其他类型的有用的变分.

3.1 共形映射的定性变分原理

在一个平面内给定两个单连通区域 D 与 $\widetilde{D}$，其边界分别为 Jordan 曲线 C 与 $\widetilde{C}$，满足相同规范化条件的两个函数 $w=f(z)$ 与 $w=\widetilde{f}(z)$ 分别将 D 与 $\widetilde{D}$ 映射到一个典型区域（如 $\mathbb{D}$、$\mathbb{H}$ 或 $\mathbb{S}_\pi$），则一个问题会很自然地被提到：当 $\widetilde{C}$ 与 C 很接近时如何确定增量 $\widetilde{f}(z)-f(z)=\delta f+r(f,\widetilde{f})$，其主部 δf 具有什么样的变化特征？对于这个问题，根据不同的需求与目的，有两个方面的研究，其一是对增量变化给出定性的描述，其二是给出带余项 $r(f,\widetilde{f})$ 估计的 δf 的近似计算方法. 本质上来讲，Goluzin 变分与 Schiffer 变分是后一种情形. 本节将基于初等的情形介绍共形映射的定性变分原理——Lindelöf 原理.

z 平面上 Jordan 曲线 C 所围区域记作 $D(C)$，函数 $w=f(z,C)$ 将 $D(C)$ 共形地映射到 w 平面的单位圆盘 $\mathbb{D}_w$，满足 $z_0\in\mathbb{D}_w$，$f(z_0,C)=0$，如图 3.1 所示. 满足以上条件的无

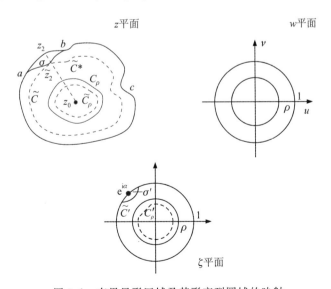

图 3.1 有界星形区域及其形变到圆域的映射

穷多个函数构成集合 $\mathcal{T}$，则对任意 f_1，$f_2 \in \mathcal{T}$，有 $f_1 = e^{i\theta} f_2$，$\theta \in \mathbb{R}$，C_ρ 表示由 $w = f(z, C)$ 实现的将任意 $|w| = \rho < 1$ 映成的曲线，称其为等高线. 如果用 $\tilde{C}$ 来代替 C，则 $\tilde{C}$ 称为 C 的形变. 假定区域 $D(C)$ 与 $D(\tilde{C})$ 都是关于 z_0 的星形区域，则 C 与 $\tilde{C}$ 可以用以 z_0 为极点的极坐标方程 $r = r(\varphi)$，$r = \tilde{r}(\varphi)$ 来表示，其中 $r(\varphi)$、$\tilde{r}(\varphi)$ 为单值函数. 在 C 上，使 $\dfrac{r(\varphi)}{\tilde{r}(\varphi)}$ 达到最大值的那个点 $z_2 = z_0 + r_2\, e^{i\varphi_2}$ 及其在周线 $\tilde{C}$ 上的对应点 $\tilde{z}_2 = z_0 + \tilde{r}_2\, e^{i\varphi_2}$ 称为最大形变点，$\lambda = \dfrac{\tilde{r}_2}{r_2}$ 称为周线的最大形变.

定理 3.1.1 （Lindelöf 定理）如果区域 $D(\tilde{C})$ 包含在 $D(C)$ 之内，那么：

(1) 对于任一 $\rho(0 < \rho < 1)$，区域 $D(\tilde{C}_\rho)$ 都包含在 $D(C_\rho)$ 内，并且只有当 $\tilde{C}$ 与 C 重合时，$\tilde{C}_\rho$ 与 C_ρ 才能接触.

(2) 在点 z_0 处有

$$|f'(z_0, \tilde{C})| \geqslant |f'(z_0, C)| \qquad\qquad (3.1.1)$$

(3) 如果 $\tilde{C}$ 与 C 有公共点 z_1，那么在这个点处必有

$$|f'(z_1, \tilde{C})| \leqslant |f'(z_1, C)| \qquad\qquad (3.1.2)$$

(4) 如果这两个区域对于 z_0 都是星形的，那么在最大变形点处有

$$|f'(\tilde{z}_2, \tilde{C})| \geqslant \frac{1}{\lambda} |f'(z_2, C)| \qquad\qquad (3.1.3)$$

其中 $\lambda < 1$ 是周线的最大形变.

对此定理，下面给出一个直接的几何证明，这样可以对该定理的本质有一个更加直观的认识.

证明 设 $\zeta = f(z, C)$，满足 $f(z_0, C) = 0$，且将 $D(C)$ 映射到 ζ 平面单位圆域 $\mathbb{D}_\zeta$ 上，如图 3.1 所示，此时，$\tilde{C}$ 被变换为 $\tilde{C}'$，由 $\tilde{C}'$ 和 $|\zeta| = 1$ 所围成的区域面积为 σ'. 又设 $w = g(\zeta)$，满足 $g(0) = 0$，且将 $D(\tilde{C})$ 映射为 w 平面中的单位域盘 $\mathbb{D}_w$，取

$$w = g(\zeta) = \zeta \left\{ 1 + \frac{\sigma'}{2\pi} \frac{1 + \zeta e^{-i\alpha}}{1 - \zeta e^{-i\alpha}} \right\} \qquad\qquad (3.1.4)$$

其中 α 是 σ' 中某一点的辐角. 式(3.1.4)可改写为近似关系：

$$\zeta \approx w \left\{ 1 - \frac{\sigma'}{2\pi} \frac{1 + \zeta e^{-i\alpha}}{1 - \zeta e^{-i\alpha}} \right\} \qquad\qquad (3.1.4')$$

w 与 ζ 相差一个与 σ' 同阶的无穷小量，近似在含有因子 σ' 的项内用 w 代替 ζ 而不影响精度，故还可以得到进一步的近似表示：

$$\zeta \approx w\left\{1 - \frac{\sigma'}{2\pi}\frac{1 + we^{-i\alpha}}{1 - we^{-i\alpha}}\right\} \tag{3.1.4''}$$

如 $g(\zeta)$ 将 C'_ρ 映射为 $|w| = \rho$，令 $\zeta = re^{i\varphi}$，$w = \rho e^{i\theta}$，对式(3.1.4'')取对数得到

$$\ln\frac{\zeta}{w} = \ln\frac{r}{\rho} + i(\varphi - \theta) \approx -\frac{\sigma'}{2\pi}\frac{1 + \rho e^{i(\theta-\alpha)}}{1 - \rho e^{i(\theta-\alpha)}}$$

由此易得

$$\begin{cases} r \approx \rho\left(1 - \dfrac{\sigma'}{2\pi}\dfrac{1 - \rho^2}{1 - 2\rho\cos(\theta-\alpha) + \rho^2}\right) \\[3mm] \varphi \approx \theta - \dfrac{\sigma'}{2\pi}\dfrac{2\rho\sin(\theta-\alpha)}{1 - 2\rho\cos(\theta-\alpha) + \rho^2} \end{cases} \tag{3.1.5}$$

显然

$$w = f(z, \widetilde{C}) = g(f(z, C)) \tag{3.1.6}$$

故在映射 $\zeta = f(z, C)$ 下，区域 $D(\widetilde{C}_\rho)$ 变换成区域 $D(C'_\rho)$，区域 $D(C_\rho)$ 变换成 $|\zeta| < \rho$. 由简单的不等式

$$1 - 2\rho\cos(\theta - \alpha) + \rho^2 \leqslant (1 + \rho)^2$$

并据式(3.1.5)可知，对于 C'_ρ 上的所有点，有下式成立：

$$|\zeta| = r \leqslant \rho\left(1 - \frac{\sigma'}{2\pi}\frac{1-\rho}{1+\rho}\right) < \rho \tag{3.1.7}$$

故定理 3.1.1 中(1)的结论得证.

将式(3.1.7)除以 ρ，并令 $\rho \to 0$，可得

$$\left|\frac{\mathrm{d}\zeta}{\mathrm{d}w}\right|_{w=0} \leqslant 1 - \frac{\sigma'}{2\pi} < 1$$

如此就有 $|g'(0)| > 1$，故由式(3.1.6)可得

$$|f'(z_0, \widetilde{C})| = |g'(0)| \cdot |f'(z_0, C)| > |f'(z_0, C)|$$

据此，定理 3.1.1 中(2)的结论得证.

现在假设点 $\zeta = re^{i\varphi}$ 沿着圆周 $|\zeta| = 1$ 的半径趋于该圆周上的一个点 $e^{i\varphi}$，并设 $e^{i\varphi}$ 位于 σ' 的外面，于是其对应点 $w = \rho e^{i\theta}$ 也沿着与圆周 $|w| = 1$ 的半径相切的方向趋近于点 $e^{i\theta}$，故有

$$|\Delta\zeta| = |\zeta - e^{i\varphi}| = 1 - r$$

$$|\Delta w| = |w - e^{i\vartheta}| \approx 1 - \rho$$

由不等式(3.1.7)可以推出

$$\frac{1-\rho}{1-r} \leqslant \frac{1-\rho}{1-\rho+\dfrac{\sigma'}{2\pi}\dfrac{\rho}{1+\rho}} \approx 1 - \frac{\sigma'}{2\pi}\frac{\rho}{1+\rho}$$

在上式中令 $r \to 1$ 取极限, 得到

$$\left|\frac{\mathrm{d}w}{\mathrm{d}\zeta}\right|_{\zeta=e^{i\varphi}} = \lim_{r \to 1}\frac{1-\rho}{1-r} \leqslant 1 - \frac{\sigma'}{4\pi}$$

据此, 定理 3.1.1 中(3)的结论得证.

取一个相似变换 $\zeta = z_0 + \lambda(z - z_0)$, 将 C 映射为 $\widetilde{C}^*$, 显然函数

$$w = f(\zeta, \widetilde{C}^*) = f\left(z_0 + \frac{\zeta - z_0}{\lambda}, C\right) \tag{3.1.8}$$

将 $D(\widetilde{C}^*)$ 映射到单位圆域. 然而 $D(\widetilde{C}^*)$ 包含于 $D(\widetilde{C})$, 并且点 $\widetilde{z}_2$ 同时属于 $\widetilde{C}^*$ 与 $\widetilde{C}$, 所以据(3)的结论可得

$$|f'(\widetilde{z}_2, \widetilde{C}^*)| < |f'(\widetilde{z}_2, \widetilde{C})|$$

然而由式(3.1.8), 有

$$f'(\widetilde{z}_2, \widetilde{C}^*) = \frac{1}{\lambda}f'(z_2, C)$$

$$|f'(\widetilde{z}_2, \widetilde{C})| \geqslant \frac{1}{\lambda}|f'(z_2, C)|$$

故定理 3.1.1 完全得证. 证毕.

根据定理 3.1.1 能得到如下一个简单的推论(即 Montel 原理).

设区域 $D(C)$ 与 $D(\widetilde{C})$ 都包含点 z_0, 并且

$$C = C_1 + C_2, \quad \widetilde{C} = \widetilde{C}_1 + \widetilde{C}_2$$

其中 $\widetilde{C}_1$ 位于 $D(C)$ 内, $\widetilde{C}_2$ 在 $D(C)$ 外, C_2 在 $D(\widetilde{C})$ 内, C_1 在 $D(\widetilde{C})$ 外, 并且在映射 $w = f(z, C)$, $w = f(z, \widetilde{C})$ 下, 弧 C_1 与 $\widetilde{C}_1$ 分别变换成长度为 l_{ϑ_1} 与 $l_{\widetilde{\vartheta}_1}$ 的弧 ϑ_1 与 $\widetilde{\vartheta}_1$, 则有

$$l_{\widetilde{\vartheta}_1} \geqslant l_{\vartheta_1} \tag{3.1.9}$$

上式仅当 C 与 $\widetilde{C}$ 重合时等号成立.

证明 令 $C' = \widetilde{C}_1 + C_2$, 其所围区域为 $D(C')$, C_2 在映射 $w = f(z, C')$ 下的像记作 ϑ'. 因为 $D(C')$ 包含在 $D(\widetilde{C})$ 内, 且弧 $\widetilde{C}_1$ 同属于 C' 与 $\widetilde{C}$, 由定理 3.1.1 的论断(3), 可得在

$\widetilde{C}$ 上每一点处，都有

$$|f'(z, \widetilde{C})| \geqslant |f'(z, C')|$$

由导数模的几何意义，可知

$$l_{\widetilde{\vartheta}_1} \geqslant 2\pi - l_{\vartheta'} \tag{3.1.10}$$

另一方面，$D(C')$ 位于 $D(C)$ 的内部，而弧同属于曲线 C' 与 C，同理可得

$$l_{\widetilde{\vartheta}_1} \leqslant 2\pi - l_{\vartheta'} \tag{3.1.11}$$

由式(3.1.10)、式(3.1.11)即得到式(3.1.9). 证毕.

值得指出的是，以上关于共形映射的变分原理的定理 3.1.1 也可以由 Schwarz 原理推出，还可以从调和函数的极大值原理得到，特别是基于调和函数极大值原理的方法能得到比共形映射情形更一般的变分，如拟共形映射的变分. 依以上方法，还能够得到将区域共形映射到其他类型的典型区域(如 $\mathbb{H}$、$\mathbb{S}_\pi$)上去的共形映射的变分，它们在一些实际问题中有重要应用.

3.2 Goluzin 变分

将共形映射变分作为工具来应用的一些研究，如果止步于定性的讨论是远远不够的，比如在研究单叶函数系数极值问题时，需要对函数的某类泛函极值条件作较为细致的刻画，从而对极值函数的特征进行尽可能清晰的描述，此时基于变分法来解决问题的出发点是要对前述关系式 $\widetilde{f}(z) - f(z) = \delta f + r(f, \widetilde{f})$ 中的增量主部与余项进行精细化处理，即构造合适的变分公式. 这类工作中有代表性的当属戈鲁津针对单叶函数建立的一种所谓"内部"变分. 下面介绍 Goluzin 变分公式.

定理 3.2.1 若 $w = f(z)$ 在 $\mathbb{D}$ 内解析单叶，$f(0) = 0$，当 $r \leqslant |z| < 1$，$|\lambda| < \lambda_0$ 时，z 和 λ 的函数 $w^* = F(z, \lambda)$ 关于 z 是解析的，当 $0 < \lambda < \lambda_0$ 时，w^* 在圆环 $r \leqslant |z| < 1$ 内是单叶的. 对于圆环 $r < |z| < 1$ 中任一点 z，当 λ 充分小时，有

$$F(z, \lambda) = f(z) + \lambda q(z) + \lambda^2 p(z) + o(\lambda^3) \tag{3.2.1}$$

若 $w^* = F(z, \lambda)$ 映射圆环 $r \leqslant |z| < 1$ 到 w^* 平面上的区域 D_1，映射圆周于曲线 L，L 的内部为 D_2，令 B_λ（包含原点）表示区域 $D_1 + L + D_2$，则必有函数 $f^*(z)$，$f^*(0) = 0$ 把 $\mathbb{D}$ 共形地映射到 B_λ，此映射函数具有以下形式：

$$f^*(z) = f(z) + \Phi_1(z)\lambda + \Phi_2(z)\lambda^2 + o(\lambda^3) \tag{3.2.2}$$

其中

$$\Phi_1(z) = q(z) - zf'(z)S(z) + zf'(z)\bar{S}\left(\frac{1}{z}\right) \tag{3.2.3}$$

当 $\dfrac{q(z)}{zf'(z)} = \displaystyle\sum_{n=-\infty}^{-1} b_n z^n$ 时，有

$$S(z) = \sum_{n=-\infty}^{+\infty} b_n z^n, \ r < |z| < 1$$

$$\Phi_2(z) = zf'(z)\left[\frac{1}{2}\frac{\mathrm{d}^2}{\mathrm{d}\lambda^2}\frac{F(ze^{\lambda\varphi_1(z)}, \lambda)}{zf'(z)}\bigg|_{\lambda=0} + \varphi_2(z)\right] \tag{3.2.4}$$

当 $\dfrac{F'(z, 0)}{zf'(z)} = \displaystyle\sum_{k=-\infty}^{+\infty} c_k^{(1)} z^k$ 时，有

$$\varphi_1(z) = -\sum_{k=-\infty}^{-1} c_k^{(1)} z^k + \sum_{k=-\infty}^{-1} \frac{c_k^{(1)}}{z^k}$$

当 $\dfrac{1}{2}\dfrac{\mathrm{d}^2}{\mathrm{d}\lambda^2}\dfrac{F(ze^{\lambda_1\varphi_1(z)}, \lambda)}{zf'(z)}\bigg|_{\lambda=0} = \displaystyle\sum_{k=-\infty}^{+\infty} c_k^{(2)} z^k$ 时，有

$$\varphi_2(z) = -\sum_{k=-\infty}^{-1} c_k^{(2)} z^k + \sum_{k=-\infty}^{-1} \frac{c_k^{(2)}}{z^k} \tag{3.2.5}$$

对此下面将提供属于戈鲁津的一个构造性证明，先给出一个引理：

引理 3.2.1   若函数 $\varphi(\lambda) = \displaystyle\sum_{n=1}^{\infty} a_n \lambda^n$ 的系数满足不等式

$$|a_n| \leqslant (n+1)^{-2}, \quad n = 1, 2, \cdots$$

则对于

$$[\varphi(\lambda)]^k = \sum_{n=1}^{\infty} a_n^{(k)} \lambda^n \quad (k \text{ 为正整数})$$

有以下不等式：

$$|a_n^{(k)}| \leqslant \frac{c^k}{(n+1)^2}, \quad n = 1, 2, \cdots$$

其中 c 是绝对常数.

证明　若函数

$$\varphi(\lambda) = \sum_{n=1}^{\infty} a_n \lambda^n, \ \psi(\lambda) = \sum_{n=1}^{\infty} b_n \lambda^n$$

的系数满足以下不等式：

$$\begin{cases} |a_n| \leqslant \dfrac{A}{(n+1)^2}, \\ \\ |b_n| \leqslant \dfrac{B}{(n+1)^2}, \end{cases} \quad n=1,2,\cdots$$

且假定

$$\varphi(\lambda)\psi(\lambda) = \sum_{n=1}^{\infty} c_n \lambda^n$$

则

$$|c_n| = |a_1 b_{n-1} + a_2 b_{n-2} + \cdots + a_{n-1} b_1|$$

$$\leqslant \frac{A}{2^2} \frac{B}{n^2} + \frac{AB}{3^2 (n-1)^2} + \cdots + \frac{A}{n^2} \frac{B}{2^2}$$

$$\leqslant \frac{2AB}{(n+1)^2} \left[\frac{1}{2^2} \cdot \frac{1}{(n/(n+1))^2} + \cdots + \frac{1}{((n+1)/2)^2} \cdot \frac{1}{((n+3)/(2n+2))^2} \right]$$

$$\leqslant \frac{2AB}{(n+1)^2} \left(\frac{1}{2^2} \frac{1}{(1/2)^2} + \frac{1}{3^2} \frac{1}{(1/2)^2} + \cdots \right)$$

$$\leqslant \frac{8AB}{(n+1)^2} \left(\frac{1}{2^2} + \frac{1}{3^2} + \cdots \right)$$

$$= \frac{CAB}{(n+1)^2}$$

其中

$$C = 8 \times \left(\frac{1}{2^2} + \frac{1}{3^2} + \cdots \right)$$

将此估计代入 $\varphi(\lambda)$、$\varphi(\lambda)^2$，则引理得证. 证毕.

定理的证明　为了作出满足要求且与 λ 有关的函数 $w^* = f^*(z)$，$f^*(0) = 0$，需要在 $w^* = F(z, \lambda)$ 中用适当的函数代替 z，也就是将

$$z = z' \exp\left(\sum_{\nu=1}^{\infty} \lambda^\nu \varphi_\nu(z') \right) \tag{3.2.6}$$

代入 $F(z, \lambda)$，其中 $\varphi_\nu(z')$，$\nu = 1, 2, \cdots$. 另外还需满足以下四个条件：

(1) 在圆环 $r \leqslant |z'| \leqslant \dfrac{1}{r}$ 内，$\varphi_\nu(z')$ 都是解析的.

(2) 在圆周 $|z'| = 1$ 上，有 $\mathrm{Re}(\varphi_\nu(z')) = 0$，$\nu = 1, 2, \cdots$.

(3) 当 λ 充分小时，级数 $\displaystyle\sum_{\nu=1}^{\infty} \lambda^\nu \varphi_\nu(z')$ 在圆环 $r \leqslant |z| \leqslant \dfrac{1}{r}$ 内一致收敛.

(4) 把式(3.2.6)代入 $F(z, \lambda)$ 后，当 λ 很小时，得 z' 的解析函数，其中 $|z'| < 1$，当 $z' = 0$ 时，它的值为 0.

由以上条件可得，对于很小的 $\lambda > 0$，式(3.2.6)的函数把圆周 $|z'| = \rho$，$r \leqslant \rho \leqslant \dfrac{1}{r}$ 映射

成与圆周 $|z'| = \rho$ 接近的曲线，但在 $|z'| = \rho$ 上，导数 $\dfrac{\mathrm{d}z}{\mathrm{d}z'}$ 等于

$$\exp\Big(\sum \lambda^\nu \varphi_\nu(z')\Big) + z' \exp\Big(\sum \lambda^\nu \varphi_\nu(z')\Big) \cdot \Big(\sum \lambda^\nu \varphi_\nu'(z')\Big)$$

$$= \exp\Big(\sum \lambda^\nu \varphi_\nu(z')\Big) \Big(1 + z' \sum \lambda^\nu \varphi_\nu'(z')\Big)$$

$$= \Big[1 + \sum \lambda^\nu \varphi_\nu(z') + \frac{1}{2!}\Big(\sum \lambda^\nu \varphi_\nu(z')\Big)^2 + \cdots\Big] \cdot \Big(1 + z' \sum \lambda^\nu \varphi_\nu'(z')\Big)$$

$$= 1 + \lambda \Big[\sum_{\nu=1}^{\infty} \lambda^{\nu-1} \varphi_\nu(z') + z' \sum_{\nu=1}^{\infty} \lambda^{\nu-1} \varphi_\nu(z')\Big] + \cdots$$

故 $\dfrac{\mathrm{d}z}{\mathrm{d}z'}$ 在 $|z'| = \rho$ 上的值与 1 相差为 λ 的(有界)倍数. 由于圆周 $|z'| = 1$ 单叶地映射到圆

周 $|z| = 1$，单叶的圆环 $r \leqslant |z'| < \dfrac{1}{r}$ 在单位圆内的部分 $r \leqslant |z'| < 1$ 映射到圆 $|z| < 1$ 内，

圆外的部分 $1 < |z'| < \dfrac{1}{r}$ 映射到 $|z| = 1$ 外，因此当正数 λ 很小时，函数

$$w^* = F\Big(z' \exp\Big(\sum_{\nu=1}^{\infty} \lambda^\nu \varphi_\nu(z')\Big), \lambda\Big) \tag{3.2.7}$$

把窄圆环 $r' < |z| < 1$ 共形地映射到双连通区域，该区域的外边界与 B_λ 的外边界一致. 由

于函数(3.2.7)在圆 $|z'| < 1$ 内是解析的，在圆周 $|z'| = 1$ 上是单叶的，故它在 $|z'| < 1$

内也是单叶的. 因此假定函数 $\varphi_n(z')$ 满足条件(1)~(4)，则构造函数 $w^* = f^*(z)$ 将

$|z| < 1$ 映射到区域 B_λ 的问题得以解决.

为了构造函数 $\varphi_n(z')$，先将函数(3.2.6)代入 $F(z, \lambda)$，然后把它展开成 λ 的幂级数：

$$F\left(z'\exp\left(\sum_{\nu=1}^{\infty}\lambda^{\nu}\varphi_{\nu}(z')\right),\lambda\right)=\sum_{n=0}^{\infty}\Phi_{n}(z')\lambda^{n} \tag{3.2.8}$$

其中

$$\Phi_{0}(z')=f(z')$$

当 $n>0$ 时，有

$$\Phi_{n}(z')=\frac{1}{n!}\frac{\mathrm{d}^{n}}{\mathrm{d}\lambda^{n}}F\left(z'\exp\left(\sum_{\nu=1}^{\infty}\lambda^{\nu}\varphi_{\nu}(z')\right),\lambda\right)\Bigg|_{\lambda=0}$$

$$=\frac{1}{n!}\frac{\mathrm{d}^{n}}{\mathrm{d}\lambda^{n}}F\left(z'\exp\left(\sum_{\nu=1}^{n-1}\lambda^{\nu}\varphi_{\nu}(z')\right)(1+\lambda^{n}\varphi_{n}(z'),\lambda\right)\Bigg|_{\lambda=0}$$

$$=\frac{1}{n!}\frac{\mathrm{d}^{n}}{\mathrm{d}\lambda^{n}}F\left(z'\exp\left(\sum_{\nu=1}^{n-1}\lambda^{\nu}\varphi_{\nu}(z')\right),\lambda\right)\Bigg|_{\lambda=0}+z'f'(z')\varphi_{n}(z')$$

令

$$w=u+v$$

$$u=\exp\left(\sum_{\nu=1}^{n-1}\lambda^{\nu}\varphi_{\nu}(z')\right)$$

$$v=\lambda^{n}\varphi_{\nu}(z')\exp\left(\sum_{\nu=1}^{n-1}\lambda^{\nu}\varphi_{\nu}(z')\right)$$

则当 $\lambda=0$ 时，$v=0$，由此可得

$$\frac{\mathrm{d}}{\mathrm{d}\lambda}F(u+v,\lambda)=\frac{\partial F}{\partial w}\left(\frac{\mathrm{d}u}{\mathrm{d}\lambda}+\frac{\mathrm{d}v}{\mathrm{d}\lambda}\right)+\frac{\partial F}{\partial \lambda}$$

$$\frac{\mathrm{d}^{n}}{\mathrm{d}\lambda^{n}}F(u+v,\lambda)\Bigg|_{\lambda=0}=\frac{\partial^{n}F}{\partial w^{n}}\left(\frac{\mathrm{d}u}{\mathrm{d}\lambda}+\frac{\mathrm{d}v}{\mathrm{d}\lambda}\right)^{n}+\cdots+\frac{\partial F}{\partial w}\left(\frac{\mathrm{d}^{n}u}{\mathrm{d}\lambda^{n}}+\frac{\mathrm{d}^{n}v}{\mathrm{d}\lambda^{n}}\right)\Bigg|_{\lambda=0}$$

$$=\frac{\mathrm{d}^{n}}{\mathrm{d}\lambda^{n}}F(u,\lambda)+\frac{\partial F}{\partial w}\frac{\mathrm{d}^{n}}{\mathrm{d}\lambda^{n}}+\cdots$$

$$=z'f'(z')\left[\frac{1}{n!}\frac{\mathrm{d}^{n}}{\mathrm{d}\lambda^{n}}\frac{F\left(z'\exp\left(\sum_{\nu=1}^{n-1}\lambda^{\nu}\varphi_{\nu}(z')\right),\lambda\right)}{z'f'(z')}\Bigg|_{\lambda=0}+\varphi_{n}(z')\right]$$

$$\tag{3.2.9}$$

特别地，当 $n=1$ 时，有

$$\Phi_1(z') = z'f(z')\left[\frac{\mathrm{d}}{\mathrm{d}\lambda}\frac{F(z',\lambda)}{z'f(z')}\bigg|_{\lambda=0} + \varphi_1(z)\right] = z'f(z')\left[\frac{F'_\lambda(z',0)}{z'f'(z')} + \varphi_1(z)\right] \quad (3.2.10)$$

当 $r \leqslant |z'| < 1$ 时，有

$$\frac{F'_\lambda(z',0)}{z'f'(z')} = \sum_{k=-\infty}^{+\infty} c_k^{(1)} z'^k \quad (3.2.11)$$

若取

$$\varphi_1(z') = -\sum_{k=-\infty}^{-1} c_k^{(1)} z'^k + \sum_{k=-\infty}^{-1} \frac{\bar{c}_k^{(1)}}{z'^{(k)}} \quad (3.2.12)$$

则 $\varphi_1(z')$ 满足条件(1)、(2).

当 $n=2$ 时，有

$$\varphi_2(z') = z'f'(z')\left[\frac{1}{2}\frac{\mathrm{d}^2}{\mathrm{d}\lambda^2}\frac{F(z'\exp(\lambda\varphi_1(z')),\lambda)}{z'f'(z')}\bigg|_{\lambda=0} + \varphi_2(z')\right] \quad (3.2.13)$$

如果

$$\frac{1}{2}\frac{\mathrm{d}^2}{\mathrm{d}\lambda^2}\frac{F(z'\exp(\lambda\varphi_1(z')),\lambda)}{z'f'(z')}\bigg|_{\lambda=0} = \sum_{k=-\infty}^{+\infty} c_k^{(2)} z^k \quad (3.2.14)$$

则

$$\varphi_2(z') = -\sum_{k=-\infty}^{-1} c_k^{(2)} z^k + \sum_{k=-\infty}^{-1} \bar{c}_k^{(2)} z'^{-k} \quad (3.2.15)$$

这时 $\varphi_2(z')$ 也满足条件(1)、(2). 由于式(3.2.10)、式(3.2.13)的方括号内不包含 z' 的负数次幂的项，故函数 $\Phi_1(z')$ 在 $|z'| < 1$ 内是单值解析的，且 $\Phi_1(0) = 0$，$\Phi_2(0) = 0$.

设 $\varphi_1(z')$，$\varphi_2(z')$，$\cdots$，$\varphi_{n-1}(z')$ 满足条件(1)、(2)且能使 $\Phi_1(z')$，$\Phi_2(z')$，$\cdots$，$\Phi_{n-1}(z')$ 在 $|z'| < 1$ 内解析，$\Phi_1(0) = \Phi_2(0) = \cdots = \Phi_{n-1}(0) = 0$，则在圆环 $r \leqslant |z'| < 1$ 内有以下的展开式成立：

$$\frac{1}{n!}\frac{\mathrm{d}^n}{\mathrm{d}\lambda^n}\frac{F\left(z'\exp\left(\sum_{\nu=1}^{n-1}\lambda^\nu\varphi_\nu(z')\right),\lambda\right)}{z'f'(z')}\bigg|_{\lambda=0} = \sum_{k=-\infty}^{+\infty} c_k^{(n)} z'^k \quad (3.2.16)$$

假定

$$\varphi_n(z') = -\sum_{k=-\infty}^{-1} c_k^{(n)} z'^k + \sum_{k=-\infty}^{-1} \bar{c}_k^{(n)} z'^{-k} \quad (3.2.17)$$

则式(3.2.9)中方括弧内不含有 z' 的负数幂的项，函数 $\varphi_n(z')$ 在 $|z| < 1$ 内是单值解析的，$\Phi_0(0) = 0$，此外 $\varphi_n(z')$ 满足条件(1)、(2)(一般来说 $\varphi_n(z')$ 可加上一个虚常数).

如果 $\varphi_1(z')$，$\varphi_2(z')$，$\cdots$，$\varphi_n(z')$ 是按照上述规律取定的，则条件(1)、(2)完全成立，而条件(4)也在形式上满足.

对于 Laurent 级数 $\chi(z) = \sum\limits_{n=-\infty}^{+\infty} c_n z^n$，引入记号 $\|\chi(z)\| = \sum\limits_{n=-\infty}^{+\infty} |c_n| \, |z|^n$，则当 $\|\chi_1(z)\|$ 与 $\|\chi_2(z)\|$ 都收敛时，有

$$\begin{cases} \|\chi_1(z) + \chi_2(z)\| \leqslant \|\chi_1(z)\| + \|\chi_2(z)\| \\ \|\chi_1(z)\chi_2(z)\| \leqslant \|\chi_1(z)\| \cdot \|\chi_2(z)\| \end{cases} \tag{3.2.18}$$

下面讨论级数 $\sum\limits_{\nu=1}^{\infty} \lambda^\nu \varphi_\nu(z')$ 的收敛问题. 当 D、M 是两个适当的常数时，先证明不等式

$$\|\varphi_\nu(z')\| \leqslant \frac{DM^{\nu-1}}{(\nu+1)^2}, \ \nu = 1, 2, \cdots \tag{3.2.19}$$

在圆环 $r \leqslant |z'| \leqslant \dfrac{1}{r}$ 内成立.

假定 $\nu = 1$，则 D 取为 $4\|\varphi_1(z')\|$ 在 $r \leqslant |z'| \leqslant \dfrac{1}{r}$ 内的最大值就可以. 取适当的 M 使得式(3.2.19)对于一切的 ν 都成立，假定式(3.2.19)对于 $\nu = 1, 2, \cdots, n-1$ 成立，则由此出发，估计 $\|\varphi_n(z')\|$.

在式(3.2.16)中令左侧为 $\tau(z')$，且令

$$F(z, \lambda) = \sum\limits_{\substack{k=-\infty, \infty \\ l=0}} A_{k,l} z^k \lambda^l \tag{3.2.20}$$

其中 $r < |z| < 1$，$0 < \lambda < \lambda_0$，由式(3.2.16)及式(3.2.18)得

$$\|\tau(z')\| \leqslant \left\| \frac{1}{z'f'(z')} \right\| \cdot \frac{1}{n!} \frac{\mathrm{d}^n}{\mathrm{d}\lambda^n} \sum\limits_{k,l} |A_{k,l}| \, |z'|^k \lambda^l \exp\left(|k| \sum\limits_{\nu=1}^{n-1} \lambda^\nu \|\varphi_\nu(z')\| \right) \Bigg|_{\lambda=0}$$

所以，由于式(3.2.19)对于 $\nu = 1, 2, \cdots, n-1$ 成立，故在圆周 $|z'| = r$ 上，令

$$B = \max_{|z'|=r} \left\| \frac{1}{z'f'(z')} \right\|$$

则

$$\|\tau(z')\| \leqslant B \sum\limits_{k,l} |A_{k,l}| r^k \frac{1}{n!} \frac{\mathrm{d}^n}{\mathrm{d}\lambda^n} \lambda^l \exp\left(|k| \sum\limits_{\nu=1}^{n-1} \frac{\lambda^\nu DM^{\nu-1}}{(\nu+1)^2} \right) \Bigg|_{\lambda=0}$$

$$= B \sum\limits_{k,l} |A_{k,l}| r^k M^{n-1} \frac{1}{n!} \frac{\mathrm{d}^n}{\mathrm{d}\lambda^n} \lambda^l \exp\left(\frac{|k|D}{M} \sum\limits_{\nu=1}^{n-1} \frac{\lambda^\nu}{(\nu+1)^2} \right) \Bigg|_{\lambda=0}$$

$$= B \sum\limits_{k,l} |A_{k,l}| r^k M^{n-1} \sum\limits_{j=0}^{\infty} \frac{|k|^j D^j}{j! \, M^z} \frac{1}{n!} \frac{\mathrm{d}^n}{\mathrm{d}\lambda^n} \cdot \lambda^l \left(\sum\limits_{\nu=1}^{n-1} \frac{\lambda^\nu}{(\nu+1)^l} \right)^j \Bigg|_{\lambda=0} \tag{3.2.21}$$

当 $l=0$ 时，相当于 $j=0$ 和 $j=1$ 的两项等于 0，当 $l>0$，$l\neq n$ 时，相当于 $j=0$ 的项等于 0，因此当 $n>1$ 时，想要计算式(3.2.21)中的级数，不妨设 $l+j\geqslant 2$，且 $l\leqslant n$（由于最后项中令 $\lambda=0$），又由于

$$\frac{1}{n!}\frac{\mathrm{d}^n}{\mathrm{d}\lambda^n}\lambda^l\left(\sum_{\nu=1}^{n-1}\frac{\lambda^\nu}{(\nu+1)^2}\right)^j\bigg|_{\lambda=0}=\frac{1}{(n-1)!}\frac{\mathrm{d}^{n-1}}{\mathrm{d}\lambda^{n-1}}\lambda^l\left(\sum_{\nu=1}^{n-1}\frac{\lambda^\nu}{(\nu+1)^2}\right)^j\bigg|_{\lambda=0}$$

是展开式 $\left(\sum\limits_{\nu=1}^{n-1}\dfrac{\lambda^\nu}{(\nu+1)^2}\right)^j=\sum c_\nu^{(j)}\lambda^\nu$ 中 λ^{n-1} 的系数，由引理 3.2.1 可得

$$|c_{n-l}^{(j)}|\leqslant\frac{C^j}{(n-l+1)^2}$$

故当 $|z'|=r$ 时，有

$$\begin{aligned}
\|\tau(z')\|&\leqslant B\sum_{k,l}|A_{k,l}|r^kM^{n-l-j}\frac{|k|^jD^jC^j}{j!\,(n-l+1)^2}\\
&=B\sum_{k,l}|A_{k,l}|(l+1)^2r^kM^{n-l-j}\frac{|k|^jD^jC^j}{j!\,[(l+1)(n-l+1)]^2}\\
&\leqslant\frac{NM^n}{(n+1)^2}\sum_{\substack{k,l,j\\l+j\geqslant 2}}|A_{k,l}|(l+1)^2r^kM^{n-l-j}\frac{|k|^jD^jC^j}{j!}
\end{aligned}\tag{3.2.22}$$

其中 n 与 z' 无关，在这一级数中不给予 $l+j\geqslant 2$ 的限制，则它的和等于

$$\sum_{k,l}|A_{k,l}|(l+1)^2r^kM^{-1}\exp\left(\frac{|k|DC}{M}\right)$$

由式(3.2.20)可知，当 $r\leqslant|z|<1$，$|\lambda|<\lambda_0$ 时，$\sum A_{k,l}z^k\lambda^l$ 是解析的，因此取 M 足够大，以上级数收敛，对于很大的 M，式(3.2.22)的右方小于 $\dfrac{DM^{n-1}}{2(n+1)^2}$，所以在圆周 $|z'|=r$ 上取 M 很大时，以下不等式成立：

$$\|\tau(z')\|\leqslant\frac{DM^{n-1}}{2(n+1)^2}$$

特别地，有

$$\sum_{k=-\infty}^{-1}|c_k^{(n)}||z'|^k\leqslant\frac{DM^{n-1}}{2(n+1)^2}\tag{3.2.23}$$

又因为式(3.2.17)中的第二部分的强级数 $\left\|\sum\limits_{k=-\infty}^{-1}c_k^{(n)}z'^{-k}\right\|$ 并不大于第一部分的强级数，故由式(3.2.23)在圆周 $|z'|=r$ 上，从而可得在圆环 $r\leqslant|z'|\leqslant\dfrac{1}{r}$ 内有以下不等式成立：

$$\|\varphi_n(z')\| \leqslant \frac{DM^{n-1}}{(n+1)^2} \tag{3.2.24}$$

因 M 与 n 无关,故由归纳法,式(3.2.19)在 $r \leqslant |z'| \leqslant \frac{1}{r}$ 内对一切 ν 成立,这样就证明了当 $|\lambda| < \frac{1}{M}$ 时级数 $\sum_{\nu=1}^{\infty} \lambda^\nu \varphi_\nu(z')$ 在圆环 $r \leqslant |z'| \leqslant \frac{1}{r}$ 内一致收敛,因此条件(3)、(4)成立.

以上完成了满足条件(1)～(4)的函数 $\varphi_\nu(z')$ 的构造,由此所构造的函数(3.2.7)将 $|z'| < 1$ 共形地映射到区域 B_λ 上. 当 $|z'| < 1$ 时,这一函数在 $\lambda = 0$ 的邻域内是 λ 的解析函数,其具有如下形式的展开式:

$$f^*(z') = \sum_{\nu=0}^{\infty} \lambda^\nu \Phi_\nu(z') \tag{3.2.25}$$

其中 $\Phi_0(z') = f(z')$,把式(3.2.10)、式(3.2.12)、式(3.2.13)及式(3.2.15)代入式(3.2.1)内即得所求的结果. 证毕.

下面基于定理 3.2.1 给出一个属于族 S 的变分公式,它在单叶函数系数极值问题的研究以及本书后续讨论的断裂力学的问题中会用到.

在定理 3.2.1 的式(3.2.1)中,取 $q(z) = e^{i\alpha}$,($\alpha \neq 0, \pi$),$p(z) = 0$,并且令 $f(z) \in S$,则

$$W^* = F(z, \lambda) = f(z) + \lambda e^{i\alpha} \tag{3.2.26}$$

故有

$$\Phi_1(z) = zf'(z)\left[\varphi_1(z) + \frac{e^{i\alpha}}{zf'(z)}\right]$$

假定

$$f(z) = z + \sum_{n=2}^{\infty} a_n z^n$$

则由于

$$\frac{e^{i\alpha}}{zf'(z)} = \frac{e^{i\alpha}}{z}(1 + 2a_2 z + \cdots)^{-1} = \frac{e^{i\alpha}}{z} - 2a_2 e^{i\alpha} + \cdots$$

因而

$$\varphi_1(z) = -\frac{e^{i\alpha}}{z} + e^{-i\alpha} z \tag{3.2.27}$$

同样地，有

$$\Phi_2(z) = zf'(z)\left[\left(\frac{1}{2}+\frac{zf''(z)}{2f'(z)}\right)\varphi_1(z)^2+\varphi_2(z)\right]$$

由于

$$\left(\frac{1}{2}+\frac{zf''(z)}{2f'(z)}\right)\varphi_1(z)^2=\frac{\mathrm{e}^{2i\alpha}}{2z^2}+\frac{c_2\mathrm{e}^{2i\alpha}}{z}+(3a_3-2a_2^2-1)+\cdots$$

故

$$\varphi_2(z)=-\mathrm{e}^{2i\alpha}\left(\frac{1}{2z^2}+\frac{a_2}{z}\right)+\mathrm{e}^{-2i\alpha}\left(\frac{z^2}{2}+\bar{a}_2z\right) \qquad (3.2.28)$$

因此，式(3.2.1)变为

$$f^*(z)=f(z)+\lambda zf'(z)\left[\varphi_1(z)+\frac{\mathrm{e}^{i\alpha}}{zf'(z)}\right]+$$

$$\lambda^2 zf'(z)\left[\varphi_2(z)+\left(\frac{1}{2}+\frac{zf''(z)}{2f'(z)}\right)\varphi_1(z)^2\right]+o(\lambda^3)$$

$$(3.2.29)$$

其中 $\varphi_1(z)$ 及 $\varphi_2(z)$ 由式(3.2.27)、式(3.3.28)给定.

如果要将 $f^*(z)$ 标准化，可先给出其在 $z=0$ 处关于 z 的导数：

$$f^{*\prime}(0)=\lim_{z\to 0}\frac{f^*(z)}{z}$$

$$=1-2a_2\mathrm{e}^{i\alpha}\lambda+(3a_3\mathrm{e}^{2i\alpha}-2a_2^2\mathrm{e}^{2i\alpha}-1)\lambda^2+o(\lambda^3) \qquad (3.2.30)$$

用式(3.2.30)除式(3.2.29)就得到属于 S 族的标准化的变分函数：

$$f^*(z)=\frac{f^*(z)}{f^{*\prime}(0)}$$

$$=f(z)+\lambda(\mathrm{e}^{i\alpha}+2a_2\mathrm{e}^{i\alpha}f(z)+zf'(z)\varphi_1(z))+$$

$$\lambda^2\{(1+6a_2^2\mathrm{e}^{2i\alpha}-3a_3\mathrm{e}^{2i\alpha})f(z)+$$

$$zf'(z)\left[2a_2\mathrm{e}^{i\alpha}\left(\varphi_1(z)+\frac{\mathrm{e}^{i\alpha}}{zf'(z)}\right)+\right.$$

$$\frac{1}{2}\left(1+\frac{zf''(z)}{f'(z)}\right)\varphi_1(z)^2+\varphi_2(z)]\}+o(\lambda^3) \qquad (3.2.31)$$

3.3 Schiffer 边界变分

　　著名学者施菲尔在共形映射的内部变分与边界变分两个方面都有出色的成果，他于 1938 年提出的单叶函数的边界变分尤为有名，在复变函数变分法众多的成果中独树一帜. 下面给出 Schiffer 边界变分基本定理并介绍一个相对简洁的证明(参阅文献[11]).

　　为证明基本定理，先给出两个必需的引理，并定义几个特殊的概念.

　　令 E 为复平面中的闭连通集. 如果存在点 $z_n \in E$ 的序列满足 $z_n \neq z_0$ 和 $z_n \to z_0$，使得当 $n \to \infty$ 时 $\operatorname{sgn}\{z_n - z_0\} \to e^{i\theta}$，则 $e^{i\theta}$ 称为 E 在 $z_0 \in E$ 处的极限方向. 这里 "sgn" 表示符号函数，由 $\operatorname{sgn} z = z/|z|$，$z \neq 0$ 定义.

　　令 E 为复平面上的紧致连通集，并令 D 为其补集的分支，其中包含无穷远点. 设 $\zeta = \varphi(z)$ 将区域 D 共形地映射到 $|\zeta| > \rho$ 上且在 ∞ 附近具有如下形式：

$$\varphi(z) = z + c_0 + c_1 z^{-1} + c_2 z^{-2} + \cdots$$

略去圆盘的半径 $\rho = \rho(E)$ 是唯一确定的，称为 E 的共形半径.

　　对于 E 的"蔓延"的相同度量，还有其他几种方法，例如用直径的概念. 此时考虑

$$\Delta_n(E) = \sup_{z_1, \cdots, z_n \in E} \prod_{\substack{j, k = 1 \\ j < k}}^{n} |z_k - z_j|$$

以及

$$\delta_n(E) = [\Delta_n(E)]^{2/n(n-1)}, \quad n = 2, 3, \cdots$$

则 E 的直径就定义为

$$\mathrm{d}(E) = \delta_2(E) = \Delta_2(E)$$

　　属于哈斯拉姆-琼斯(Haslam-Jones)的一个拓扑引理将在定理的证明中扮演决定性的角色，它在直觉上是显而易见的，但令人惊讶的是证明却异常艰难，可以在有关专著中找到证明(参阅文献[11])，以下直接给出该引理.

引理 3.3.1　（Haslam-Jones 引理）设 E 是复平面的紧连通子集，如其唯一的极限方向是 ± 1，那么 E 是水平线段.

引理 3.3.2　设 E 为函数 $g \in \Sigma$ 的略去集，则其直径 $d(E) \leqslant 4$.

引理 3.3.2 的证明基于单叶函数的初等性质可以简明地完成，此处略.

Schiffer 边界变分法的主要思想是将极值函数与附近函数进行比较，这些函数通过将极值函数与在其值域内单叶且近于恒等的函数组合而获得. 接下来先以显式来构造两个这样的函数族作为示例，这两个例子也将在主定理的证明中发挥重要作用.

令 Γ 为扩展复平面中的多于一个点的单连通闭集. 因此 Γ 的补集是单连通域 D（在多数的应用中，D 是极值函数的值域）.

例 3.3.1　设 α 和 β 是 Γ 上不同的有限点，于是函数 $\ln\left\{\dfrac{(w-\alpha)}{(w-\beta)}\right\}$ 的一些分支在 D 中是单值、解析和单叶的. 在无穷大附近这个函数是解析的并且有一个按 $(w-\alpha)^{-1}$ 幂的展开：

$$\ln\frac{w-\alpha}{w-\beta} = -\ln\left\{1-\frac{\beta-\alpha}{w-\alpha}\right\} = \frac{\beta-\alpha}{w-\alpha} + \frac{1}{2}\left(\frac{\beta-\alpha}{w-\alpha}\right)^2 + \cdots$$

在圆 $|w-w_0|=r$ 上置 $\alpha=w_0$，并选择 $\beta=\beta_r$，于是函数

$$G_r(w) = (\beta_r-w_0)\left\{\ln\frac{w-w_0}{w-\beta_r}\right\}^{-1} + \frac{1}{2}(\beta_r+w_0)$$

$$= w - \frac{(\beta_r-w_0)^2}{12(w-w_0)} + O(r^3), \quad r \to 0 \tag{3.3.1}$$

在 D 上是解析和单叶的. 这里的 $O(r^3)$ 表示一个误差项，当 r 在每个集合 $|w-w_0| \geqslant \varepsilon > 0$ 中一致趋于零时，它受 r^3 的常数倍数限制.

例 3.3.2　设一有限点 $w_0 \in \Gamma$ 并且令 $r > 0$ 充分小使得圆 $|w-w_0|=r$ 与 Γ 相交. 令 Γ_r 为包含 w_0 且位于圆盘 $|w-w_0| \leqslant r$ 中的 Γ 的最大连通子集. 设 D_r 是 Γ_r 的补集，并且令

$$\zeta = \varphi(\omega) = \omega + c_0 + c_1\omega^{-1} + c_2\omega^{-2} + \cdots, \quad \omega = w - w_0$$

共形地映射 D_r 到区域 $|\zeta| > \rho$. 令

$$\omega = \psi(\zeta) = \zeta + b_0 + b_1\zeta^{-1} + b_2\zeta^{-2} + \cdots$$

为逆映射. 由引理 3.3.1，有 $\rho \leqslant r \leqslant 4\rho$. 因为 $\dfrac{\psi(\rho\zeta)}{\rho}$ 属于族 Σ，由定理 2.1.1 可得

$$\sum_{n=1}^{\infty} n \mid b_n \mid^2 \rho^{-2(n+1)} \leqslant 1 \tag{3.3.2}$$

特别地，有

$$\mid b_n \mid \leqslant n^{-\frac{1}{2}} \rho^{n+1} \leqslant \rho^{n+1}, \; n=1, \, 2, \, \cdots$$

同样的论证适用于 φ，它在 $\mid \omega \mid > r$ 中是解析的和单叶的，并产生 $\mid c_n \mid \leqslant n^{-\frac{1}{2}} \rho^{n+1}$，$n=1, \, 2, \, \cdots$. 平均值定理的一个简单应用可给出 $\mid b_0 \mid \leqslant r$. 基于 φ 和 ψ 是反函数这一事实，直接计算可得 $c_0 = -b_0$ 和 $c_1 = -b_1$，于是 $\mid c_0 \mid \leqslant r$，$\mid c_1 \mid \leqslant \rho^2$. 现在由函数 $h(\zeta) = \zeta + \mathrm{e}^{\mathrm{i}\gamma} \dfrac{\rho^2}{\zeta}$ 来构造函数 φ，它将 $\mid \zeta \mid > \rho$ 映射到一线段的补集上，这会产生函数

$$H_r(w) = h(\varphi(w - w_0)) + (w_0 - c_0)$$
$$= w + \frac{c_1 + \mathrm{e}^{\mathrm{i}\gamma} \rho^2}{w - w_0} + O(r^3) \tag{3.3.3}$$

由式(3.3.1)和式(3.3.3)给定的单参数函数族 G_r 和 H_r 有共同的结构：

$$F_r(w) = w + \lambda_r(w - w_0)^{-1} + O(r^3)$$

这里 F_r 在 D 中对于每一个充分小的 $r > 0$ 解析单叶，$\lambda_r = O(r^2)$，并且误差项 $O(r^3)$ 在每一个集 $\mid w - w_0 \mid \geqslant \varepsilon > 0$ 中一致地成立. 对于例 3.3.1 中的 G_r，系数 λ_r 实际上具有模数 $\mid \lambda_r \mid = \dfrac{r^2}{12}$. 特别地，有

$$\liminf_{r \to 0} r^{-2} \mid \lambda_r \mid > 0$$

由于选择 $\mathrm{e}^{\mathrm{i}\gamma}$ 的灵活性，以上结论同样适用于 H_r.

下面给出 Schiffer 基本定理.

定理 3.3.1(Schiffer 基本定理)　令 Γ 为由多于一个点组成的闭单连通集，D 为其补集. 设 s 是 Γ 的邻域内的解析函数且不完全为零. 假设每个有限点 $w_0 \in \Gamma$ 以及每个函数族

$$F_r(w) = w + \lambda_r(w - w_0)^{-1} + O(r^3)$$

在 D 中单叶解析，不等式

$$\mathrm{Re}\{\lambda_r s(w_0) + O(r^3)\} \leqslant 0 \tag{3.3.4}$$

对于所有充分小的 $r > 0$ 成立，则 Γ 是满足如下微分方程的解析弧 $w = w(t)$ 的并集：

$$s(w(t)) \left(\frac{\mathrm{d}w}{\mathrm{d}t}\right)^2 > 0 \tag{3.3.5}$$

应该观察到，在 $s(w) \neq 0$ 处的每个点，由式(3.3.5)可确定弧 Γ 的切线方向 $\pm s(w)^{-1/2}$.

可以将 Γ 参数化，以使 $s(w)\left(\dfrac{\mathrm{d}w}{\mathrm{d}t}\right)^2=1$，因此有理由将式(3.3.5)称为微分方程.

很明显，相应的证明将不对最一般的函数族应用不等式(3.3.4)，而仅适用于式(3.3.1)和式(3.3.3)确定的特殊函数族.

证明   取定任一点 $w_0\in\Gamma$，满足 $s(w_0)\neq 0$ 并置

$$s(w_0)=|s(w_0)|\,\mathrm{e}^{-2\mathrm{i}\sigma}$$

需要证明 Γ 在 w_0 处至多有两个极限方向 $\pm\mathrm{e}^{\mathrm{i}\sigma}$.

令 $\mathrm{e}^{\mathrm{i}\theta}$ 为 Γ 在 w_0 的极限方向，并选择点 $w_n\in\Gamma$ 满足 $w_n\neq w_0$，$w_n\to w_0$，$\mathrm{sgn}\{w_n-w_0\}\to\mathrm{e}^{\mathrm{i}\theta}$. 设 $r_n=|w_n-w_0|$，参考例 3.3.1，令 $w_n=\beta_{r_n}$ 并考虑由式(3.3.1)定义的函数 G_r，其中 $\lambda_r=-\dfrac{(\beta_r-w_0)^2}{12}$. 通过这种选择，由式(3.3.4)可给出

$$\mathrm{Re}\{(w_n-w_0)^2\mathrm{e}^{-2\mathrm{i}\sigma}+O(r_n^3)\}\geqslant 0$$

上式除以 r_n^2 并通过取极限得到

$$\mathrm{Re}\{\mathrm{e}^{2\mathrm{i}(\theta-\sigma)}\}\geqslant 0$$

这个不等式表示 Γ 在 w_0 处的每个极限方向 $\mathrm{e}^{\mathrm{i}\theta}$ 都位于其中一个扇区，即

$$|\theta-\sigma|\leqslant\frac{\pi}{4},\quad |\theta-(\sigma+\pi)|\leqslant\frac{\pi}{4}$$

因此集合 Γ 局限于这些扇形区. 更准确地说，每个 $\varepsilon>0$ 都对应一个半径 $r>0$，该半径非常小，以至于 Γ 与圆盘 $|w-w_0|\leqslant r$ 的交点包含在两个扇区的并集中，即

$$|\theta-\sigma|<\frac{\pi}{4}+\varepsilon,\quad |\theta-(\sigma+\pi)|<\frac{\pi}{4}+\varepsilon$$

这已经表明 Γ 没有内点.

下一步是证明如果 Γ 从 w_0 延伸到扇区 $|\theta-\sigma|<\dfrac{\pi}{4}+\varepsilon$，那么 $\mathrm{e}^{\mathrm{i}\sigma}$ 本身就是 Γ 在 w_0 处的极限方向.（类似的论证证明，如果 Γ 延伸到相反的扇区，则 $-\mathrm{e}^{\mathrm{i}\sigma}$ 是一个极限方向）. 为此，调用例 3.3.2 的函数. 将式(3.3.4)应用于式(3.3.3)给出的函数 H_r，其中 $\lambda_r=c_1+\mathrm{e}^{\mathrm{i}\gamma}\rho^2$，就得到

$$\mathrm{Re}\{(c_1+\mathrm{e}^{\mathrm{i}\gamma}\rho^2)\mathrm{e}^{-2\mathrm{i}\sigma}+O(r^3)\}\leqslant 0$$

上式除以 ρ^2 并让 r 趋于零，注意到 $r\leqslant 4\rho$ 和 $|c_1|\leqslant\rho^2$，如果 r 通过序列 $\{r_n\}$ 趋于零，其中 $c_1(r_n)[\rho(r_n)]^{-2}\to\alpha$，则 $|\alpha|\leqslant 1$ 并且

$$\mathrm{Re}\{(\alpha+\mathrm{e}^{\mathrm{i}\gamma})\mathrm{e}^{-2\mathrm{i}\sigma}\}\leqslant 0$$

因为这个不等式必须对每个 γ 都成立，所以结论是 $\alpha e^{-2i\sigma}=-1$ 或 $\alpha=e^{-2i\sigma}$. 因为极限与序列 $\{r_n\}$ 的选择无关，且 $b_1=-c_1$，这就证明了

$$\lim_{r\to 1}b_1(r)\left[\rho(r)\right]^{-2}=e^{2i\sigma} \tag{3.3.6}$$

再次参考例 3.3.2，让 $|\zeta|>\rho$ 到 D_r 的映射 ψ 用 ψ_r 表示，以强调它对 r 的依赖. 又根据式(3.3.6)，则 ψ_r 具有以下形式：

$$\psi_r(\zeta)=\chi_r(\zeta)+\Delta_r(\zeta)$$

其中

$$\chi_r(\zeta)=\zeta+b_0(r)+e^{2i\sigma}\left[\rho(r)\right]^2\zeta^{-1}$$

并且

$$\Delta_r(\zeta)=\sum_{n=2}^{\infty}b_n(r)\zeta^{-n}+o(r^2)\zeta^{-1}$$

该公式将 ψ_r 表示为函数 χ_r 的微小扰动，它将区域 $|\zeta|>\rho$ 映射到沿方向 $e^{i\sigma}$ 倾斜的线段的补集上. 对于固定的 $\delta>0$，设 C_r 为圆 $|\zeta|=(1+\delta)\rho$，于是 χ_r 将 C_r 映射到椭圆 E_r 上. 误差项 $\Delta_r(\zeta)$ 可以通过 Cauchy-Schwarz 不等式和式(3.3.2)在 C_r 上进行估计：

$$|\Delta_r(\zeta)|\leqslant\rho\sum_{n=2}^{\infty}|b_n|\rho^{-(n+1)}(1+\delta)^{-n}+o(r)$$

$$\leqslant\rho\delta^{-1}\left\{\sum_{n=2}^{\infty}|b_n|^2\rho^{-2(n+1)}\right\}^{1/2}+o(r)$$

$$\leqslant\rho\delta^{-1}\{1-|b_n|^2\rho^{-4}\}^{1/2}+o(r)$$

考虑到式(3.3.6)，于是得出结论：当 $r\to 0$ 时，在 C_r 上，$r^{-1}\Delta_r(\zeta)\to 0$ 一致地成立.

圆 C_r 在 ψ_r 下的像是 Jordan 曲线 J_r，可以将其视为椭圆 E_r 的微小扰动. 显然，Γ_r 位于 J_r 的内部. 假设 Γ_r 延伸到 $|\theta-\sigma|<\dfrac{\pi}{4}+\varepsilon$ 扇区内，在该扇区内的圆 $|w-w_0|=r$ 上选一点 $w_r\in\Gamma_r$（对于每个足够小的 r 都存在这样的点）. 现在在两个方向上延长连接 w_0 和 w_r 的线段，直到它分别在点 w_r' 和 w_r'' 与 J_r 相交，如图 3.2 所示. 设 e_r' 和 e_r'' 为 E_r 上的点，分别是 w_r' 和 w_r'' 在 $\chi_r\circ\psi_r^{-1}$ 下的像. 请注意，w_r' 和 e_r' 是 C_r 上同一点在 ψ_r 和 χ_r 下的像，对于 w_r'' 和 e_r'' 也是如此. 由 $\psi_r=\chi_r+\Delta_r$ 以及在 C_r 上的一致估计 $\Delta_r(\zeta)=o(r)$，得到

$$|w_r'-e_r'|=o(r),\ |w_r''-e_r''|=o(r)$$

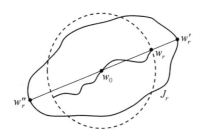

图 3.2 圆 C_r 在映射 ψ_r 下的扰动映像

另一方面，从 w'_r 和 w''_r 的构造中可以清楚地看出

$$|w'_r - w''_r| \geqslant |w_r - w_0| = r$$

结合这些估计可以得出结论，$|e'_r - e''_r| > \dfrac{r}{2}$ 对于所有 r 都足够小. 由于椭圆 E_r 的长轴的长度大于 $4\rho \geqslant r$，短轴的长度为 $o(r)$，因此连接 e'_r 和 e''_r 的线段具有极限方向 $e^{i\sigma}$，即 E_r 的长轴的倾角，因此连接 w'_r 与 w''_r 的线段也具有极限方向 $e^{i\sigma}$. 这显然地蕴含着 $\mathrm{sgn}\{w_r - w_0\} \to e^{i\sigma}$，更确切地说应该是 $\mathrm{sgn}\{w'_r - w''_r\} \to e^{i\sigma}$. 因此，如果 Γ 从 w_0 延伸到扇区 $|\theta - \sigma| < \dfrac{\pi}{4} + \varepsilon$，则 $e^{i\sigma}$ 是 Γ 在 w_0 处的极限方向. 类似的论证表明，如果 Γ 延伸到相反的扇区，则 $-e^{i\sigma}$ 是极限方向.

下一步是证明如果 Γ 从 w_0 延伸到扇区 $|\theta - \sigma| < \dfrac{\pi}{4} + \varepsilon$，则 $e^{i\sigma}$ 是该扇区中唯一的极限方向（类似的论点适用于相反的扇区）. 如果不是这样，假设 Γ 在同一扇区有其他极限方向 $e^{i\theta}$，于是有一个点序列 $\alpha_n \in \Gamma$，满足 $\alpha_n \neq w_0$，$\alpha_n \to w_0$，并且 $\mathrm{sgn}\{\alpha_n - w_0\} \to e^{i\theta}$. 令 $r_n = |\alpha_n - w_0|$，选择点 $\beta_n \in \Gamma$ 满足 $|\beta_n - w_0| = r_n$ 并且 $\mathrm{sgn}\{\beta_n - w_0\} \to e^{i\sigma}$. 因为 $e^{i\theta} \neq e^{i\sigma}$，所以可以假设 $\alpha_n \neq \beta_n$ 对所有 n 成立. 考虑函数

$$F_{r_n}(w) = (\beta_n - \alpha_n)\left\{\ln\frac{w - \alpha_n}{w - \beta_n}\right\}^{-1} + \frac{1}{2}(\alpha_n + \beta_n)$$

$$= w - \frac{(\beta_n - \alpha_n)^2}{12(w - w_0)} + O(r_n^3)$$

其在 D 中单叶解析. 对于这些函数，由式 (3.3.4) 可给出

$$\mathrm{Re}\{(\beta_n - \alpha_n)^2 e^{-2i\sigma} + O(r_n^3)\} \geqslant 0$$

上式除以 r_n^2 并令 $n \to \infty$，得到

$$\mathrm{Re}\{(1 - e^{i(\theta - \sigma)})^2\} \geqslant 0$$

因为 $|\theta-\sigma|\leqslant\dfrac{\pi}{4}$，这意味着 $e^{i(\theta-\sigma)}=1$，因此有 $e^{i\theta}=e^{i\sigma}$，如此得到矛盾，这就证明了 $e^{i\sigma}$ 是扇

区 $|\theta-\sigma|\leqslant\dfrac{\pi}{4}$ 中唯一可能的极限方向. 一个相同的讨论表明在相反的扇区中 $-e^{i\sigma}$ 是唯一可

能的极限方向，因此我们证明了 $\pm e^{i\sigma}$ 是 Γ 在 w_0 处唯一可能的极限方向，换句话说，Γ 在
每一个满足 $s(w_0)\neq0$ 的点上有一条切线.

　　最后一步是证明 Γ 是满足微分方程 (3.3.5) 的局部解析弧. 设 $\alpha\in\Gamma$ 为一点且满足 $s(w_0)\neq0$，并考虑函数

$$W=\Phi(w)=\int_{\alpha}^{w}\sqrt{s(w)}\,\mathrm{d}\omega$$

中 Φ 的每个分支在 α 的某个邻域中都是单值、解析和单叶的. 在具有 $w_n\neq w_0$，$w_n\rightarrow w_0$
和 $\mathrm{sgn}\{w_n-w_0\}\rightarrow\pm e^{i\sigma}$ 的邻域中选择点 $w_0\in\Gamma$ 和 $w_n\in\Gamma$，其中 $\mathrm{sgn}\{s(w_0)\}=e^{-2i\sigma}$. 设
$W_0=\Phi(w_0)$，$W_n=\Phi(w_n)$，并且

$$\mathrm{sgn}\{W_n-W_0\}=\frac{W_n-W_0}{w_n-w_0}\cdot\frac{|w_n-w_0|}{|W_n-W_0|}\cdot\frac{w_n-w_0}{|w_n-w_0|}$$

这表明

$$\lim_{n\rightarrow\infty}\mathrm{sgn}\{W_n-W_0\}=\pm e^{i\sigma}\,\mathrm{sgn}\Phi'(w_0)=\pm1$$

换句话说，Φ 将 Γ 局部映射到一个连通集，该连通集的唯一极限方向是 $\Gamma\pm1$. 根据
Haslam-Jones 引理，Γ 在 Φ 下的像是局部的水平线段，因为 $\Phi(\alpha)=0$，它实际上是一个实
数区间 $a<t<b$，因此 Γ 是局部解析单叶函数 $\Psi=\Phi^{-1}$ 下区间的映像. 即 Γ 是在参数化
$w=\Psi(t)$，$a<t<b$ 下的局部解析弧.

　　为了得到微分方程 (3.3.5)，对恒等式 $t=\Phi(\Psi(t))$ 求微分，得

$$1=\Phi'(\Psi(t))\Psi'(t)=s(\Psi(t))^{1/2}\Psi'(t)$$

或者

$$s(\Psi(t))\big[\Psi'(t)\big]^2=1$$

　　这就完成了 Schiffer 基本定理的证明. 证毕.

第 4 章

平面弹性理论中的复变方法概略

4.1 平面弹性力学的基本问题

在右手直角坐标系 $Oxyz$ 中, 弹性体受外载荷作用, 任取其中一点 P, 沿 x,y,z 方向取一个微小平行六面体, 假定应力在各面上均匀分布, 则各面上应力如图 4.1 所示. 当微小六面体趋于无穷小时, 则六面体上的应力就为 P 点的应力, 故 P 点的正应力为 σ_x, σ_y, σ_z, 剪应力分别为 τ_{xy}, τ_{xz}, τ_{yx}, τ_{yz}, τ_{zx}, τ_{zy}(根据剪应力互等定理, 实际上独立的剪应力只有三个). 由于 P 点的任意性, 故弹性体上各点的应力均是如此, 各点在 x,y,z 方向

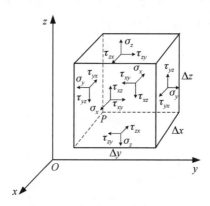

图 4.1 一点附近的全应力分布

产生的位移分别为 u，v，w，它们都是点坐标$(x，y，z)$的函数. 基于此，定义（单向）拉伸应变为

$$\begin{cases} \varepsilon_x = \dfrac{\partial u}{\partial x} \\[2mm] \varepsilon_y = \dfrac{\partial v}{\partial y} \\[2mm] \varepsilon_z = \dfrac{\partial w}{\partial z} \end{cases} \tag{4.1.1}$$

定义（纯）剪切应变为

$$\begin{cases} \varepsilon_{xy} = \dfrac{\partial v}{\partial x} + \dfrac{\partial u}{\partial y} \\[2mm] \varepsilon_{yz} = \dfrac{\partial w}{\partial y} + \dfrac{\partial v}{\partial z} \\[2mm] \varepsilon_{zx} = \dfrac{\partial u}{\partial z} + \dfrac{\partial w}{\partial x} \end{cases} \tag{4.1.2}$$

弹性理论所讨论的平面问题是指在三维坐标系中，物体所受的面力及体积力和其应力均与某一坐标轴无关. 平面问题又可分为平面应力问题与平面应变问题两种情况，以下就此作简要介绍.

1. 平面问题的几何方程与平衡方程

对于平面应变问题，可以假定一个两端无限长的柱体，其母线平行于 z 轴. 由于某种原因，该柱体内各点在 z 方向产生的位移 $w \equiv$ 常数（研究平面应变问题时也可以取 $w \equiv 0$），而对于平面应力问题，由于沿 z 轴方向很薄，故也可以认为 $w \equiv 0$，因而 u，v 仅是 x，y 的函数，与 z 无关. 此时，弹性体满足的几何方程为

$$\begin{cases} \varepsilon_x = \dfrac{\partial u}{\partial x} \\[2mm] \varepsilon_y = \dfrac{\partial v}{\partial y} \\[2mm] \varepsilon_{xy} = \dfrac{\partial v}{\partial x} + \dfrac{\partial u}{\partial y} \end{cases} \tag{4.1.3}$$

需要指出的是，在 Oxy 平面内由对称条件可知，过任一点处的应力分量 τ_{zx}，τ_{zy}，τ_{xz}，τ_{yz} 均等于零，但由于 z 方向对变形的约束，故 σ_z 一般不为零. 可以证明 σ_z 并不独立，它可由 σ_x，σ_y 表示出来. 因此无论是平面应力问题还是平面应变问题，独立的应力分

量实际上只有三个，即 σ_x，σ_y，$\tau_{xy}(=\tau_{yx})$，在相关问题研究中 σ_z 均不予考虑.

下面研究物体处于平衡状态时各点应力及体积力的关系，并由此导出平衡方程.

假定从处于平面应力状态的物体中取出一个微小矩形单元 $abcd$，如图 4.2 所示. 其两边的长度分别为 $\mathrm{d}x$，$\mathrm{d}y$，厚度即原物体厚度 t. F_{bx}，F_{by} 为体积力分量，因 $t\,\mathrm{d}x$，$t\,\mathrm{d}y$ 为微小面元，可以把 $t\,\mathrm{d}x$ 和 $t\,\mathrm{d}y$ 上的应力看成是均匀分布的，故面元上任意点的应力分量值可以用该面元中点的应力分量表示. 在此微小单元体不同的边上，应力分量的值也不同. 如 ab 边上的正应力分量为 σ_x，则 cd 边上，由于距 y 轴的距离增加了 $\mathrm{d}x$，因此正应力分量也随之变化. 应力分量的这种变化可以由级数展开求得，即

$$\sigma_x\big|_{cd}=\sigma_x\big|_{ab}+\frac{\partial \sigma_x}{\partial x}\bigg|_{ab}\mathrm{d}x+\frac{\partial \sigma_x}{\partial y}\bigg|_{ab}\mathrm{d}y+o(\mathrm{d}x^2,\mathrm{d}y^2)$$

注意：ab 线元与 cd 线元上的应力分量均可用相应线元中点处的应力分量来表示.

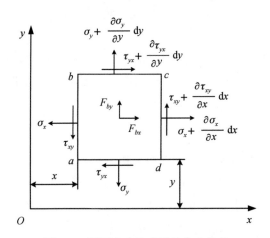

图 4.2　平面应力状态下的应力分布

显然，如果 ab 边上的正应力为 σ_x，则略去二阶以上微量后该边上的正应力为

$$\sigma_x+\frac{\partial \sigma_x}{\partial x}\mathrm{d}x$$

同理，如果 ab 边上的剪应力为 τ_{xy}，ad 边上的两个应力分量为 σ_y，τ_{yx}，则 cd 边上的剪应力分量及 bc 边上的两个应力分量分别为

$$\tau_{xy}+\frac{\partial \tau_{xy}}{\partial x}\mathrm{d}x,\ \sigma_y+\frac{\partial \sigma_y}{\partial y}\mathrm{d}y,\ \tau_{yx}+\frac{\partial \tau_{yx}}{\partial y}\mathrm{d}y$$

当静力平衡时,对于 $t=1$ 的矩形单元 $abcd$,由平衡条件 $\sum M_a = 0$ 得

$$\left(\frac{\partial \sigma_y}{\partial y}\mathrm{d}y\,\mathrm{d}x\right)\frac{\mathrm{d}x}{2} - \left(\frac{\partial \sigma_x}{\partial x}\mathrm{d}y\,\mathrm{d}x\right)\frac{\mathrm{d}y}{2} + \left(\tau_{xy} + \frac{\partial \tau_{xy}}{\partial x}\mathrm{d}x\right)\mathrm{d}y\,\mathrm{d}x -$$

$$\left(\tau_{yx} + \frac{\partial \tau_{yx}}{\partial y}\mathrm{d}y\right)\mathrm{d}x\,\mathrm{d}y + F_{by}\,\mathrm{d}x\,\mathrm{d}y\,\frac{\mathrm{d}x}{2} - F_{bx}\,\mathrm{d}x\,\mathrm{d}y\,\frac{\mathrm{d}y}{2} = 0$$

略去 $\mathrm{d}x$,$\mathrm{d}y$ 的三次方项,得

$$\tau_{xy} = \tau_{yx} \tag{4.1.4}$$

此式即剪应力互等定理.

由平衡条件 $\sum X = 0$,$\sum Y = 0$ 得

$$\begin{cases} \left(\sigma_x + \dfrac{\partial \sigma_x}{\partial x}\mathrm{d}x\right)\mathrm{d}y - \sigma_x\,\mathrm{d}y + \left(\tau_{yx} + \dfrac{\partial \tau_{yx}}{\partial y}\mathrm{d}y\right)\mathrm{d}x - \tau_{yx}\,\mathrm{d}x + F_{bx}\,\mathrm{d}x\,\mathrm{d}y = 0 \\[2mm] \left(\sigma_y + \dfrac{\partial \sigma_y}{\partial y}\mathrm{d}y\right)\mathrm{d}x - \sigma_y\,\mathrm{d}x + \left(\tau_{xy} + \dfrac{\partial \tau_{xy}}{\partial x}\mathrm{d}x\right)\mathrm{d}y - \tau_{xy}\,\mathrm{d}y + F_{by}\,\mathrm{d}x\,\mathrm{d}y = 0 \end{cases} \tag{4.1.5}$$

因 $\mathrm{d}x\,\mathrm{d}y$ 不等于零,故化简后有

$$\begin{cases} \dfrac{\partial \sigma_x}{\partial x} + \dfrac{\partial \tau_{yx}}{\partial y} + F_{bx} = 0 \\[3mm] \dfrac{\partial \sigma_y}{\partial y} + \dfrac{\partial \tau_{xy}}{\partial x} + F_{by} = 0 \end{cases} \tag{4.1.5'}$$

这就是平面问题的平衡方程.

2. 平面应变问题

在平面应变状态下,广义虎克定律定义为

$$\begin{cases} \sigma_x = (\lambda + 2\mu)\dfrac{\partial u}{\partial x} + \lambda\dfrac{\partial v}{\partial y} \\[3mm] \sigma_y = \lambda\dfrac{\partial u}{\partial x} + (\lambda + 2\mu)\dfrac{\partial v}{\partial y} \\[3mm] \tau_{xy} = \mu\left(\dfrac{\partial v}{\partial x} + \dfrac{\partial u}{\partial y}\right) \end{cases} \tag{4.1.6}$$

其中 λ,μ 称为 Lamè 常数,由下式确定:

$$\lambda = \frac{E\nu}{(1+\nu)(1-2\nu)}, \quad \mu = \frac{E}{2(1+\nu)} \tag{4.1.7}$$

其中 E 为杨氏弹性模量，ν 是材料的 Poisson 系数. 式(4.1.6)即平面应变状态下的物理方程(注：在一些文献中，式(4.1.6)直接代入物理量 E、ν 而非 Lamè 常数).

由式(4.1.6)易得

$$\Delta(\sigma_x+\sigma_y)=2(\lambda+\mu)\Delta\left(\frac{\partial u}{\partial x}+\frac{\partial v}{\partial y}\right) \tag{4.1.8}$$

其中 $\Delta=\left(\frac{\partial^2}{\partial x^2}+\frac{\partial^2}{\partial y^2}\right)$ 为 Laplace 算子.

将式(4.1.6)代入式(4.1.8)，可得

$$\begin{cases}-F_{bx}=(\lambda+\mu)\left(\frac{\partial^2 u}{\partial x^2}+\frac{\partial^2 v}{\partial x\partial y}\right)+\mu\Delta u\\-F_{by}=(\lambda+\mu)\left(\frac{\partial^2 u}{\partial x\partial y}+\frac{\partial^2 v}{\partial y^2}\right)+\mu\Delta v\end{cases}$$

因此

$$\begin{cases}-\frac{\partial F_{bx}}{\partial x}=(\lambda+\mu)\left(\frac{\partial^3 u}{\partial x^3}+\frac{\partial^3 v}{\partial x^2\partial y}\right)+\mu\Delta\frac{\partial u}{\partial x}\\-\frac{\partial F_{by}}{\partial y}=(\lambda+\mu)\left(\frac{\partial^3 u}{\partial x\partial y^2}+\frac{\partial^3 v}{\partial y^3}\right)+\mu\Delta\frac{\partial v}{\partial y}\end{cases}$$

两式相加，可得

$$-\left(\frac{\partial F_{bx}}{\partial x}+\frac{\partial F_{by}}{\partial y}\right)=(\lambda+2\mu)\Delta\left(\frac{\partial u}{\partial x}+\frac{\partial v}{\partial y}\right)$$

与式(4.1.8)比较，则有

$$\Delta(\sigma_x+\sigma_y)=-\frac{2(\lambda+\mu)}{\lambda+2\mu}\left(\frac{\partial F_{bx}}{\partial x}+\frac{\partial F_{by}}{\partial y}\right) \tag{4.1.9}$$

式(4.1.9)称为平面应变状态下的协调方程.

3. 平面应力问题

在平面应力问题中，所考虑的对象是很薄的平板，载荷只作用在板的边沿且平行于板面，在垂直于板面方向上的体积力分量、面力分量均为零，故取图 4.3 所示右手坐标系 $Oxyz$，让厚度为 t 的薄板平行于 Oxy 平面，则在板边沿面上($z=\pm\frac{t}{2}$处)，有

$$(\sigma_z)_{z=\pm\frac{t}{2}}=0,\ (\tau_{zx})_{z=\pm\frac{t}{2}}=(\tau_{zy})_{z=\pm\frac{t}{2}}=0$$

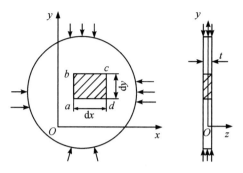

图 4.3 右手坐标系中的平面应力问题模型

由于板很薄，外载荷又沿厚度均匀分布，故可以近似地认为应力沿厚度均匀分布。因而，在垂直于 z 轴的任意一微小面积上 $\sigma_z = \tau_{zy} = \tau_{zx} = 0$ 均成立，又由剪力互等定理，还有 $\tau_{yz} = \tau_{xz} = 0$，这等同于任一点处不等于零的应力分量只有 σ_x，σ_y，τ_{xy}，τ_{yx}，且均是 x，y 的函数.

平面应力状况下的协调方程为

$$\Delta(\sigma_x + \sigma_y) = 0 \tag{4.1.10}$$

平面应力状况下的物理方程为

$$\begin{cases} \sigma_x = \dfrac{E}{1 - \nu^2}\left(\dfrac{\partial u}{\partial x} + \nu\,\dfrac{\partial v}{\partial y}\right) \\[2mm] \sigma_y = \dfrac{E}{1 - \nu^2}\left(\dfrac{\partial u}{\partial y} + \nu\,\dfrac{\partial v}{\partial x}\right) \\[2mm] \tau_{xy} = \mu\left(\dfrac{\partial v}{\partial x} + \dfrac{\partial u}{\partial y}\right) \end{cases} \tag{4.1.11}$$

值得指出的是，平面应力问题中考虑到薄板体积力可忽略，故静力平衡方程可由式 (4.1.5′) 简化为

$$\left. \begin{aligned} \frac{\partial \sigma_x}{\partial x} + \frac{\partial \tau_{yx}}{\partial y} &= 0 \\[2mm] \frac{\partial \sigma_y}{\partial y} + \frac{\partial \tau_{xy}}{\partial x} &= 0 \end{aligned} \right\} \tag{4.1.12}$$

平面弹性问题的研究主要就是在一定边界条件下求解偏微分方程组 (4.1.5) 或方程组 (4.1.12). 其实在很多情形下，无论是平面应变问题还是平面应力问题，体积力都是不予考虑的，故求解对象主要是方程组 (4.1.12).

设弹性体在平面中所占区域 D 的边界为 L，根据边界 L 上呈现的不同条件，相关问题可分为三类，分别是：

(1) 第一基本问题：给定 L 上各点的外应力(载荷)，求弹性平衡.

(2) 第二基本问题：已知 L 上各点的位移，求弹性平衡.

(3) 混合问题：给定 L 上部分点的外应力，而另一部分点上位移已知，求弹性平衡.

以上求弹性平衡问题就是要求出 D 内各点的应力状态 σ_x，σ_y，τ_{xy} 以及位移 u，v.

4.2　平面问题中某些力学参量的复变函数表示

1. 应力函数及其复变表示

偏微分方程(4.1.10)和(4.1.12)可简化为一个未知函数方程. 以下假定 D 为一个有界单连通区域.

由方程组(4.1.12)中第一式可知，$-\tau_{xy}+\sigma_x \mathrm{d}y$ 为一确切微分，也就是在 D 中存在一函数 $B(x，y)$，使得

$$\mathrm{d}B = -\tau_{xy}\mathrm{d}x + \sigma_x\mathrm{d}y$$

也就是

$$\frac{\partial B}{\partial x} = -\tau_{xy}，\frac{\partial B}{\partial y} = \sigma_x$$

同理，据方程组(4.1.12)的第二式，在 D 中存在一函数 $A(x，y)$，使得

$$\mathrm{d}A = -\tau_{xy}\mathrm{d}y + \sigma_y\mathrm{d}x$$

也就是

$$\frac{\partial A}{\partial x} = \sigma_y，\frac{\partial A}{\partial y} = -\tau_{xy}$$

于是有

$$\frac{\partial A}{\partial y} = \frac{\partial B}{\partial x}$$

因而 $A\mathrm{d}x + B\mathrm{d}y$ 为一确切微分,故在 D 中又存在一函数 $U(x,y)$,使得

$$\mathrm{d}U = A\,\mathrm{d}x + B\,\mathrm{d}y$$

也就是

$$\frac{\partial U}{\partial x} = A, \quad \frac{\partial U}{\partial y} = B$$

函数 U 与应力之间有如下关系:

$$\sigma_x = \frac{\partial^2 U}{\partial y^2}, \quad \tau_{xy} = -\frac{\partial^2 U}{\partial x \partial y}, \quad \sigma_y = \frac{\partial^2 U}{\partial x^2} \tag{4.2.1}$$

故可得

$$\Delta U = \sigma_x + \sigma_y \tag{4.2.2}$$

将式(4.2.2)代入式(4.1.9),便得

$$\Delta^2 U \equiv \frac{\partial^4 U}{\partial x^4} + 2\frac{\partial^4 U}{\partial x^2 \partial y^2} + \frac{\partial^4 U}{\partial y^4} = 0 \tag{4.2.3}$$

式(4.2.3)称为双调和方程. 这样,就得到一个未知函数 U 的 4 阶偏微分方程,U 称为实应力函数,也叫作 Airy 函数.

显然,求出 U 后,就能根据式(4.2.1)求出应力状态,然后由广义虎克定律,即式(4.1.6)的前两式解出 $\dfrac{\partial u}{\partial x}$,$\dfrac{\partial v}{\partial y}$,并结合第三式,利用式(4.2.1)可得到

$$\begin{cases} 2\mu\,\dfrac{\partial u}{\partial x} = \dfrac{\partial^2 U}{\partial y^2} - \dfrac{\lambda}{2(\lambda+\mu)}\Delta U \\[2mm] 2\mu\,\dfrac{\partial v}{\partial y} = \dfrac{\partial^2 U}{\partial x^2} - \dfrac{\lambda}{2(\lambda+\mu)}\Delta U \\[2mm] \mu\left(\dfrac{\partial v}{\partial x} + \dfrac{\partial u}{\partial y}\right) = -\dfrac{\partial^2 U}{\partial x \partial y} \end{cases} \tag{4.2.4}$$

由此便可求得 u,v,从而得到 D 中的形变. 因此,在一定边界条件下求解平面弹性问题就是求解双调和方程(4.2.3).

为了基于复变方法求解平面弹性问题,首先需要将以上定义的应力函数用复变函数表示出来. 为此,将有界单连通区域 D 置于复平面中考虑,对其中任一点作变量替换:

$$x = \frac{z + \bar{z}}{2}, \quad y = \frac{z - \bar{z}}{2\mathrm{i}} \tag{4.2.5}$$

则应力函数可以看作是共轭复变量 z 和 $\bar{z}$ 的函数. 用复合函数求导法则,有

$$\begin{cases} \dfrac{\partial U}{\partial x} = \dfrac{\partial U}{\partial z}\dfrac{\partial z}{\partial x} + \dfrac{\partial U}{\partial \bar{z}}\dfrac{\partial \bar{z}}{\partial x} = \left(\dfrac{\partial}{\partial z} + \dfrac{\partial}{\partial \bar{z}}\right)U \\[3mm] \dfrac{\partial U}{\partial y} = \dfrac{\partial U}{\partial z}\dfrac{\partial z}{\partial y} + \dfrac{\partial U}{\partial \bar{z}}\dfrac{\partial \bar{z}}{\partial y} = \mathrm{i}\left(\dfrac{\partial}{\partial z} + \dfrac{\partial}{\partial \bar{z}}\right)U \end{cases} \tag{4.2.6}$$

$$\begin{cases} \dfrac{\partial^2 U}{\partial x^2} = \left(\dfrac{\partial}{\partial z} + \dfrac{\partial}{\partial \bar{z}}\right)^2 U = \left(\dfrac{\partial^2}{\partial z^2} + 2\dfrac{\partial^2}{\partial z\partial\bar{z}} + \dfrac{\partial^2}{\partial\bar{z}^2}\right)U \\[3mm] \dfrac{\partial^2 U}{\partial y^2} = \mathrm{i}^2\left(\dfrac{\partial}{\partial z} - \dfrac{\partial}{\partial \bar{z}}\right)^2 U = -\left(\dfrac{\partial^2}{\partial z^2} - 2\dfrac{\partial^2}{\partial z\partial\bar{z}} + \dfrac{\partial^2}{\partial\bar{z}^2}\right)U \\[3mm] \dfrac{\partial^2 U}{\partial x\partial y} = \mathrm{i}\left(\dfrac{\partial}{\partial z} + \dfrac{\partial}{\partial \bar{z}}\right)\left(\dfrac{\partial}{\partial z} - \dfrac{\partial}{\partial \bar{z}}\right)U = \mathrm{i}\left(\dfrac{\partial^2}{\partial z^2} - \dfrac{\partial^2}{\partial\bar{z}^2}\right)U \end{cases} \tag{4.2.7}$$

由此得

$$\Delta U = \left(\dfrac{\partial^2}{\partial x^2} + \dfrac{\partial^2}{\partial y^2}\right)U = 4\dfrac{\partial^2 U}{\partial z\partial\bar{z}} \tag{4.2.8}$$

于是方程(4.2.3)可改写为

$$\dfrac{\partial^4 U}{\partial z^2\partial\bar{z}^2} = 0 \tag{4.2.9}$$

将式(4.2.9)积分四次可得通解

$$U = zf_1(\bar{z}) + f_2(\bar{z}) + \bar{z}f_3(z) + f_4(z) \tag{4.2.10}$$

其中 f_1、f_2、f_3、f_4 分别是 z 及 $\bar{z}$ 的任意解析函数. 因为 U 是实函数,所以 f_1 和 f_3、f_2 和 f_4 分别互为共轭函数,即 $f_1(\bar{z}) = \overline{f_3(z)}$,$f_2(\bar{z}) = \overline{f_4(z)}$. 记

$$\begin{cases} \overline{f_1(\bar{z})} = f_3(z) = \dfrac{1}{2}\varphi(z) \\[3mm] \overline{f_2(\bar{z})} = f_4(z) = \dfrac{1}{2}\chi(z) \end{cases} \tag{4.2.11}$$

则 U 可表示为

$$U = \dfrac{1}{2}\left[z\overline{\varphi(z)} + \bar{z}\varphi(z) + \overline{\chi(z)} + \chi(z)\right] \tag{4.2.12}$$

这样,就用 D 中的两个解析函数 $\varphi(z)$ 和 $\chi(z)$ 把应力函数表示出来了.

2. 应力的复变表示

如果已经得到应力函数 U,则通过式(4.2.1)就能求出应力. 实际应用中为了使运算方便,也为了表述简洁,各应力分量通常采用组合形式来表达. 由式(4.2.1)及式(4.2.7)可得

$$
\begin{cases}
\sigma_y + \sigma_x = \dfrac{\partial^2 U}{\partial x^2} + \dfrac{\partial^2 U}{\partial y^2} = 4\,\dfrac{\partial^2 U}{\partial z \partial \bar z} \\[3mm]
\sigma_y - \sigma_x + 2\mathrm{i}\tau_{xy} = \dfrac{\partial^2 U}{\partial x^2} - \dfrac{\partial^2 U}{\partial y^2} - 2\mathrm{i}\,\dfrac{\partial^2 U}{\partial x \partial y} = 4\,\dfrac{\partial^2 U}{\partial z^2}
\end{cases} \tag{4.2.13}
$$

将式(4.2.12)代入式(4.2.13),并注意到

$$
\begin{cases}
\dfrac{\partial \varphi(z)}{\partial \bar z} = 0, \quad \dfrac{\partial \overline{\varphi(z)}}{\partial z} = 0, \quad \dfrac{\partial \overline{\varphi(z)}}{\partial \bar z} = \overline{\varphi'(z)} \\[3mm]
\dfrac{\partial \chi(z)}{\partial \bar z} = 0, \quad \dfrac{\partial \overline{\chi(z)}}{\partial z} = 0, \quad \dfrac{\partial \overline{\chi(z)}}{\partial \bar z} = \overline{\chi'(z)}
\end{cases} \tag{4.2.14}
$$

可得

$$
\begin{cases}
\sigma_y + \sigma_x = 2\left[\varphi'(z) + \overline{\varphi'(z)}\right] \\[3mm]
\sigma_y - \sigma_x + 2\mathrm{i}\tau_{xy} = 2\left[\bar z \varphi''(z) + \chi''(z)\right]
\end{cases} \tag{4.2.15}
$$

记 $\psi(z) = \chi'(z)$,则得到应力分量惯常的复变表达形式:

$$
\begin{cases}
\sigma_y + \sigma_x = 2\left[\varphi'(z) + \overline{\varphi'(z)}\right] = 4\mathrm{Re}\left[\varphi'(z)\right] \\[3mm]
\sigma_y - \sigma_x + 2\mathrm{i}\tau_{xy} = 2\left[\bar z \varphi''(z) + \psi'(z)\right]
\end{cases} \tag{4.2.16}
$$

在一些文献中也记 $\Phi(z) = \varphi'(z)$,$\Psi(z) = \psi'(z)$,则有

$$
\begin{cases}
\sigma_y + \sigma_x = 2\left[\Phi(z) + \overline{\Phi(z)}\right] = 4\mathrm{Re}\left[\Phi(z)\right] \\[3mm]
\sigma_y - \sigma_x + 2\mathrm{i}\tau_{xy} = 2\left[\bar z \Phi'(z) + \Psi(z)\right]
\end{cases} \tag{4.2.16$'$}
$$

以上 $\varphi(z)$、$\psi(z)$ 或 $\Phi(z)$、$\Psi(z)$ 称为复应力函数(注:也称为复势),也叫 Kolosov-Muskhelishvili 函数. 需要说明的是,以上内容虽是在单连通区域中讨论的,但式(4.2.16)、式(4.2.16$'$)对一般区域均成立.

3. 位移的复变表示

对于平面应力问题,可将 x、y 方向位移分量 u、v 组合成复函数 $u + \mathrm{i}v$,则由几何方程(4.1.3)可得

$$
\frac{\partial}{\partial \bar z}(u + \mathrm{i}v) = \frac{1}{2}\left\{\frac{\partial u}{\partial x} - \frac{\partial v}{\partial y} + \mathrm{i}\left(\frac{\partial u}{\partial y} + \frac{\partial v}{\partial x}\right)\right\} = \frac{1}{2}(\varepsilon_x - \varepsilon_y + \mathrm{i}\varepsilon_{xy})
$$

$$
\frac{\partial}{\partial z}(u + \mathrm{i}v) = \frac{1}{2}\left\{\frac{\partial u}{\partial x} + \frac{\partial v}{\partial y} - \mathrm{i}\left(\frac{\partial u}{\partial y} - \frac{\partial v}{\partial x}\right)\right\} = \frac{1}{2}\left\{(\varepsilon_x + \varepsilon_y) - \mathrm{i}\,\frac{1}{2}\left(\frac{\partial u}{\partial y} - \frac{\partial v}{\partial x}\right)\right\}
$$

将物理方程(4.1.11)代入以上两式，有

$$\frac{\partial}{\partial \bar{z}}(u+\mathrm{i}v)=\frac{1+\nu}{2E}(\sigma_x-\sigma_y+2\mathrm{i}\tau_{xy})$$

$$=-\frac{1+\nu}{2E}\overline{(\sigma_x-\sigma_y-2\mathrm{i}\tau_{xy})} \tag{4.2.17}$$

$$\frac{\partial}{\partial z}(u+\mathrm{i}v)=\frac{1-\nu}{2E}(\sigma_x+\sigma_y)-\mathrm{i}\left(\frac{\partial u}{\partial y}-\frac{\partial v}{\partial x}\right)$$

将式(4.2.16)代入式(4.2.17)可得

$$\frac{\partial}{\partial \bar{z}}(u+\mathrm{i}v)=-\frac{1+\nu}{2E}\left[z\overline{\varphi''(z)}+\overline{\psi'(z)}\right] \tag{4.2.18}$$

$$\frac{\partial}{\partial z}(u+\mathrm{i}v)=\frac{1-\nu}{2E}\left[\varphi'(z)+\overline{\varphi'(z)}-\mathrm{i}\frac{1}{2}\left(\frac{\partial u}{\partial y}-\frac{\partial v}{\partial x}\right)\right] \tag{4.2.19}$$

依式(4.2.18)对 $\bar{z}$ 积分，得

$$u+\mathrm{i}v=-\frac{1+\nu}{2E}\left[z\overline{\varphi'(z)}+\overline{\psi(z)}\right]+f(z) \tag{4.2.20}$$

其中 $f(z)$ 是关于 z 的解析函数. 将式(4.2.20)代入式(4.2.19)，整理后得到

$$\mathrm{i}\frac{1}{2}\left(\frac{\partial u}{\partial y}-\frac{\partial v}{\partial x}\right)=\frac{2}{E}\overline{\varphi'(z)}-\left[f'(z)-\frac{1-\nu}{E}\varphi'(z)\right]$$

因 u，v 是实函数，故 $\left(\dfrac{\partial u}{\partial y}-\dfrac{\partial v}{\partial x}\right)$ 也应该是实函数，故上式中 $\left[f'(z)-\dfrac{1-\nu}{E}\varphi'(z)\right]$ 是

$\dfrac{2}{E}\overline{\varphi'(z)}$ 的共轭函数，即

$$f'(z)-\frac{1-\nu}{E}\varphi'(z)=\frac{2}{E}\varphi'(z)$$

于是

$$f'(z)=\frac{3-\nu}{E}\varphi'(z)$$

积分可得

$$f(z)=\frac{3-\nu}{E}\varphi(z)+C \tag{4.2.21}$$

将式(4.2.21)代入式(4.2.20)，并将积分常数 C 归入 $\varphi(z)$ 中，则得到位移的复变表达式：

$$\frac{E}{1+\nu}(u+\mathrm{i}v)=\frac{3-\nu}{1+\nu}\varphi(z)-z\overline{\varphi'(z)}-\overline{\psi(z)}$$

以上是在平面应力状态下得到的结果，若是在平面应变状态下，可仿照上述推理过程得到类似结果：

$$\frac{E}{1+\nu}(u+\mathrm{i}v)=(3-4\nu)\varphi(z)-z\overline{\varphi'(z)}-\overline{\psi(z)}$$

故应用中常常用统一的式子表达为

$$2\mu(u+\mathrm{i}v)=k\varphi(z)-z\overline{\varphi'(z)}-\overline{\psi(z)} \qquad (4.2.22)$$

其中

$$k=\frac{\lambda+3\mu}{\lambda+\mu}=\begin{cases}3-4\nu, & 平面应变状态 \\ \dfrac{3-\nu}{1+\nu}, & 平面应力状态\end{cases}$$

综上可知，式(4.2.16)、式(4.2.22)是用复变方法求解平面弹性问题的基本出发点，问题的求解归结为寻找被研究区域内的两个解析函数 $\varphi'(z)$ 和 $\psi(z)$，使得按式(4.2.16)和式(4.2.22)求出的应力或位移满足给定的边界条件.

4.3　边界条件

1. 外应力主矢量及主力矩的复表示

设 D 为一个单连通有界区域，边界 L 为一光滑封闭曲线. 取定 L 的逆时针方向为正向，L 上任意点 P 处的正向法线为 $\boldsymbol{n}$，如图 4.4 所示. 设 P 处有外载荷 $\boldsymbol{F}_n$，其在 x、y 方向的分量为 X_n、Y_n，θ 为 P 处正向切线 t 与 x 轴正向的夹角，P 处的应力为 σ_x、σ_y、τ_{xy}. 在 P 处取弹性体的三角形微元，受力点附近的应力状态如图 4.5 所示.

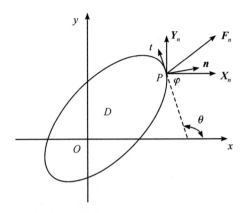

图 4.4　弹性区域边界点上的载荷矢量

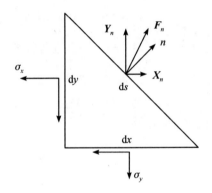

图 4.5　受力点附近的应力状态

由平衡条件，有

$$\begin{cases} X_n \mathrm{d}s = \sigma_x \mathrm{d}y + \tau_{xy} \mathrm{d}x \\ Y_n \mathrm{d}s = \sigma_y \mathrm{d}x + \tau_{xy} \mathrm{d}y \end{cases}$$

也就是

$$\begin{cases} X_n = \sigma_x \sin\theta - \tau_{xy} \cos\theta \\ Y_n = \tau_{xy} \sin\theta - \sigma_y \cos\theta \end{cases} \tag{4.3.1}$$

由式(4.2.12)，经计算，并记 $\psi(z) = \chi'(z)$ 可得

$$f(x, y) = \frac{\partial U}{\partial x} + \mathrm{i}\frac{\partial U}{\partial y} = \varphi(z) + z\overline{\varphi'(z)} + \overline{\psi(z)} \tag{4.3.2}$$

由式(4.3.1)及式(4.2.1)得

$$\begin{cases} X_n = \dfrac{\partial^2 U}{\partial y^2}\sin\theta + \dfrac{\partial^2 U}{\partial x \partial y}\cos\theta = \dfrac{\mathrm{d}}{\mathrm{d}s}\left(\dfrac{\partial U}{\partial y}\right) \\[3mm] Y_n = -\dfrac{\partial^2 U}{\partial x \partial y}\sin\theta - \dfrac{\partial^2 U}{\partial x^2}\cos\theta = -\dfrac{\mathrm{d}}{\mathrm{d}s}\left(\dfrac{\partial U}{\partial x}\right) \end{cases} \tag{4.3.3}$$

这里 $\dfrac{\mathrm{d}}{\mathrm{d}s} = \cos\theta\,\dfrac{\partial}{\partial x} + \sin\theta\,\dfrac{\partial}{\partial y}$ 表示在 P 处沿 L 的正切向求方向导数，于是

$$X_n + \mathrm{i}Y_n = \frac{\mathrm{d}}{\mathrm{d}s}\left(\frac{\partial U}{\partial y} - \mathrm{i}\frac{\partial U}{\partial x}\right) = -\mathrm{i}\frac{\mathrm{d}}{\mathrm{d}s}\left(\frac{\partial U}{\partial x} + \mathrm{i}\frac{\partial U}{\partial y}\right) \tag{4.3.4}$$

故由式 (4.3.2)，有

$$f(x,\,y) = \mathrm{i}\!\int (X_n + \mathrm{i}Y_n)\,\mathrm{d}s + \text{const} \tag{4.3.5}$$

若只针对 L 上的一段弧 L_{AB} 积分，则有

$$f(B) - f(A) = \mathrm{i}\!\int_A^B (X_n + \mathrm{i}Y_n)\,\mathrm{d}s$$

$$= \left[\varphi(z) + z\,\overline{\varphi'(z)} + \overline{\psi(z)}\right]\Big|_B^A \tag{4.3.6}$$

从而 L_{AB} 上的外应力主矢量为

$$X + \mathrm{i}Y = \int_A^B (X_n + \mathrm{i}Y_n)\,\mathrm{d}s$$

$$= -\mathrm{i}\left[\varphi(z) + z\,\overline{\varphi'(z)} + \overline{\psi(z)}\right]\Big|_B^A \tag{4.3.7}$$

　　需要指出的是，以上的讨论可以推广到 L 在 D 内的任意曲线上. 如果固定 D 中一点 A，$z \in D$ 且 z 可任意变动，如图 4.6 所示，记

$$f(z) = f_1(z) + \mathrm{i}f_2(z) = \mathrm{i}\!\int_A^z (X_n + \mathrm{i}Y_n)\,\mathrm{d}s \tag{4.3.8}$$

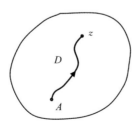

图 4.6　区域中任意两点间的积分路径

　　其中积分沿 D 中任意由 A 到 z 的路径进行，则 $f(z)$ 与积分路径无关，为 D 中的单值连续函数. 由式 (4.3.7) 可知

$$f(z) = \varphi(z) + \overline{z\varphi'(z)} + \overline{\psi(z)} + \text{const} \tag{4.3.9}$$

其中的常数 const 由 A 点的位置确定.

如果 D 为非有界多连通区域,则 $f(z)$ 为多值函数.

考虑弹性体 D 内部或边界上自 A 到 z 的某段曲线,其上各点的应力为 $X_n + \mathrm{i}Y_n$($\boldsymbol{n}$ 为正法线方向),于是该弧段上应力对坐标原点的主力矩为

$$M(z) = \int_A^z (xY_n + yX_n)\,\mathrm{d}s \tag{4.3.10}$$

在 D 为有界单连通区域的情形下,$M(z)$ 也是 D 中的单值连续函数. 由式(4.3.3),主力矩还可以改写为

$$
\begin{aligned}
M(z) &= -\int_A^z \left[x\,\mathrm{d}\!\left(\frac{\partial U}{\partial x}\right) + y\,\mathrm{d}\!\left(\frac{\partial U}{\partial y}\right) \right] \\
&= -\left(x\,\frac{\partial U}{\partial x} + y\,\frac{\partial U}{\partial y} \right)\Big|_A^z + \int_A^z \frac{\partial U}{\partial x}\,\mathrm{d}x + \frac{\partial U}{\partial y}\,\mathrm{d}y \\
&= \left(U - x\,\frac{\partial U}{\partial x} - y\,\frac{\partial U}{\partial y} \right)\Big|_A^z
\end{aligned}
\tag{4.3.11}
$$

又据式(4.3.2)可得

$$
\begin{aligned}
x\,\frac{\partial U}{\partial x} + y\,\frac{\partial U}{\partial y} &= \mathrm{Re}\!\left[z\!\left(\frac{\partial U}{\partial x} - \mathrm{i}\,\frac{\partial U}{\partial y} \right) \right] \\
&= \mathrm{Re}\{ z[\overline{\varphi(z)} + \bar{z}\varphi'(z) + \psi(z)] \}
\end{aligned}
$$

将上式及式(4.2.12)代入式(4.3.11),得到

$$
\begin{aligned}
M(z) &= \mathrm{Re}\{ -z[\overline{\varphi(z)} + \bar{z}\varphi'(z) + \psi(z)] + \bar{z}\varphi(z) + \chi(z) \}\Big|_A^z \\
&= \mathrm{Re}[\chi(z) - z\psi(z) - |z|^2\varphi'(z)] + \text{const}
\end{aligned}
\tag{4.3.12}
$$

其中常数 const 由 A 点确定.

当 D 为非有界单连通区域时,$M(z)$ 一般也是多值函数.

2. 应力及应变边界条件

应力边界条件实际上就是针对第一基本问题而言的. 设有界单连通区域 D 的边界 L 上作用的外载荷为 $X_n(t) + \mathrm{i}Y_n(t)$,$t \in L$,如图 4.7 所示,则当处于静力平衡时整个边界上的外应力主矢量与主力矩均等于零,即

$$\int_L (X_n + \mathrm{i}Y_n)\,\mathrm{d}s = 0 \tag{4.3.13}$$

$$\int_L (x Y_n + y X_n)\, \mathrm{d}s = 0 \qquad (4.3.14)$$

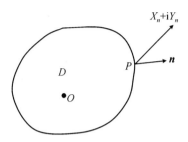

图 4.7　边界上的任意外载荷矢量

任取 L 上一定点 t_0，由式(4.3.7)，令

$$f(t) = f_1(t) + \mathrm{i} f_2(t) = \mathrm{i}\int_{t_0}^{t} (X_n + \mathrm{i} Y_n)\, \mathrm{d}s,\ t \in L \qquad (4.3.15)$$

此处积分是从 t_0 起沿正向到 t 进行的. 在式(4.3.13)的条件下，$f(t)$ 显然为 L 上的单值函数.

可以证明，在平衡条件式(4.3.13)成立的前提下，式(4.3.14)可以等价地用 $f(t)$ 表示为

$$\mathrm{Re}\int_L \overline{f(t)}\mathrm{d}t = 0\ \text{或}\ \mathrm{Re}\int_L f(t)\mathrm{d}\bar{t} = 0 \qquad (4.3.14')$$

由式(4.3.9)，复应力函数 $\varphi(z)$ 和 $\psi(z)$ 应满足的边界条件为

$$\varphi(t) + t\overline{\varphi'(t)} + \overline{\psi(t)} = f(t) + C \qquad (4.3.16)$$

其中 C 为由 t_0 的位置任意性引导出的任意常数，若 t_0 取定，则 C 为一确定常数.

因此第一基本问题就成为以下解析函数的边值问题：

给定 L 上的函数 $X_n + \mathrm{i} Y_n$，满足条件式(4.3.13)与式(4.3.14')，求出 D 中的两个解析函数 $\varphi(z)$ 和 $\psi(z)$，使其满足边值条件式(4.3.16)，其中 $f(t)$ 由式(4.3.15)给出，而 C 为一待定常数.

为了保证以上边值问题解的唯一性，还需补充以下条件：

当常数 C 任意时，

$$\begin{cases} \varphi(0) = 0 \\ \psi(0) = 0 \\ \mathrm{Im}\varphi'(0) = 0 \end{cases} \qquad (4.3.17)$$

当常数 C 取定时，

$$\begin{cases} \varphi(0)=0 \\ \mathrm{Im}\,\varphi'(0)=0 \end{cases}$$
$$\tag{4.3.18}$$

对于引入此补充条件的必要性，文献[12]中给出了详尽说明与论证，在此就不赘述了.

对于第二基本问题，即已知 L 上各点的位移函数 $g(t)=u(t)+\mathrm{i}v(t)$，此时，由式 (4.2.22)，边值条件为

$$k\varphi(t)-t\overline{\varphi'(t)}-\overline{\psi(t)}=2\mu g(t),\ t\in L \tag{4.3.19}$$

其中 $g(t)$ 只需要在 L 上连续，则相应边值问题即可解，不过要保证解 $\varphi(z)$ 和 $\psi(z)$ 的唯一性，还需要补充条件

$$\varphi(0)=0 \ 或 \ \psi(0)=0 \tag{4.3.20}$$

4.4 多连通区域上的情形

1. 有界多连通区域的情形

假设 D 是一个有界多连通区域，由封闭光滑曲线 L_0，L_1，$\cdots$，L_m 围成，且 L_0 将其余曲线 L_1，L_2，$\cdots$，L_m 包围在内部，如图 4.8 所示，记 $L=\sum\limits_{j=0}^{m}L_j$，$L$ 的正向如图所示. 前已说明，此时虽然 D 内各点的应力、位移函数都是单值的，但复应力函数 $\varphi(z)$ 和 $\psi(z)$ 却往往是 D 中的多值解析函数，为此，需要给出多连通区域中复应力函数的具体形式. 以下讨论中将平面坐标系的原点取在 D 内.

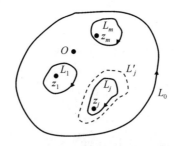

图 4.8   闭光滑曲线围成的多连通区域

由式(4.2.16′)可知

$$\sigma_x + \sigma_y = 4\mathrm{Re}[\varPhi(z)]$$

由于 σ_x，σ_y 的单值性，$\mathrm{Re}[\varPhi(z)]$ 也是单值的，不过 $\mathrm{Im}[\varPhi(z)]$ 的单值性通常是未知的，即当 z 沿 D 中包围 L_j($j>0$)而不包围其他 L_k($k\neq j$)的一封闭曲线 L'_j 正向(逆时针)环绕一周时，$\mathrm{Im}[\varPhi(z)]$ 可能有一增量 $B_j = 2\pi A_j$，此处 A_j 为某一实常数. 令

$$\varPhi_0(z) = \varPhi(z) - \sum_{j=1}^{m} A_j \ln(z - z_j), \quad z \in D$$

其中 z_j 为 L_j 所围洞中的任意固定点，则 $\varPhi_0(z)$ 显然在 D 中单值解析，故

$$\varPhi(z) = \sum_{j=1}^{m} A_j \ln(z - z_j) + \varPhi_0(z), \quad z \in D \tag{4.4.1}$$

任取 $z_0 \in D$，不失一般性，可取 $z_0 = 0$，则有

$$\varphi(z) = \int_0^z \varPhi(\zeta)\mathrm{d}\zeta + \mathrm{const}$$

$$= \sum_{j=1}^{m} A_j \big[(z - z_j)\ln(z - z_j) - (z - z_j)\big] + \int_0^z \varPhi_0(\zeta)\mathrm{d}\zeta + \mathrm{const}$$

又因为 $\varPhi_0(z)$ 为单值，所以

$$\int_0^z \varPhi_0(\zeta)\mathrm{d}\zeta = \sum_{j=1}^{m} \gamma_j^* \ln(z - z_j) + \varphi_0^*(z)$$

其中 $\varphi_0^*(z)$ 为 D 中的解析函数，γ_j^* 为复常数，代入前式可得

$$\varphi(z) = z\sum_{j=1}^{m} A_j \ln(z - z_j) + \sum_{j=1}^{m} \gamma_j \ln(z - z_j) + \varphi_0(z) \tag{4.4.2}$$

其中 $\varphi_0(z)$ 在 D 中解析，γ_j 是某些复常数.

由

$$\sigma_y - \sigma_x + 2\mathrm{i}\tau_{xy} = 2\big[\bar{z}\varPhi'(z) + \varPsi(z)\big]$$

可知该式左端在 D 中单值，又知 $\varPhi'(z)$ 也单值，因此 $\varPsi(z)$ 也单值，故

$$\psi(z) = \int_0^z \varPsi(\zeta)\mathrm{d}\zeta + \mathrm{const}$$

$$= \sum_{j=1}^{m} \gamma_j' \ln(z - z_j) + \psi_0(z) \tag{4.4.3}$$

其中 $\psi_0(z)$ 为 D 中的解析函数，γ_j' 也为某个复常数.

将式(4.4.2)、式(4.4.3)代入式(4.2.22)，并令 z 正向环绕 L'_j 一周，得

$$2\mu[u + \mathrm{i}v]_{L'_j} = 2\pi\mathrm{i}\big[(k+1)A_j z + k\gamma_j + \overline{\gamma_j'}\big]$$

由于位移的单值性，$[u+iv]_{L_j'}=0$，于是

$$A_j=0, \quad k\gamma_j+\overline{\gamma_j'}=0, \quad j=1, 2, \cdots, m \tag{4.4.4}$$

考虑第 j 个洞边界 L_j 上的外应力主矢量 X_j+iY_j，在式(4.3.7)中将弧段 L_{AB} 取成全部 L_j，则

$$X_j+iY_j=-i[\varphi(t)+t\overline{\varphi'(t)}+\overline{\psi(t)}]_{L_j}$$

将式(4.4.2)、式(4.4.3)代入上式，则有

$$X_j+iY_j=-2\pi(\gamma_j-\overline{\gamma_j'}), \quad j=1, 2, \cdots, m$$

联立式(4.4.4)中第二个等式，可得

$$\gamma_j=-\frac{X_j+iY_j}{2\pi(1+k)}, \quad \gamma_j'=\frac{k(X_j-iY_j)}{2\pi(1+k)}$$

由此，多连通区域 D 中复应力函数可表示为

$$\begin{cases} \varphi(z)=-\dfrac{1}{2\pi(1+k)}\sum_{j=1}^{m}(X_j+iY_j)\ln(z-z_j)+\varphi_0(z) \\[2mm] \psi(z)=\dfrac{k}{2\pi(1+k)}\sum_{j=1}^{m}(X_j-iY_j)\ln(z-z_j)+\psi_0(z) \end{cases} \tag{4.4.5}$$

其中 $\varphi_0(z)$，$\psi_0(z)$ 在 D 中解析，这样，就将 $\varphi(z)$，$\psi(z)$ 的多值部分分离出来了. 式(4.4.5)中的对数取任何一支均可，因为不同分支所差的复常数项可以并入 $\varphi_0(z)$、$\psi_0(z)$ 中，同理，式(4.4.5)中 z_j 的选取也可以是任意的.

在 D 为有界多连通的情况下，位移可以用下式表示：

$$2\mu g(t)=2\mu(u+iv)$$

$$=-\frac{k}{\pi(1+k)}\sum_{j=1}^{m}(X_j+iY_j)\ln|z-z_j|+\frac{z}{2\pi(1+k)}\sum_{j=1}^{m}\frac{X_j-iY_j}{\bar{z}-\bar{z}_j}+$$

$$k\varphi_0(z)-z\overline{\varphi_0'(z)}-\overline{\psi_0(z)} \tag{4.4.6}$$

对于第一基本问题，已知外载荷 $X_n(t)+iY_n(t)$ 作用于 L 上，令

$$f(t)=i\int_{t_j}^{t}(X_n+iY_n)ds, \quad t, t_j \in L_j, \quad j=0, 1, \cdots, m \tag{4.4.7}$$

以上积分沿 L_j 进行，则有

$$\varphi(t)+t\overline{\varphi'(t)}+\overline{\psi(t)}=f(t)+C_j$$

$$t\in L_j, \quad j=0, 1, \cdots, m \tag{4.4.8}$$

注意，以上不同的 L_j 对应不同的 C_j. 根据式(4.4.5)，则得到边值条件：

$$\varphi_0(t) + t\overline{\varphi_0'(t)} + \overline{\psi_0(t)} = f^*(t) + C_j \quad t \in L_j, \ j = 0, 1, \cdots, m \tag{4.4.9}$$

其中 $f^*(t) = f_j^*(t)$，$t \in L_j (j = 0, 1, \cdots, m)$ 为 L_j 上的单值连续函数，可将其统一写成

$$f^*(t) = f(t) + \frac{1}{2\pi(1+k)} \sum_{j=1}^{m} (X_j + iY_j) \ln(t - z_j) -$$

$$\frac{k}{2\pi(1+k)} \sum_{j=1}^{m} (X_j + iY_j) \overline{\ln(t - z_j)} + \frac{t}{2\pi(1+k)} \sum_{j=1}^{m} \frac{X_j - iY_j}{\overline{t} - \overline{z_j}}$$

为保证边值问题（式 4.4.9）解的唯一性，需要补充条件：

$$\varphi_0(0) = 0, \ \psi_0(0) = 0, \ \mathrm{Im}\varphi_0'(0) = 0 \tag{4.4.10}$$

而 $C_j (j = 0, 1, \cdots, m)$ 作为待定常数，在求解中唯一确定. 如果取定其中某一常数，如 $C_0 = 0$，则补充条件可以弱化为

$$\varphi_0(0) = 0, \ \mathrm{Im}\varphi_0'(0) = 0 \tag{4.4.11}$$

对于第二基本问题，已知 L 上的位移函数 $g(t) = u + iv$，则边值问题为

$$k\varphi_0(t) - t\overline{\varphi_0'(t)} - \overline{\psi_0(t)} = 2\mu g^*(t), \ t \in L \tag{4.4.12}$$

根据式（4.4.6），$g^*(t)$ 可由下式给出：

$$2\mu g^*(t) = 2\mu g(t) + \frac{k}{\pi(1+k)} \sum_{j=1}^{m} (X_j + iY_j) \ln|t - z_j| -$$

$$\frac{t}{2\pi(1+k)} \sum_{j=1}^{m} \frac{X_j - iY_j}{\overline{t} - \overline{z_j}} \tag{4.4.13}$$

值得注意的是，在第二基本问题中，边界上外载荷 $X_j + iY_j (j = 1, 2, \cdots, m)$ 是未知的，一般作为待定常数与 $\varphi_0(z)$，$\psi_0(z)$ 一并求出. 进一步地，由 $\sum_{j=0}^{m} (X_j + iY_j) = 0$，可求出 L_0 上的应力主矢量 $X_0 + iY_0$. 为了解的唯一性，如同式（4.3.20）一样，也需要补充条件：

$$\varphi_0(0) = 0 \ \text{或} \ \psi_0(0) = 0 \tag{4.4.14}$$

2. 无界区域的情形

此处讨论的无界区域 D 是指由若干闭曲线 $L_j (j = 1, 2, \cdots, m)$ 所围的外部区域. 此时和有界多连通区域的不同点之一是在 $z = \infty$ 点处的应力、应变情况的处理. 在 $z = \infty$ 点处的应力 $\sigma_x(\infty)$，$\sigma_y(\infty)$，$\tau_{xy}(\infty)$ 定义为 $\sigma_x(z)$，$\sigma_y(z)$，$\tau_{xy}(z)$ 当 $z \to \infty$ 时的极限，通常假定这些极限存在并且有限. 在 $z = \infty$ 点处的位移可以同样定义，但此时位移可能有界也可能无穷大.

当闭曲线只有一条时将其记为 L，取其顺时针方向为正向，D 保持在其正侧（左侧），

将坐标原点 O 取在 L 内部，如图 4.9 所示.

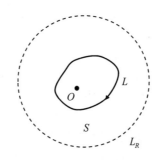

图 4.9   由一条光滑闭曲线围成的无限区域

在这种情况下，当处于静力平衡时，L 上的外应力主矢量、主力矩不一定为零，因为若以 O 为圆心，以充分大的 R 为半径作圆，则圆周 L_R 上外侧对内侧的应力主矢量、主力矩可以与 L 上的应力主矢量、主力矩平衡.

仿照有界多连通区域的处理方法，可得

$$\begin{cases} \varphi(z) = -\dfrac{X+\mathrm{i}Y}{2\pi(k+1)}\ln z + \varphi^*(z) \\[3mm] \psi(z) = \dfrac{k(X-\mathrm{i}Y)}{2\pi(k+1)}\ln z + \psi^*(z) \end{cases} \tag{4.4.15}$$

其中 $\varphi^*(z)$，$\psi^*(z)$ 在 D 内解析，但在 $z=\infty$ 处可能有一阶极点，于是上式也可改写为

$$\begin{cases} \varphi(z) = -\dfrac{X+\mathrm{i}Y}{2\pi(k+1)}\ln z + \Gamma z + \varphi_0(z) \\[3mm] \psi(z) = \dfrac{k(X-\mathrm{i}Y)}{2\pi(k+1)}\ln z + \Gamma' z + \psi_0(z) \end{cases} \tag{4.4.16}$$

以上 $\varphi_0(z)$，$\psi_0(z)$ 在包含 ∞ 的区域 D 内解析，其中 Γ，Γ' 为两个复常数，可进一步表示为

$$\begin{cases} \Gamma = B + \mathrm{i}C, \ \Gamma' = B' + \mathrm{i}C' \\[3mm] B = \dfrac{\sigma_x(\infty) + \sigma_y(\infty)}{4}, \ C = \dfrac{2\mu\theta_\infty}{k+1} \\[3mm] B' = \dfrac{\sigma_y(\infty) - \sigma_x(\infty)}{2}, \ C' = \tau_{xy}(\infty) \end{cases} \tag{4.4.17}$$

其中 θ_∞ 为 D 在 ∞ 处的转角，复常数 Γ，Γ' 的力学意义是明了的，它们与弹性域在 ∞ 处的应力状态密切相关. 虽然可参照有界情形的处理方法与思路来研究无界多连通区域中第一基

本问题、第二基本问题的解，但必须结合 Γ，Γ' 来展开相关的讨论.

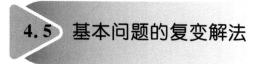

4.5.1　一般性解法

平面弹性问题基于复变方法的求解主要就是在一定区域 D 上求出满足一定边界条件及适定条件下的解析函数 $\varphi(z)$，$\psi(z)$（即复应力函数），从而确定区域上各点的应力及位移. 从数学角度来看，其实就是求解一个解析函数的边值问题. 作为经典函数论的一个方向，解析函数边值问题历史悠久，中外许多学者曾深耕于此领域，也获得了丰硕的成果，在弹性理论的研究中，专家们从这些成果中汲取经验，研究出了多种求解平面弹性问题的方法. 下面简要介绍一种属于谢尔曼（D. I. Sherman）的一般性方法，详细讨论可参阅文献[12].

1. Plemelj 公式

在涉及解析函数边值问题的研讨中常常会用到 Plemelj 公式，以下先不加证明地给出该公式.

设 L 是复平面中的一条封闭光滑曲线，取逆时针方向为正向，所围内区域与外区域分别记为 D^{+} 与 D^{-}. 又设 $f(t)$，$t \in L$ 为一连续函数，则有 Cauchy 型积分：

$$F(z) = \frac{1}{2\pi \mathrm{i}} \int_{L} \frac{f(t)}{t - z} \mathrm{d}t，\ z \notin L \qquad (4.5.1)$$

显然 $F(\infty) = 0$，$F(z)$ 为 D^{+} 与 D^{-} 中的解析函数. 取定 L 上一点 t_0，设 z 从 L 正（负）侧趋于 t_0 时式（4.5.1）的极限存在，记为 $F^{+}(t_0)$（$F^{-}(t_0)$），称其为 $F(z)$ 在 t_0 处的正（负）边值. 但当 $z = t_0 \in L$ 时，式（4.5.1）中的积分往往没有意义，因为在 $f(t_0) \neq 0$ 的情况下，被积函数在 $t = t_0$ 处有一阶奇异性，但此时可以定义积分：

$$\lim_{\varepsilon \to 0} \int_{L - L_\varepsilon} \frac{f(t)}{t - t_0} \mathrm{d}t$$

其中 ε 为以 t_0 为中心的充分小的圆周的半径，L_ε 为该圆周在 L 上截下的弧段，如图 4.10

所示. 如果该积分存在，则称其为 Cauchy 主值积分或（Cauchy 核的）奇异积分，并记为

$$\text{V. P.} \int_L \frac{f(t)}{t-t_0}\mathrm{d}t = \lim_{\varepsilon \to 0}\int_{L-L_\varepsilon} \frac{f(t)}{t-t_0}\mathrm{d}t, \ t_0 \in L \tag{4.5.2}$$

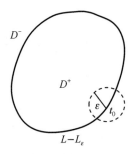

图 4.10　区域边界点上的积分邻域

对某一有界点集 T，任取 t_1，$t_2 \in T$，如果存在合适的常数 $A>0$，$0<\mu\leqslant 1$，使得

$$|f(t_1)-f(t_2)| \leqslant A|t_1-t_2|^\mu$$

恒成立，则称 $f(t)$ 满足 Hölder 条件，记为 $f(t)\in H$. 可以证明 $f(t)\in H$ 为式（4.5.2）存在的充分条件.

定理 4.5.1　（Plemelj）如果 $f(t)\in H$，则由式（4.5.1）定义的 $F(z)$ 在任意一 $t_0 \in L$ 处的正、负边值均存在，且可表示为

$$F^{\pm}(t_0) = \pm\frac{1}{2}f(t_0) + \frac{1}{2\pi\mathrm{i}}\int_L \frac{f(t)}{t-t_0}\mathrm{d}t, \ t_0 \in L \tag{4.5.3}$$

此外，也有 $F^{\pm}(t_0)\in H$.

特别需要提到的是，当 L 不是闭曲线而是开口曲线时，式（4.5.3）仍然成立. 这里所谓对开口曲线积分的含义是积分曲线为一段弧 $L=ab$（取 a 至 b 为正向），式（4.5.2）、式（4.5.3）中主值积分中的 $t_0 \in L$ 不包含端点 a 及 b. 因为除非 $f(a)$ 或 $f(b)$ 为零，否则在 $t=a$ 或 $t=b$ 附近会出现对数奇异性.

2. 求解第一基本问题的一般思路

对于有界单连通域上的第一基本问题，也就是已知 L 上的外应力 $X_n+\mathrm{i}Y_n$，在静平衡下（即满足式（4.3.14′）和式（4.3.15）时）求出相应弹性域 D 中的 $\varphi(z)$，$\psi(z)$ 使之满足式（4.3.16）. 由于静平衡下主矢量为零，故式（4.3.15）中 $f(t)$ 为单值，若再固定 L 上的点 t_0，则式（4.3.16）中 C 为确定常数，不失一般性，我们取其为 0，则有

$$\varphi(t)+t\overline{\varphi'(t)}+\overline{\psi(t)}=f(t) \tag{4.5.4}$$

假设 L 上存在某一函数 $\omega(t)$，使得

$$\varphi(z) = \frac{1}{2\pi i} \int_L \frac{\omega(t)}{t-z} dt \, , \, z \in S \tag{4.5.5}$$

$$\psi(z) = \frac{1}{2\pi i} \int_L \frac{\overline{\omega(t)}}{t-z} dt + \frac{1}{2\pi i} \int_L \frac{\omega(t)}{t-z} d\bar{t} - \frac{1}{2\pi i} \int_L \frac{\bar{t}\omega(t)}{(t-z)^2} dt$$

$$= \frac{1}{2\pi i} \int_L \frac{\overline{\omega(t)}}{t-z} dt - \frac{1}{2\pi i} \int_L \frac{\bar{t}\omega'(t)}{t-z} dt \, , \, z \in D \tag{4.5.6}$$

对式(4.5.5)求导，得

$$\varphi'(z) = \frac{1}{2\pi i} \int_L \frac{\omega(t)}{(t-z)^2} dt = \frac{1}{2\pi i} \int_L \frac{\omega'(t)}{t-z} dt \, , \, z \in D$$

令 $z \to t_0 \in L$ 并求边值，由式(4.5.3)就得到

$$\varphi(t_0) = \frac{1}{2} \omega(t_0) + \frac{1}{2\pi i} \int_L \frac{\omega(t)}{t-t_0} dt$$

注：因是在有界域中，故 z 从正侧趋近，此时实际上 $\varphi(t_0) = \varphi^+(t_0)$.

将上式代入式(4.5.5)并化简，则得到 L 上的积分方程：

$$\omega(t_0) + \frac{1}{2\pi i} \int_L \omega(t) d\ln \frac{t-t_0}{\bar{t}-\bar{t}_0} - \frac{1}{2\pi i} \int_L \overline{\omega(t)} d \frac{t-t_0}{\bar{t}-\bar{t}_0} = f(t_0) \, , \, t_0 \in L \tag{4.5.7}$$

令 $t - t_0 = \rho e^{i\theta} (\theta = \theta(t_0, t))$，则式(4.5.7)可改写为

$$\omega(t_0) + \frac{1}{\pi} \int_L \left[\omega(t) - e^{2i\theta} \overline{\omega(t)} \right] d\theta = f(t_0) \, , \, t_0 \in L \tag{4.5.7'}$$

至此，问题转化为对式(4.5.7)或式(4.5.7′)形式的积分方程的求解，Fredholm 积分方程理论在此是适用的. 但值得注意的是，式(4.5.7)须在条件外应力主矩为 0，即满足式(4.3.14′)的条件下解才存在，在此条件下我们构造一个新的 Fredholm 积分方程：

$$\omega(t_0) + \frac{1}{2\pi i} \int_L \omega(t) d\ln \frac{t-t_0}{\bar{t}-\bar{t}_0} - \frac{1}{2\pi i} \int_L \overline{\omega(t)} d\left(\ln \frac{t-t_0}{\bar{t}-\bar{t}_0} \right) + \frac{b_0}{\bar{t}_0} = f(t_0) \, , \, t_0 \in L$$

$$\tag{4.5.8}$$

其中

$$b_0 = \frac{1}{2\pi i} \int_L \frac{\omega(t)}{t^2} dt + \frac{\overline{\omega(t)}}{\bar{t}^2} d\bar{t} \tag{4.5.9}$$

为一纯虚数.

可以证明在满足式(4.3.14′)的条件下，方程(4.5.8)对任意 $f(t)$ 有唯一解，且将此解

代入式(4.5.9)后，必使 $b_0=0$，故这个解也就是式(4.5.7)的解.

下面在有界多连通区域情况下解第一基本问题，即解边值问题(式(4.4.9)).不失一般性，如设定 L_j 上外应力主矢量 $X_j+\mathrm{i}Y_j=0(j=0,1,2,\cdots,m)$，即可认为是解边值问题(式(4.4.8))，并且设 $C_0=0$，C_1，C_2，$\cdots$，C_m 为待定常数，$f(t)$ 为 L 上的单值函数.

令

$$\varphi(z)=\frac{1}{2\pi\mathrm{i}}\int_L\frac{\omega(t)}{t-z}\mathrm{d}t+\sum_{j=1}^m\frac{b_j}{z-z_j},\ z\in D \tag{4.5.10}$$

$$\psi(z)=\frac{1}{2\pi\mathrm{i}}\int_L\frac{\overline{\omega(t)}}{t-z}\mathrm{d}t-\frac{1}{2\pi\mathrm{i}}\int_L\frac{\bar{t}\omega'(t)}{t-z}\mathrm{d}t+\sum_{j=1}^m\frac{b_j}{z-z_j},\ z\in D \tag{4.5.11}$$

其中

$$b_j=\mathrm{i}\int_{L_j}\omega(t)\mathrm{d}\bar{t}-\overline{\omega(t)}\mathrm{d}t,\ j=1,2,\cdots,m \tag{4.5.12}$$

为实常数，并且 C_j 可表示为

$$C_j=-\int_{L_j}\omega(t)\mathrm{d}s,\ j=1,2,\cdots,m \tag{4.5.13}$$

在式(4.5.10)、式(4.5.11)中，令 D 中的 $z\to t\in L$，并仿照有界单连通区域中求解时构造新 Fredholm 方程的做法，由 Plemelj 公式可得

$$\omega(t_0)+\frac{1}{2\pi\mathrm{i}}\int_L\omega(t)\mathrm{d}\left(\ln\frac{t-t_0}{\bar{t}-\bar{t}_0}\right)-\frac{1}{2\pi\mathrm{i}}\int_L\overline{\omega(t)}\mathrm{d}\frac{t-t_0}{\bar{t}-\bar{t}_0}+\sum_{j=1}^m b_j\left[\frac{1}{t_0-z_j}+\frac{1}{\bar{t}_0-\bar{z}_j}-\frac{t_0}{(\bar{t}_0-\bar{z}_j)^2}\right]$$

$$+\frac{b_0}{\bar{t}_0}-C_k=f(t_0),\ t\in L_k,\ k=0,1,\cdots,m \tag{4.5.14}$$

其中

$$b_0=\frac{1}{2\pi\mathrm{i}}\int_L\frac{\omega(t)}{t^2}\mathrm{d}t+\frac{\overline{\omega(t)}}{\bar{t}^2}\mathrm{d}\bar{t}$$

为一纯虚数.

式(4.5.14)等价于 $\omega(t)$ 实部与虚部的 Fredholm 积分方程组.可以证明在同时满足式(4.3.14′)及式(4.5.13)可解的情况下，$b_0=0$，且对任意 $f(t)$，方程(4.5.14)有唯一解.

其他类型弹性域上的第一基本问题亦可仿照以上方法进行具体解析.

3. 求解第二基本问题的一般思路

下面以有界多连通区域 D 为对象来讨论.此时已知区域边界 L 上的位移 $g(t)=u(t)+\mathrm{i}v(t)$，而各 $L_j(j=1,2,\cdots,m)$ 上的应力主矢量 $X_j+\mathrm{i}Y_j$ 未知，L_0 上的主矢量

$X_0 + iY_0$ 由于平衡致总主矢量为 0，故可由其余主矢量表示，因而不独立.

一般来说，此处的求解针对的是边值问题(式(4.4.12))，但在关于解的存在与唯一性的理论研讨中为论证便捷，此处可采取的一种策略是仍然保持 $\varphi(z)$、$\psi(z)$ 的多值性，即用式(4.4.5)来表示这两个函数，其中的 $\varphi_0(z)$、$\psi_0(z)$ 写成 Cauchy 型积分形式，而边值条件则类似式(4.3.19)的形式：

$$k\varphi(t) - t\overline{\varphi'(t)} - \overline{\psi(t)} = 2\mu g(t), \; t \in L \tag{4.5.15}$$

同样地，我们引入一个未知函数 $\omega(t)$，并令

$$\varphi(z) = \frac{1}{2\pi i} \int_L \frac{\omega(t)}{t-z} dt + \sum_{j=1}^m A_j \ln(z - z_j), \; z \in D \tag{4.5.16}$$

$$\psi(z) = -\frac{k}{2\pi i} \int_L \frac{\overline{\omega(t)}}{t-z} dt - \frac{1}{2\pi i} \int_L \frac{\overline{t}\omega'(t)}{t-z} dt - k \sum_{j=1}^m \overline{A_j} \ln(z - z_j), \; z \in D \tag{4.5.17}$$

其中

$$A_j = -\frac{X_j + iY_j}{2\pi(k+1)}, \; j = 1, 2, \cdots, m \tag{4.5.18}$$

为待定常数.

将式(4.5.16)、式(4.5.17)代入式(4.4.15)，则得

$$k\omega(t_0) + \frac{k}{2\pi i} \int_L \omega(t) d\left(\ln \frac{t - t_0}{\overline{t} - \overline{t_0}} \right) + \frac{1}{2\pi i} \int_l \overline{\omega(t)} d \frac{t - t_0}{\overline{t} - \overline{t_0}} + 2k \sum_{j=1}^m A_j \ln |t_0 - z_j| -$$

$$\sum_{j=1}^m \frac{\overline{A_j t_0}}{\overline{t_0} - \overline{z_j}} = 2\mu g(t_0), \; t_0 \in L \tag{4.5.19}$$

式中将 A_j 赋予如下形式：

$$A_j = \int_{L_j} \omega(t) ds, \; j = 1, 2, \cdots, m \tag{4.5.20}$$

式(4.5.19)是一个关于 $\omega(t)$ 的 Fredholm 方程，可以从理论上严格证明该方程存在唯一解，此处不展开论述，详细讨论可参阅文献[12].

4.5.2　基于共形映射的解法

前文讨论了平面弹性问题基于复变方法的一般性解决方案，是从求解解析函数边值问题的角度获取解析解的理论上可行的途径，其中也自然地涉及积分方程的理论成果. 但正

如前文所讨论的那样,该方法是按弹性域不同的拓扑特征分大类进行论证的,通过这种方法可以定性地证明边值问题解的存在与唯一性,但对于解的具体构造方法却并没有给出一种可落实的通用策略,尤其是针对一个具体对象(具有复杂几何构造与边界条件)要一劳永逸地通过解积分方程获得其应力函数、位移函数的解析解在大多数情况下几乎是不可能的. 为此,又须借助数值方法来对积分方程进行彻底的求解,最终在这个方向上形成"解析＋数值"的混合解决模式.

数值方法所得到的结果在应用上尤其是在工程问题上的重要性是毋庸置疑的,在当今强大的计算机技术支撑下,数值计算与模拟在许多领域(也包括弹性分析)中的支配作用越来越显著. 虽然如此,对同一类型的问题如果能用纯解析方法解决,其所得到的结果往往具有一定的普适性且便于作定性分析与预测. 解析法在理论研究中仍然具有重要意义,追求弹性问题的解析解长期以来也是学者们努力的一个方向,其中在平面弹性问题解析求解时合理地应用共形映射作变换已成为公认的重要方法. 另一方面,对于一些实际问题(特别是工程实践中的复杂问题),人们采用解析分析加数值计算的综合手段来应对,其中的数值算法与建模需要尽量简洁,而此时如能恰当地利用共形映射来建模,则在一定程度上就能达到目的.

借助共形变换来求解平面弹性问题,需要将待解弹性区域 D 变换到容易求解的一些特殊的目标区域 D',设 $z = \omega(\zeta)$ 将 ζ 平面上的 D' 映射到 z 平面上的 D,在 D' 上求得相应的应力函数 $\varphi(\zeta)$ 和 $\psi(\zeta)$ 后再代入逆变换 $\zeta = \omega^{-1}(z)$ 就可求出 $\varphi(z)$ 和 $\psi(z)$. 至于如何在目标区域 D' 上求得 $\varphi(\zeta)$ 和 $\psi(\zeta)$,是共形变换方法的关键所在. 对于 D' 为圆域、圆环域这种极特殊的区域,有所谓的级数解法,该方法可直接规避解积分方程而获得完美的解析解. 采用共形变换的另一种求解弹性问题的方法是苏联著名数学力学家穆斯赫利什维利(N. I. Muskhelishivili)引入的(参阅文献[13]),该方法针对一般单连通区域具有相当的普适性. Muskhelishivili 方法是先将待解弹性区域通过共形变换转换到单位圆域上,在此基础上再将基本边值问题转化成函数方程(一种非完全通常型积分方程). 经此处理后,一方面可将函数方程转化成 Fredholm 积分方程,仍然如前述 Sherman 方法一样给出所论区域解的存在、唯一性的一般性论证;另一方面(这也是 Muskhelishivili 方法很具特色的方面),当讨论的区域限定在某类特殊的单连通区域时,相应类型的映射函数可以显式给出,由此直接基于函数方程而不必转向积分方程而获得问题的解,并且对于任意单连通区域的情况,鉴于可以用已获解区域以任意精度对其进行逼近,故原则上按 Muskhelishivili 方法就能获得这些区域的任意精度的近似解. Muskhelishivili 方法有巨大的实际应用价值,本章中暂不论及该方法，但在后续章节的有关讨论中会涉及.

1. 共形变换下的边界条件

在第 1 章中已经知道，对于一个边界多于一点的单连通区域 D，唯一地存在一个共形映射将 D 映射到另一边界多于一点的区域 D'. 设弹性区域 D 为一个有界单连通区域，其边界为一光滑闭曲线 L，取定逆时针方向为其正向，D' 也为有界区域，其边界为 Γ. 又假定函数 $z=\omega(\zeta)$ 将 ζ 平面上的 D' 共形地映射到 z 平面上的 D，且将 Γ 以相同方向映射为 L，则当 $t\in L$ 时，有 $t=\omega(\tau)$，$\tau\in\Gamma$. 此时应力函数 $\varphi(z)$ 和 $\psi(z)$ 变为

$$\left.\begin{aligned}\varphi(z)=\varphi(\omega(\zeta))=\varphi_1(\zeta)\\\psi(z)=\psi(\omega(\zeta))=\psi_1(\zeta)\end{aligned}\right\} \tag{4.5.21}$$

经简单计算可得

$$\begin{cases}\varphi'(z)=\dfrac{\mathrm{d}\varphi(z)}{\mathrm{d}z}=\dfrac{\mathrm{d}\varphi(z)}{\mathrm{d}\zeta}\cdot\dfrac{\mathrm{d}\zeta}{\mathrm{d}z}=\dfrac{\varphi'(\zeta)}{\omega'(\zeta)}\\[3mm]\psi'(z)=\dfrac{\psi'(\zeta)}{\omega'(\zeta)}\end{cases} \tag{4.5.22}$$

将式 (4.5.22) 代入式 (4.3.16)（不失一般性，通常用式 (4.5.4)）、式 (4.3.19)，则变换后的应力边界条件、应变边界条件分别为

$$\varphi(\tau)+\frac{\omega(\tau)}{\overline{\omega'(\tau)}}\overline{\varphi'(\tau)}+\overline{\psi(\tau)}=f(\tau),\ \tau\in\Gamma \tag{4.5.23}$$

$$k\varphi(\tau)-\frac{\omega(\tau)}{\overline{\omega'(\tau)}}\overline{\varphi'(\tau)}-\overline{\psi(\tau)}=2\mu g(\tau),\ \tau\in\Gamma \tag{4.5.24}$$

特别需要注意的是，以上内容实际上已经假定 L、Γ 足够光滑，以至于 $\omega'(\zeta)$ 可以连续延拓到边界上. 这其实是一个很强的条件限制，在许多问题的研究中如果这种条件难以满足，则必须采取其他应对策略. 第 6 章的有关讨论中就会涉及到这个问题.

2. 特殊区域的级数解法

利用共形变换方法来求解，映射的目标区域的选择是很重要的，而选择的标准之一是在此区域上问题的求解要比原区域更容易. 实践证明圆域、圆环域就是十分理想的映射目标区域，在这两种区域上弹性问题的求解甚至不需要解积分方程而直接用级数解法即能获得结果. 这些结果本身具有一定的实际意义和价值自不必说，更重要的是在很多情况下，这些结果是利用共形映射方法解决棘手的平面弹性问题的基石和跳板，所以很多情况下级数解法也成为了共形变换解法的重要步骤之一. 下面给出圆域上第一基本问题级数解法的

一个示例.

设弹性域 D 为薄圆盘，半径为 R，边界为 L：$|t|=R$，侧面受平行于盘面的外力作用而处于平衡状态，求其应力及位移分布. 从第一基本问题求解的角度，即已知外应力 $X_n(t)+\mathrm{i}Y_n(t)$，求弹性平衡时的应力函数 $\varphi(z)$ 和 $\psi(z)$. 在闭圆盘 $|z|\leqslant R$ 上将 $\varphi(z)$ 和 $\psi(z)$ 展开成幂级数

$$\begin{cases} \varphi(z)=\sum_{k=0}^{\infty}a_kz^k \\[2mm] \psi(z)=\sum_{k=0}^{\infty}b_kz^k \end{cases} \tag{4.5.25}$$

其中 a_k，b_k 均为待定复常数. 不失一般性，将式(4.5.25)代入式(4.5.4)，并注意到在边界上 $t=R\mathrm{e}^{\mathrm{i}\theta}$，则可得

$$\sum_{k=0}^{\infty}a_kR^k\mathrm{e}^{\mathrm{i}k\theta}+\sum_{k=1}^{\infty}k\bar{a}_kR^k\mathrm{e}^{-\mathrm{i}(k-2)\theta}+\sum_{k=0}^{\infty}\bar{b}_kR^k\mathrm{e}^{-\mathrm{i}k\theta}=f(t) \tag{4.5.26}$$

其中 $f(t)$ 由式(4.3.15)给定，为已知函数，在 L 上将其展开为 Fourier 级数：

$$f(t)=\sum_{k=-\infty}^{+\infty}c_k\mathrm{e}^{\mathrm{i}k\theta} \tag{4.5.27}$$

其中

$$c_k=\frac{1}{2\pi}\int_0^{2\pi}f(t)\mathrm{e}^{-\mathrm{i}k\theta}\,\mathrm{d}\theta \tag{4.5.28}$$

另外，式(4.5.26)中第二项改写为

$$\begin{aligned} \sum_{k=1}^{\infty}k\bar{a}_kR^k\mathrm{e}^{-\mathrm{i}(k-2)\theta} &= \bar{a}_1R\mathrm{e}^{\mathrm{i}\theta}+\sum_{k=0}^{\infty}k\bar{a}_kR^k\mathrm{e}^{-\mathrm{i}(k-2)\theta} \\ &= \bar{a}_1R\mathrm{e}^{\mathrm{i}\theta}+\sum_{k=0}^{\infty}(k+2)\bar{a}_{k+2}R^{(k+2)}\mathrm{e}^{-\mathrm{i}k\theta} \end{aligned} \tag{4.5.29}$$

将式(4.5.27)及式(4.5.29)代入式(4.5.26)，可得

$$a_0+2\bar{a}_2R^2+\bar{b}_0+(a_1+\bar{a}_1)R\mathrm{e}^{\mathrm{i}\theta}+\sum_{k=2}^{\infty}a_kR^k\mathrm{e}^{\mathrm{i}k\theta}+\sum_{k=2}^{\infty}\left[(k+2)\bar{a}_{k+2}R^{k+2}+\bar{b}_kR^k\right]\mathrm{e}^{-\mathrm{i}k\theta}$$

$$=\sum_{k=-\infty}^{\infty}c_k\mathrm{e}^{\mathrm{i}k\theta}=c_0+\sum_{k=1}^{\infty}c_k\mathrm{e}^{\mathrm{i}k\theta}+\sum_{k=1}^{\infty}c_{-k}\mathrm{e}^{-\mathrm{i}k\theta}$$

对比 $\mathrm{e}^{\mathrm{i}\theta}$ 的同次项系数，并取 $a_0=0$，$\mathrm{Im}\,a_1=0$（由应力场确定时，应力函数形式的非唯一性），可得

$$
\begin{cases}
a_1 = \dfrac{c_1}{2R} \\[2mm]
a_k = \dfrac{c_k}{R^k}, \ k > 1 \\[2mm]
b_k = \dfrac{\overline{c}_{-k} - (k+2)c_{k+2}}{R^k}, \ k \geqslant 0
\end{cases}
\tag{4.5.30}
$$

将式(4.5.30)代入式(4.5.25)便得应力函数:

$$
\begin{cases}
\varphi(z) = \dfrac{c_1}{2R}z + \displaystyle\sum_{k=2}^{\infty} \dfrac{c_k}{R^k}z^k \\[4mm]
\psi(z) = \displaystyle\sum_{k=0}^{\infty} \dfrac{\overline{c}_{-k} - (k+2)c_{k+2}}{R^k}z^k
\end{cases}
\tag{4.5.31}
$$

4.5.3 裂纹问题及求解

具有裂纹的区域实际上可看成是多连通孔洞区域的特例. 对于具有裂纹的二维弹性体的分析,原则上遵循之前复变解法的总体思路,但也需要针对裂纹这种特殊的几何结构做一些修改与补充.

1. 区域带裂纹时的复应力函数

设弹性体为一个有界多连通区域 D,但区域中仅出现 p 条开口弧段 $L_j = a_j b_j (j = 1, 2, \cdots, p)$ 裂纹,并且这些裂纹互不相交,外围边界为 L_0,边界和所有裂纹充分光滑,如图 4.11 所示. 另外规定 L_0 的逆时针方向为正向, L_j 的正向为 a_j 到 b_j 的方向,并设

$$
L = \sum_{j=0}^{p} L_j, \ O \in D
$$

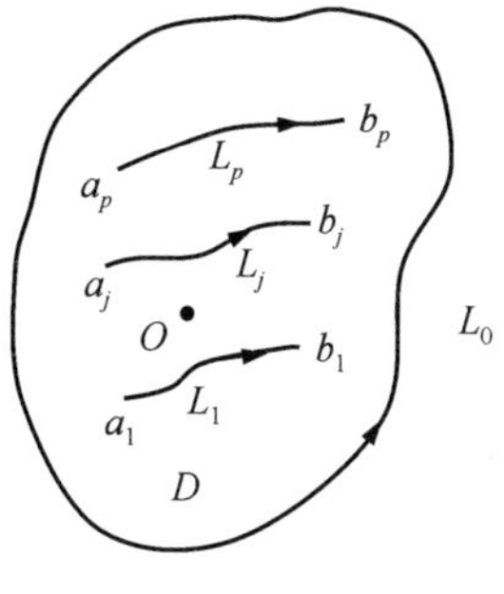

图 4.11 多裂纹有界区域

以 $X_n^+(t)+iY_n^+(t)$ 表示 L_j 的正侧外应力，$X_n^-(t)+iY_n^-(t)$ 表示其负侧外应力，于是在 L_j 两侧的外应力主矢量分别为

$$X_j^+ + iY_j^+ = \int_{L_j} (\boldsymbol{X}_n^+ + i\boldsymbol{Y}_n^+) \, \mathrm{d}s$$

$$\boldsymbol{X}_j^- + i\boldsymbol{Y}_j^- = \int_{L_j} (\boldsymbol{X}_n^- + i\boldsymbol{Y}_n^-) \, \mathrm{d}s$$

合主矢量则为

$$\boldsymbol{X}_j + i\boldsymbol{Y}_j = (\boldsymbol{X}_j^+ + i\boldsymbol{Y}_j^+) + (X_j^- + i\boldsymbol{Y}_j^-) , \ j=1, \, 2, \, \cdots, \, p \tag{4.5.32}$$

L_0 上的外应力主矢量记为

$$\boldsymbol{X}_0 + i\boldsymbol{Y}_0 = \int_{L_0} (\boldsymbol{X}_n + i\boldsymbol{Y}_n) \, \mathrm{d}s \tag{4.5.33}$$

由平衡条件，得

$$\boldsymbol{X} + i\boldsymbol{Y} = \sum_{j=0}^{p} (\boldsymbol{X}_j + \boldsymbol{Y}_j) = 0 \tag{4.5.34}$$

若 D 为无限区域，L_0 不存在，则各裂纹上外应力的合主矢量

$$\boldsymbol{X} + i\boldsymbol{Y} = \sum_{j=0}^{p} (\boldsymbol{X}_j + \boldsymbol{Y}_j) \tag{4.5.34$'$}$$

一般不必为零，外应力合主力矩也可以不为零.

在所研究的这类裂纹弹性区域上，复应力函数 $\varphi(z)$、$\psi(z)$ 显然是多值函数. 为了分离出 $\varphi(z)$、$\psi(z)$ 的多值部分且 $\varphi'(z)$、$\psi'(z)$ 不会在端点 $(a_j, \ b_j)$ 处出现一阶奇异性，可引进以下辅助函数：

$$\zeta_j(z) = \frac{\sqrt{\dfrac{z-a_j}{z-b_j}} + 1}{\sqrt{\dfrac{z-a_j}{z-b_j}} - 1} , \ j=1, \, 2, \, \cdots, \, p \tag{4.5.35}$$

其中根式已在沿 L_j 剖开的平面中取定一支，使得

$$\lim_{z \to \infty} \sqrt{\frac{z-a_j}{z-b_j}} = 1 \tag{4.5.36}$$

$\zeta_j(z)$ 将上述剖开的平面共形映射到 ζ_j 平面中某一区域 Δ_j 的外部，使 $\zeta_j(\infty)=\infty$.

这时 $\zeta_j=0$ 必在 Δ_j 的内部，因为不可能有 $\zeta_j(z)=0$，除非 $\sqrt{\dfrac{(z-a_j)}{(z-b_j)}}=-1$，但这只有在

$z = \infty$ 时根式取另外一支时才行. 因此, 当 z 从 a_j 沿 L_j 的正侧到达 b_j, 再从 b_j 沿 L_j 的负侧回到 a_j 时, $\zeta_j(z)$ 必以顺时针方向绕过 $\zeta_j = 0$ 一周. 如此, 便能得到类似于式 (4.4.5) 的复应力函数表达式:

$$
\begin{cases}
\varphi(z) = -\dfrac{1}{2\pi(1+k)}\sum_{j=1}^{p}(X_j + iY_j)\ln\zeta_j(z) + \varphi_0(z) \\[3mm]
\psi(z) = \dfrac{k}{2\pi(1+k)}\sum_{j=1}^{m}(X_j - iY_j)\ln\zeta_j(z) + \psi_0(z)
\end{cases}
\tag{4.5.37}
$$

其中 $\ln\zeta_j(z)$ 已经取定确定的一支, 而 $\varphi_0(z)$ 和 $\psi_0(z)$ 在 D 中单值, 因而单值解析.

由于

$$
\frac{\mathrm{d}}{\mathrm{d}z}\big[\ln\zeta_j(z)\big] = \frac{1}{\sqrt{(z-a_j)(z-b_j)}}
\tag{4.5.38}
$$

在 a_j、b_j 处有 $1/2$ 阶的奇异性, 故 $\varphi_0(z)$、$\psi_0(z)$ 在 a_j、b_j 处仍然至多只有不到一阶的奇异性.

当 D 为无限区域时, 则存在和无穷远处应力及转角有关的常数 Γ 与 Γ'. 按 4.4 节所述方法可得复应力函数表达式为

$$
\begin{cases}
\varphi(z) = -\dfrac{1}{2\pi(1+k)}\sum_{j=1}^{p}(X_j + iY_j)\ln\zeta_j(z) + \Gamma z + \varphi_0(z) \\[3mm]
\psi(z) = \dfrac{k}{2\pi(1+k)}\sum_{j=1}^{m}(X_j - iY_j)\ln\zeta_j(z) + \Gamma' z + \psi_0(z)
\end{cases}
\tag{4.5.39}
$$

并且 $\varphi_0(\infty)$ 与 $\psi_0(\infty)$ 均有限.

确定了裂纹情形下区域复应力函数的具体形式, 就可以求解相应的弹性问题. 由于复应力函数按区域是有限还是无限的在形式上有一些差异, 故相应解法也有一定差异. 下面以无限区域为例, 介绍路见可教授给出的一种较为一般化的解法 (参阅文献[12]).

2. 带裂纹的无限平面的求解

1) 带裂纹无限平面的第一基本问题

设 D 是全平面中存在 p 条裂纹 L_1，L_2，$\cdots$，L_p 的弹性区域, 已知各裂纹上正、负两侧的外应力 $X_n^{\pm}(t) + iY_n^{\pm}(t)$, 且已知 ∞ 处的应力与转角, 即已知 Γ 和 Γ', 求弹性平衡.

类似于式 (4.3.5), 在 L_j 正、负侧上分别定义函数 $f^{\pm}(t)$ 如下:

$$
f_j^{+}(t) = i\int_{a_j}^{t}(X_n^{+} + iY_n^{+})\,\mathrm{d}s, \quad t \in L_j
\tag{4.5.40}
$$

$$f_j^-(t) = i\int_{a_j}^t (X_n^+ + iY_n^+)\, ds + i\int_{b_j}^t (X_n^- + iY_n^-)\, ds$$

$$= f_j^+(b_j) + i\int_{b_j}^t (X_n^- + iY_n^-)\, ds$$

$$= i(X_j + iY_j) - i\int_{b_j}^t (X_n^- + iY_n^-)\, ds \qquad (4.5.41)$$

其中 s 是 L_j 上的弧长参数，于是有

$$f_j^+(a_j) = 0, \ f_j^-(b_j) = f_j^+(b_j)$$

又因为

$$f_j^-(a_j) = i(X_j + iY_j)$$

表示为 L_j 两侧外应力的合主矢量乘以 i，于是由第一基本问题的条件，研究的目标即是求解下列边值问题：

$$\left.\begin{array}{l} \varphi^+(t) + t\overline{\varphi'^+(t)} + \overline{\psi^+(t)} = f_j^+(t) + C_j^+ \\ \varphi^-(t) + t\overline{\varphi'^-(t)} + \overline{\psi^-(t)} = f_j^-(t) + C_j^- \end{array}\right\}, \ t \in L_j, \ j = 1, 2, \cdots, p \qquad (4.5.42)$$

式中 C_j^+，C_j^- 为某些常数.

在 L_j 邻近作一封闭围线 Λ_j，如图 4.12 所示，使 L_j 在围线中，其余裂纹在围线外，取定顺时针方向为围线的正向，由平衡条件得

$$[\varphi(z) + z\overline{\varphi'(z)} + \overline{\psi(z)}]_{\Lambda_j} = i(X_j + iY_j) \qquad (4.5.43)$$

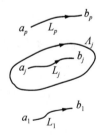

图 4.12　裂纹及正向闭围线

令 Λ_j 向 L_j 收缩，则上式左边为

$$[\varphi^+(t) + t\overline{\varphi'^+(t)} + \overline{\psi^+(t)}]_{L_j} - [\varphi^-(t) + t\overline{\varphi'^-(t)} + \overline{\psi^-(t)}]_{L_j}$$

$$= [f_j^+(b_j) - f_j^+(a_j)] - [f_j^-(b_j) - f_j^-(a_j)]$$

$$= f_j^-(a_j)$$

以上等式成立须满足以下条件：

$$\left[\varphi^{\pm}(t)+t\overline{\varphi'^{\pm}(t)}+\overline{\psi^{\pm}(t)}\right]_{t=b_j}=f_j^{\pm}(t)+C_j^{\pm}$$

该等式两侧必须彼此相等，因此 $C_j^+=C_j^-$（为简便计，后续就记为 $C_j=C_j^{\pm}$），这实际上就要求 t 绕过 b_j 时应连续变化.

此时，式(4.5.42)就可统一地写为

$$\varphi^{\pm}(t)+t\overline{\varphi'^{\pm}(t)}+\overline{\psi^{\pm}(t)}=f^{\pm}(t)+C(t),\ t\in L \tag{4.5.42'}$$

其中在 $t\in L_j$ 上，$f^{\pm}(t)=f_j^{\pm}(t)$，$C(t)=C_j$.

将式(4.5.37)代入式(4.5.42$'$)，则得

$$\varphi_0^{\pm}(t)+t\overline{\varphi_0'^{\pm}(t)}+\overline{\psi_0^{\pm}(t)}=f_j^{\pm}(t)+\frac{1}{2\pi(k+1)}\sum_{k=1}^{p}(X_k+\mathrm{i}Y_k)[\ln\zeta_k^{\pm}(t)-$$

$$k\overline{\ln\zeta_k^{\pm}(t)}]+\frac{1}{2\pi(k+1)}\sum_{k=1}^{p}(X_k-\mathrm{i}Y_k)\overline{\left[\frac{\zeta_k'^{\pm}(t)}{\zeta_k^{\pm}(t)}\right]}-$$

$$(\Gamma+\overline{\Gamma})t-\overline{\Gamma'}\bar{t}+C_j \tag{4.5.44}$$

$$t\in L_j,\ j=1,2,\cdots,p$$

为方便起见，不失一般性，设 $X_j+\mathrm{i}Y_j=0$，$\Gamma=\Gamma'=0$，且 $\varphi(\infty)=\psi(\infty)=0$，此时 C_1，C_2，…，C_p 都是待定常数. 另外需要说明的是，在我们所有的讨论中，$f_j^{\pm}(t)$ 总假定是充分光滑的.

仿照之前求解边值问题的 Sherman 方法，将式(4.5.42$'$)的求解化为积分方程. 但因为 L_j 为开口弧段，此时的方程不再是 Fredholm 型的，而是一 Cauchy 核的奇异积分方程.

记

$$F(t)=f^+(t)-f^-(t),\ G(t)=f^+(t)+f^-(t) \tag{4.5.45}$$

则由前述可知

$$F(a_j)=F(b_j)=0,\ j=1,2,\cdots,p \tag{4.5.46}$$

引入未知函数 $\omega(t)$，使得

$$\varphi(z)=\frac{1}{2\pi\mathrm{i}}\int_L\frac{\omega(t)}{t-z}\mathrm{d}t \tag{4.5.47}$$

$$\psi(z)=-\frac{1}{2\pi\mathrm{i}}\int_L\frac{\overline{\omega(t)}}{t-z}\mathrm{d}t-\frac{1}{2\pi\mathrm{i}}\int_L\frac{\bar{t}\omega'(t)}{t-z}\mathrm{d}t+\frac{1}{2\pi\mathrm{i}}\int_L\frac{\overline{F(t)}}{t-z}\mathrm{d}t \tag{4.5.48}$$

假定

$$\omega(a_j)=\omega(b_j)=0,\ j=1,2,\cdots,p \tag{4.5.49}$$

利用 Plemelj 公式，将式(4.5.47)、式(4.5.48)代入式(4.5.42$'$)中取正边值的等式并分部

积分，注意到式(4.5.49)，便得

$$K_1\omega \equiv \frac{1}{\pi i}\int_L \frac{\omega(t)}{t-t_0}dt - \frac{1}{2\pi i}\int_L \omega(t)d\ln\frac{t-t_0}{\bar{t}-\bar{t_0}} - \frac{1}{2\pi i}\int_L \overline{\omega(t)}d\frac{t-t_0}{\bar{t}-\bar{t_0}}$$

$$= f_0(t_0) + C(t_0), \quad t_0 \in L \tag{4.5.50}$$

其中

$$f_0(t_0) = \frac{1}{2\pi i}\int_L \frac{F(t)}{\bar{t}-\bar{t_0}}d\bar{t} + \frac{1}{2}G(t_0) \tag{4.5.51}$$

如果将式(4.5.47)、式(4.5.48)代入式(4.5.42′)中取负边值的等式，经化简后仍然可得到方程(4.5.50). 故边值问题就转化为求解正则型奇异积分方程(4.5.50). 当然，就此展开研究的首要任务是要探明方程解的存在与唯一性问题. 以下将证明方程(4.5.50)在有界类 h_{2p} 中(即对于这里所研究的对象，$\omega(a_j)$ 和 $\omega(b_j)$ 均有限)可解，且解唯一.

当设定各裂纹处无外应力，在 $z=\infty$ 也无应力与旋转，并且各个 C_j 均取零值时，可以得到齐次方程

$$K_1\omega = 0$$

设此时有一个解 $\omega(t)$，又因为 $\varphi(\infty)=\psi(\infty)=0$，由基本问题解的唯一性定理(参阅文献[12]附录1)，则应有 $\varphi(z)=\psi(z)=0$. 因此在整个 L 上 $\varphi^\pm(t)=0$，从而有

$$\omega(t) = \varphi^+(t) - \varphi^-(t) = 0, \quad t \in L$$

也就是式(4.5.50)的齐次方程在 h_{2p} 类中线性无关解的个数 $l=0$. 由于式(4.5.50)是第一型奇异积分方程，故按积分方程经典理论易知，该积分方程在 h_{2p} 类中的指标 $k=-p$，故其相联方程

$$K'_1\sigma \equiv -\frac{1}{\pi i}\int_L \frac{\sigma(t)}{t-t_0}dt - \frac{1}{2\pi i}\int_L \sigma(t)d\ln\frac{t-t_0}{\bar{t}-\bar{t_0}} - \frac{1}{2\pi i}\int_L \overline{\sigma(t)}d\frac{t-t_0}{\bar{t}-\bar{t_0}} = 0 \tag{4.5.52}$$

在 h_0 类中(即允许 $\sigma(t)$ 在 a_j、b_j 处可以有不到一阶的奇异性)共有 $l'=l-2k=2p$ 个线性无关解 σ_1，σ_2，$\cdots$，σ_{2p}，$j=1,2,\cdots,2p$，且式(4.5.50)可解且解唯一的充要条件为

$$\text{Re}\int_L [f_0(t)+C(t)]\sigma_j(t)dt = 0, \quad j=1,2,\cdots,2p \tag{4.5.53}$$

下面我们来证明该条件成立.

分离 C_j 的实部与虚部，则 $C(t)$ 中共有 $2p$ 个实待定常数 δ_1，δ_2，$\cdots$，δ_{2p}. 如此式(4.5.50)实则为关于 δ_1，δ_2，$\cdots$，δ_{2p} 的一个实线性方程组：

$$\sum_{k=1}^{2p} \gamma_{jk}\delta_k = \text{Re}\int_L f_0(t)\sigma_j(t)dt, \quad j=1,2,\cdots,2p \tag{4.5.54}$$

其中(γ_{jk})是一个实常数矩阵,只与$\sigma_j(t)$有关,而与$f_0(t)$无关.

设L_j上无外应力,无穷远处无应力、无转动,于是$f_0(t)=0$,由此式(4.5.54)成为一个齐次方程组,设此时它有一组解δ_1^0,δ_2^0,…,δ_{2p}^0,于是可得一组复常数C_1^0,C_2^0,…,C_p^0满足式(4.5.53),因而有

$$K_1\omega = C^0(t)\,(\text{当 } t\in L_j \text{ 时},\ C^0(t)=C_j^0)$$

有唯一解$\omega^0(t)$.再由式(4.5.43)、式(4.5.44)可计算出$\varphi^0(z)$和$\psi^0(z)$,它们必满足边值条件

$$\varphi^{0\pm}(t)+\overline{t\varphi^{0'\pm}(t)}+\overline{\psi^{0\pm}(t)}=C^0(t),\ t\in L \tag{4.5.55}$$

且$\varphi^0(\infty)=\psi^0(\infty)=0$.由唯一性定理,立刻得到$\varphi^0(z)=\psi^0(z)=0$.于是由式(4.5.55)知$C_j^0=0$,从而所有$\delta_j^0=0$.如此就证明了当方程(4.5.54)右侧对所有$j=1,2,\cdots,2p$均为 0 时,只有零解,也即$\det(\gamma_{jk})\neq 0$.

2)带裂纹无限平面的第二基本问题

讨论第二基本问题时基于相同的弹性区域D,D满足的条件和前述完全一致,示意图亦参照图 4.12.现在假定已知L两侧的位移为

$$g^{\pm}(t)=u_j^{\pm}(t)+\mathrm{i}v_j^{\pm}(t),\ t\in L_j$$

且Γ',Γ也已知.由位移的连续性,须要求

$$\begin{cases} g^+(a_j)=g^-(a_j), \\ g^+(b_j)=g^-(b_j), \\ j=1,2,\cdots,p \end{cases} \tag{4.5.56}$$

此外,还应要求在整个L上外应力主矢量$X+\mathrm{i}Y$是已知的,但各条裂纹上两侧的外应力合主矢量$X_j+\mathrm{i}Y_j$是未知的,只是有一条约束条件(式 4.5.34′)须满足,故实际上有$2p-2$个待定常数,例如X_1,Y_1,…,X_{p-1},Y_{p-1}.

第二基本问题可以化为应力函数$\varphi(z)$和$\psi(z)$的边值问题:

$$-k\varphi^{\pm}(t)+\overline{t\varphi^{'\pm}(t)}+\overline{\psi^{\pm}(t)}=f^{\pm}(t),\ t\in L \tag{4.5.57}$$

此处已经令

$$f^{\pm}(t)=-2\mu g^{\pm}(t) \tag{4.5.58}$$

将式(4.5.37)代入式(4.5.57),便得到

$$-k\varphi^{\pm}(t)+t\overline{\varphi^{'\pm}(t)}+\overline{\psi^{\pm}(t)}=f^{\pm}(t)-\frac{k}{\pi(k+1)}\sum_{k=1}^{p}(X_k+iY_k)\ln|\zeta_k^{\pm}(t)|+$$

$$\frac{t}{2\pi(k+1)}\sum_{k=1}^{p}(X_k-iY_k)\overline{\left[\frac{\zeta_k^{'\pm}(t)}{\zeta_k^{\pm}(t)}\right]}+$$

$$(k\Gamma-\overline{\Gamma})t-\overline{\Gamma'}\bar{t}$$

为了使应力函数唯一，可以补充限制条件，如

$$\varphi_0(\infty)=0 \tag{4.5.59}$$

若按式(4.5.59)取限制条件，则相应的 $\psi_0(\infty)$ 只要求有限即可，不必取定为具体值.
不失一般性，仍然假定 $\Gamma=\Gamma'=0$. 由此，上述边值问题可写为

$$-k\varphi_0^{\pm}(t)+t\overline{\varphi_0^{'\pm}(t)}+\overline{\psi_0^{\pm}(t)}=f^{\pm}(t)-\frac{k}{\pi(k+1)}\sum_{k=1}^{p}(X_k+iY_k)\ln|\zeta_k^{\pm}(t)|+$$

$$\frac{t}{2\pi(k+1)}\sum_{k=1}^{p}(X_k-iY_k)\overline{\left[\frac{\zeta_k^{'\pm}(t)}{\zeta_k^{\pm}(t)}\right]},\ t\in L \tag{4.5.60}$$

其中含有 $2p-2$ 个实待定常数.

注意到当 $t\in L_k$ 时，$\zeta_k^{+}(t)=\dfrac{1}{\zeta_k^{-}(t)}$，因此 $\ln|\zeta_k^{+}(t)|=-\ln|\zeta_k^{-}(t)|$，而 $\dfrac{\zeta_k^{'+}(t)}{\zeta_k^{+}(t)}=$

$-\dfrac{\zeta_k^{'-}(t)}{\zeta_k^{-}(t)}$.

记

$$\begin{cases} F(t)=F_j^{*}(t)+\dfrac{X_j-iY_j}{\pi(k+1)}\dfrac{t}{\overline{\sqrt{(t-a_j)(t-b_j)}}} \\[3mm] G(t)=f_j^{+}(t)+f_j^{-}(t)-\dfrac{2k}{\pi(k+1)}\sum_{k\neq j}(X_k+iY_k)\ln|\zeta_k^{+}(t)|+ \\[3mm] \qquad \dfrac{t}{\pi(k+1)}\sum_{k\neq j}\dfrac{X_k-iY_k}{\overline{\sqrt{(t-a_k)(t-b_k)}}} \end{cases} \tag{4.5.61}$$

其中 $\sqrt{(t-a_k)(t-b_k)}$ 是函数 $\sqrt{(z-a_k)(z-b_k)}$ 当 $z=t\in L_j(k\neq j)$ 时的值，并且

$$F^{*}(t)=F_j^{*}(t)$$

$$=F_j^{+}(t)-F_j^{-}(t)-\frac{2k}{\pi(k+1)}(X_j+iY_j)\ln|\zeta_k^{+}(t)|,\ t\in L_j \tag{4.5.62}$$

引进未知函数 $\omega(t)$，使

$$\varphi_0(z) = \frac{1}{2\pi i}\int_L \frac{\omega(t)}{t-z}dt \tag{4.5.63}$$

因 $\psi_0(\infty) = \delta_1 + i\delta_2$ 不能事先给定，故代替式(4.5.48)，令

$$\psi_0(z) = \frac{k}{2\pi i}\int_L \frac{\overline{\omega(t)}}{t-z}dt - \frac{1}{2\pi i}\int_L \frac{\bar{t}\overline{\omega'(t)}}{t-z}dt + \frac{k}{2\pi i}\int_L \frac{\overline{F(t)}}{t-z}dt + \delta_1 + i\delta_2 \tag{4.5.64}$$

其中 δ_1，δ_2 为待定常数，计算化简后，可得奇异积分方程：

$$K_2\omega \equiv \frac{1}{\pi i}\int_L \frac{\omega(t)}{t-t_0}dt - \frac{1}{2\pi i}\int_L \omega(t)d\ln\frac{t-t_0}{\bar{t}-\bar{t}_0} + \frac{1}{2k\pi i}\int_L \overline{\omega(t)}d\frac{t-t_0}{\bar{t}-\bar{t}_0}$$

$$= -\frac{1}{2k\pi i}\int_L \frac{\overline{F(t)}}{\bar{t}-\bar{t}_0}d\bar{t} - \frac{1}{2k}G(t_0) + \frac{1}{k}(\delta_1 - i\delta_2) \tag{4.5.65}$$

这显然是一个第一型奇异积分方程，其右端含有 $2p$ 个待定实常数 X_1，Y_1，$\cdots$，X_{p-1}，Y_{p-1}，δ_1，δ_2，仍需在 h_{2p} 类中求解. 此方程当适当选取这些待定常数后，证明方法与求证方程(4.5.50)的类似性质所用方法基本一样.

第 5 章

共形映射方法与平面线弹性断裂问题的解析解

对于材料断裂问题，真正有影响的研究肇始于 1920 年格里菲斯(A. A. Griffith)的工作. 之后经过无数学者在这方面的努力探索，最终创建了具有重大现实意义的一门工程力学——断裂力学. 经过一个世纪的发展，断裂力学的内容已十分丰富且分支繁多，在宏观断裂力学方面，目前已经形成线弹性断裂力学(含静力学、动力学两个方面)、弹塑性断裂力学、线黏弹性断裂力学这三个主要方向，根据理论分析方法的差异，有时人们也将断裂动力学单列作为一个方向. 线弹性断裂力学以线弹性理论为基础，二十世纪六十年代初以来发展很快，尤其是二维线弹性断裂静力学理论，由于有平面弹性理论成熟而系统的方法支持，再加上理论分析相对简明，目前已经较为成熟，部分成果已工程化，并成功地运用于高强度材料、低温下工作器件等的断裂安全设计.

本章先从工程力学视角扼要介绍后续讨论中将涉及到的线弹性断裂力学的一些基本概念、术语，然后从数学力学角度讨论基于平面弹性理论的线弹性断裂问题的复变解法，重点讨论解析解及共形映射方法的应用.

5.1 线弹性断裂力学的一些基本概念及术语

在线弹性断裂力学中，总是假定直到断裂为止材料始终是弹性的，应力与应变之间始终满足线性关系，即服从虎克定律. 线弹性断裂力学主要用于解决裂纹存在下的材料脆性断裂问题，也可以处理裂纹尖端存在"小范围屈服"情形下的断裂问题，相关研究方法主要有能量平衡法、裂纹尖端的应力-应变分布分析法.

5.1.1　能量平衡理论

二十世纪二十年代初期，格里菲斯从能量守恒的观点出发，提出了裂纹失稳和扩展的条件：若裂纹扩展释放的弹性应变能克服材料阻力所做的功，则裂纹失稳扩展. 他还通过能量分析建立了脆性材料的断裂强度与裂纹尺寸间的关系：

$$\sigma_f = \sqrt{\frac{2E\gamma}{\pi a(1-\nu^2)}}$$

式中，σ_f 是断裂应力，E 是弹性模量，ν 是 Poisson 比，γ 是表面能，a 是裂纹尺寸. 格里菲斯的这个结果定量地展示出裂纹尺寸 a 对降低材料强度的影响，这也开启了现代断裂理论研究的先河.

1. 裂纹的类型

按裂纹在构件中的位置来划分，可将裂纹分为穿透型、表面型、埋藏型三种类型，但在断裂分析中更核心的问题是对裂纹附近应力、应变的分析，故通常按受力情况来划分，则裂纹可划分成所谓的张开型（Ⅰ型）、滑开型（Ⅱ型）、撕开型（Ⅲ型），如图 5.1 所示.

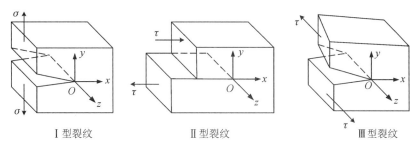

Ⅰ型裂纹　　　　　　Ⅱ型裂纹　　　　　　Ⅲ型裂纹

图 5.1　常见裂纹的类型

2. 能量释放率与 G 判据

设一个无限大的脆性板厚度为 B，如图 5.2 所示，将板拉长后，两端固定. 若板受均匀

拉伸应力 σ 作用，则板内单位体积储存的应变能为 $\dfrac{\sigma\varepsilon}{2}=\dfrac{\sigma^2}{2E}$. 若在板中心割开一裂纹，长度为 $2a$，由于裂纹表面应力消失，故释放出部分弹性应变能，考虑平面应力状态，则这部分能量为

$$U=\frac{\pi\sigma^2 a^2 B}{E} \tag{5.1.1}$$

该部分减少的能量可由解答平面弹性理论问题（关于椭圆孔问题）计算出来.

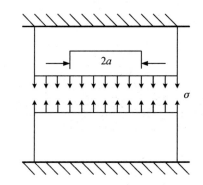

图 5.2 均匀拉应力作用下的无限大脆性板

裂纹扩展形成新的表面需要吸收能量，这部分能量可表示为

$$S=4aB\gamma \tag{5.1.2}$$

式中，γ 为形成单位面积表面所需的表面能，$4aB$ 为裂纹上、下两表面的面积总和.

应变能释放率 $\dfrac{\mathrm{d}U}{\mathrm{d}A}$ 与形成新表面所需吸收的能量率 $\dfrac{\mathrm{d}S}{\mathrm{d}A}$ 之间的大小关系决定了裂纹的状况，具体如下：

$$\begin{cases} \dfrac{\mathrm{d}}{\mathrm{d}A}(U-S)>0，裂纹不稳定 \\[2mm] \dfrac{\mathrm{d}}{\mathrm{d}A}(U-S)=0，临界状态 \\[2mm] \dfrac{\mathrm{d}}{\mathrm{d}A}(U-S)<0，裂纹稳定 \end{cases} \tag{5.1.3}$$

以 $G=\dfrac{\mathrm{d}U}{\mathrm{d}A}$ 代表应变能释放率，$G_c=\dfrac{\mathrm{d}S}{\mathrm{d}A}$ 代表吸收的能量率，则临界条件为

$$G_k = G_{kC} \tag{5.1.4}$$

其中 $k=\mathrm{I}$，II，III，代表裂纹的类型.

例如，对于图 5.2 所示应力状况的脆性材料裂纹(即 I 型裂纹，参见图 5.1)，有

$$G_{\mathrm{I}} = \frac{\mathrm{d}U}{\mathrm{d}A} = \frac{\sigma^2 \pi a}{E} \tag{5.1.5}$$

$$G_{\mathrm{I}C} = \frac{\mathrm{d}S}{\mathrm{d}A} = 2\gamma \tag{5.1.6}$$

结合临界条件，可得临界应力为

$$\sigma_C = \sqrt{\frac{2E\gamma}{\pi a}} \tag{5.1.7}$$

上式表示无限大平板在平面应力状态下，长为 $2a$ 的 I 型裂纹失稳扩展时拉应力的临界值，也称为裂纹平板的剩余强度. 式(5.1.7)也可以改写成临界裂纹长度的形式：

$$a_C = \frac{2E\gamma}{\pi\sigma^2} \tag{5.1.8}$$

上式表示无限大平板在工作应力 σ 下，裂纹的临界长度.

式(5.1.4)中的 G_{kC} 实际上是材料常数，工程应用中一般可通过实验来确定.

断裂分析中，人们习惯上把这种由 G 与 G_C 的关系来判断裂纹稳定状态的方式称作"G 判据"，然而 G 是一个整体量，是由位移与应力综合而得到的，故实际计算时较为困难，虽然后续伊尔文(G. R. Irwin)等学者为了克服这些困难发明了一些计算分析技巧，但"G 判据"在工程实践中的应用始终不如另一种所谓的"K 判据"广泛(虽然这两种判据本质上是等价的). 对裂纹稳定状态按"K 判据"来分析的方法须基于裂纹尖端应力-应变的分析，它与弹性理论密切相关. 下面通过一些较为特殊的情形进行讨论.

5.1.2　典型应力状态下裂纹尖端附近的应力场及位移场的解析解

1. 一种 I 型裂纹尖端附近的应力及位移

设一个无限大平板，其中心有一条穿透型裂纹，该裂纹长为 $2a$ 且受双轴拉应力作用，如图 5.3 所示，那么此种情形下裂纹附近的应力分布、应变分布(亦即应力场、应变场)是怎样的呢？借助于平面弹性理论可以给出这个问题的完美解答.

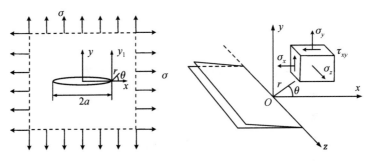

图 5.3　双轴拉伸下的裂纹及其应力状态

以下是按所谓的 Westergard 方法获得的 Ⅰ 型裂纹尖端附近应力场、位移场的完整解：

$$
\begin{cases}
\sigma_x = \dfrac{K_{\mathrm{I}}}{\sqrt{2\pi r}}\cos\dfrac{\theta}{2}\left(1-\sin\dfrac{\theta}{2}\sin\dfrac{3\theta}{2}\right)\\[3mm]
\sigma_y = \dfrac{K_{\mathrm{I}}}{\sqrt{2\pi r}}\cos\dfrac{\theta}{2}\left(1+\sin\dfrac{\theta}{2}\sin\dfrac{3\theta}{2}\right)\\[3mm]
\tau_{xy} = \dfrac{K_{\mathrm{I}}}{\sqrt{2\pi r}}\cos\dfrac{\theta}{2}\sin\dfrac{\theta}{2}\cos\dfrac{3\theta}{2}\\[3mm]
\tau_{xz} = \tau_{yz} = 0\\[2mm]
\sigma_z = \nu(\sigma_x+\sigma_y)\quad\text{（平面应变状态）}\\[2mm]
\sigma_z = 0\quad\text{（平面应力状态）}
\end{cases}
\tag{5.1.9}
$$

$$
\begin{cases}
u = \dfrac{2(1+\nu)K_{\mathrm{I}}}{4E}\sqrt{\dfrac{r}{2\pi}}\left[(2k-1)\cos\dfrac{\theta}{2}-\cos\dfrac{3\theta}{2}\right]\\[3mm]
v = \dfrac{2(1+\nu)K_{\mathrm{I}}}{4E}\sqrt{\dfrac{r}{2\pi}}\left[(2k-1)\sin\dfrac{\theta}{2}-\sin\dfrac{3\theta}{2}\right]\\[3mm]
w = 0\quad\text{（平面应变状态）}\\[2mm]
w = -\dfrac{\nu}{E}\displaystyle\int(\sigma_x+\sigma_y)\,\mathrm{d}z\quad\text{（平面应力状态）}
\end{cases}
\tag{5.1.10}
$$

式中，r,θ 为裂纹尖端附近点的极坐标；u,v,w 为位移分量；σ_x，σ_y，τ_{xy}，τ_{xz}，τ_{yz} 为应力分量；E 为弹性模量；

$$
k = \begin{cases}
3-4\nu\quad\text{（平面应变状态）}\\[3mm]
\dfrac{3-\nu}{1+\nu}\quad\text{（平面应力状态）}
\end{cases}
\tag{5.1.11}
$$

公共系数 K_I 在无限大平板存在中心穿透裂纹并受双轴拉应力的情况下为

$$K_I = \sigma \sqrt{\pi a} \tag{5.1.12}$$

注记 5.1.1　Westergard 方法实际上是求解平面弹性问题的一种特殊的复变函数方法，该方法常用于一些特殊问题求解，其过程简单，结论较完美，在断裂力学发展的初期阶段发挥过积极作用.

2. 一种 Ⅱ 型裂纹尖端附近的应力及位移

设一个无限大平板具有长为 $2a$ 的穿透型裂纹，无穷远处受剪应力作用，如图 5.4 所示.

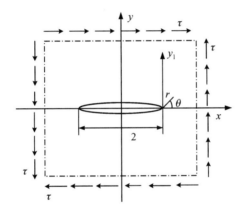

图 5.4　无穷远处受剪切作用的裂纹模型

按平面弹性理论的反平面问题求解，其解法与 Ⅰ 型裂纹基本相同，所得到的裂纹附近应力场和位移场表达式如下：

$$
\begin{cases}
\sigma_x = \dfrac{-K_{\Ⅱ}}{\sqrt{2\pi r}} \sin\dfrac{\theta}{2}\left(2+\cos\dfrac{\theta}{2}\sin\dfrac{3\theta}{2}\right) \\[2mm]
\sigma_y = \dfrac{K_{\Ⅱ}}{\sqrt{2\pi r}} \sin\dfrac{\theta}{2}\cos\dfrac{\theta}{2}\cos\dfrac{3\theta}{2} \\[2mm]
\tau_{xy} = \dfrac{K_{\Ⅱ}}{\sqrt{2\pi r}} \cos\dfrac{\theta}{2}\left(1-\sin\dfrac{\theta}{2}\sin\dfrac{3\theta}{2}\right) \\[2mm]
\tau_{xz} = \tau_{yz} = 0 \\[2mm]
\sigma_z = \nu(\sigma_x + \sigma_y) \quad \text{（平面应变状态）} \\[2mm]
\sigma_z = 0 \quad \text{（平面应力状态）}
\end{cases}
\tag{5.1.13}
$$

$$\begin{cases} u = \dfrac{2(1+\nu)K_{\mathrm{II}}}{4E}\sqrt{\dfrac{r}{2\pi}}\left[(2k+3)\sin\dfrac{\theta}{2}+\sin\dfrac{3\theta}{2}\right] \\[4mm] v = \dfrac{2(1+\nu)K_{\mathrm{II}}}{4E}\sqrt{\dfrac{r}{2\pi}}\left[(2k-2)\cos\dfrac{\theta}{2}+\cos\dfrac{3\theta}{2}\right] \\[4mm] w = 0 \quad (\text{平面应变状态}) \\[4mm] w = -\dfrac{\nu}{E}\displaystyle\int(\sigma_x+\sigma_y)\,\mathrm{d}z \quad (\text{平面应力状态}) \end{cases} \tag{5.1.14}$$

$$K_{\mathrm{II}} = \tau\sqrt{\pi a} \tag{5.1.15}$$

各式中符号意义同式(5.1.9)、式(5.1.10).

3. 一种Ⅲ型裂纹尖端附近的应力及位移

设一个无限大平板中穿透裂纹长为 $2a$，在无限远处受沿 z 轴方向的均匀剪切应力，如图 5.5 所示，其位移特点是 $u=v=0$，只有沿 z 轴方向的位移 $w(x,y)$ 不为 0，这实际上就是所谓的反平面应变问题、纯剪切变形问题.

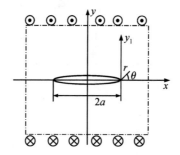

图 5.5   无穷远处垂直于裂纹面受均匀剪切的裂纹模型

按平面弹性力学反平面问题求解，得裂纹尖端附近应力场及位移场表达式如下：

$$\begin{cases} \tau_{xz} = -\dfrac{K_{\mathrm{III}}}{\sqrt{2\pi r}}\sin\dfrac{\theta}{2} \\[4mm] \tau_{zy} = \dfrac{K_{\mathrm{III}}}{\sqrt{2\pi r}}\cos\dfrac{\theta}{2} \\[4mm] \sigma_x = \sigma_y = \sigma_z = \tau_{xy} = 0 \end{cases} \tag{5.1.16}$$

$$\begin{cases} w = \dfrac{K_{\mathrm{III}}2(1+\nu)}{E}\sqrt{\dfrac{2r}{\pi}}\sin\dfrac{\theta}{2} \\[4mm] v = u = 0 \end{cases} \tag{5.1.17}$$

$$K_{\text{III}} = \tau \sqrt{\pi a} \tag{5.1.18}$$

各式中符号意义同式(5.1.9)、式(5.1.10).

4. 应力强度因子

前面就无限大平板中三种穿透型裂纹尖端附近的应力场、位移场按平面弹性理论求得解析解, 所得结果具有某种相似性. 下面将三种情形下的应力场、位移场统一表示成以下形式:

$$\sigma_{ij}^{(k)} = \frac{K_k}{\sqrt{2\pi r}} f_{ij}^{(k)}(\theta) \tag{5.1.19}$$

$$u_i^{(k)} = K_k \sqrt{\frac{r}{\pi}} g_i^{(k)}(\theta) \tag{5.1.20}$$

式中, $\sigma_{ij}(i, j=1, 2, 3)$ 表示应力分量; $u_i(i=1, 2, 3)$ 表示位移分量; $k=\text{I}, \text{II}, \text{III}$; θ, r 分别为极坐标的极角及极径.

显然, 每种情况下裂纹的相应位移场、应力场的表达式中均出现了公共系数 K_k, 这表明该系数对裂纹场的刻画具有某种标示作用, 习惯上将该系数称为"裂纹尖端的应力强度因子", 简称应力强度因子, 其国际单位为 $\text{N} \cdot \text{m}^{-3/2}$, 常用单位为 $\text{kg} \cdot \text{mm}^{-3/2}$.

应力场公式(5.1.19)表明:

(1) 在裂纹尖端, 即 $r=0$ 处, 应力将趋于无限大, 也就是应力在裂纹尖点出现奇异性;

(2) 应力强度因子在裂纹尖端是有限量;

(3) 裂纹尖端附近区域的应力分布是关于 θ 及 r 的函数, 与无限远处的应力及裂纹长无关.

从以上裂纹尖端附近应力场的特点可以看出, 用应力作为参量来建立传统的强度条件是没有意义的. 但是, 应力强度因子是有限量, 它不代表某一点的应力, 而是表征应力场强度的一个力学参量, 用其作为参数来建立断裂破坏条件是恰当的.

应力强度因子一般可写为

$$K_k = Y\sigma\sqrt{\pi a} \tag{5.1.21}$$

式中, $K=\text{I}、\text{II}、\text{III}$; σ 为名义应力(裂纹处按无裂纹计算时的应力); a 为裂纹尺寸(裂纹长或深); Y 为形状系数(与裂纹大小、位置有关).

可以证明应力强度因子与能量释放率满足以下关系:

$$\begin{cases} G_{\text{I}} = \dfrac{K_{\text{I}}^{2}}{E'} \\[3mm] G_{\text{II}} = \dfrac{K_{\text{II}}^{2}}{E'} \\[3mm] G_{\text{III}} = \dfrac{(1+\nu)K_{\text{III}}^{2}}{E} \end{cases} \tag{5.1.22}$$

式中，$E' = E$（平面应力状态）；$E' = \dfrac{E}{(1-\nu^{2})}$（平面应变状态）．

由此可见，K_{k} 不但表示裂纹尖端附近的应力场强度，而且其平方也确定着裂纹扩展时所释放的能量率，所以在讨论线弹性断裂问题时，应用 K_{k} 与 G_{k} 作为参数是等价的．

5. 脆性断裂的 *K* 判据

式(5.1.4)表明脆性裂纹失稳扩展的临界条件为

$$G_{k} = G_{kC}$$

若用应力强度因子表示裂纹失稳扩展的临界条件，则从式(5.1.22)可知，应为

$$K_{k} = K_{kC} \tag{5.1.23}$$

式(5.1.23)称为脆性断裂的 K 准则，表明裂纹尖端的应力强度因子 K_{k} 达到某一临界值 K_{kC} 时，裂纹将失稳扩展．式中的 K_{kC} 与 G_{kC} 类似，是材料常数，称为材料的平面应变断裂韧度．在线弹性条件下，K_{kC} 与 G_{kC} 可由式(5.1.22)进行换算．

需要指出的是，K_{k} 与 K_{kC} 是两个不同的概念，应力强度因子 K_{k} 是由载荷和裂纹体形状与尺寸决定的量，是表示裂纹尖端应力场强度的一个参量，可以基于弹性理论的方法进行计算；而断裂韧度 K_{kC} 是材料的一种机械性能，表示材料抵抗脆性断裂的能力，由试验来测定．

以上基于能量平衡的"G 判据法"、裂纹尖端的应力-应变场分析的"K 判据法"是近几十年来断裂力学理论发展和应用的主流，在此背景下断裂力学的发展也很快，特别是断裂静力学部分趋于成熟，不过也有人持不同的看法．在断裂分析中裂纹模型的建构及断裂判据的确立方面，我国著名学者陈篪曾提出了不同的见解，他认为数学上的尖裂纹在自然界是不存在的，即使在加载前，裂纹的理论尖度表现在顶端的曲率半径上也最多只能达到原子间距的数量级，而实际材料中裂纹的产生也总是以一定的塑性应变为先导的，故裂纹顶端的钝化不可免，并且真实裂纹面之间也并非零距离而是有一定宽度的．既然如此，裂纹尖端的实际应力与应变不具备数学意义上的尖裂纹的奇异性，它们必为有界量，而一旦裂

纹顶端的应力应变有界, 那么裂纹扩展的判据理应由有界的应力应变来表达, 因而裂纹扩展的判据就无法回避它和经典强度理论之间的关系. 基于这种观点, 陈篱率先给出了一种实际钝裂纹建模的思路, 即以实验中所观察到的裂纹形状来构建裂纹分析模型, 然后对其进行相应的实验和理论研究, 从而给出裂纹扩展的判据, 这也就是所谓的"非奇异性断裂分析"(参阅文献[14]).

　　本书不讨论"非奇异性断裂分析"问题, 但这里提到陈篱的观点, 不仅是因为现行的理想裂纹模型(即带有尖端的裂纹)导致的奇异性可能与实际裂纹并不相符, 也是由于这种尖裂纹模型会使得使用数学方法求解时遇到一些麻烦. 比如第 6 章中在用共形变换法求解动态扩展裂纹问题时, 要求映射函数及其导数连续到边界上, 尖裂纹则导致了这种连续延拓不能直接实现, 如按第 4 章的处理方法则整个论证策略会有较大的变化, 过程也会变得冗长. 若按钝裂纹来处理, 则数学分析方法可能有较大的不同, 某些环节也许较传统方法更简单, 从这个意义上讲, 陈篱的观点是值得引起重视的.

5.2　线弹性断裂问题的解析解

　　前面已提到, 基于应力强度因子的"K 判据"法在脆性断裂分析中具有极重要的地位. 目前求应力强度因子的方法主要有解析法、数值方法和实验标定法. 虽然在工程应用层面上, 求应力强度因子采用数值解法的重要性是毋庸置疑的, 但传统的通过对裂纹场进行解析求解来获得应力强度因子的方法仍然有其不可替代的作用和地位. 解析解的特点是针对相对简单的一般性对象获得精确解或近似解, 这些解答结论中往往蕴含一些普适性、规律化的信息, 通过对这些信息的分析能得到许多本质的东西, 实际上已经获得的精确解析解也经受住了时间的检验, 在断裂分析的理论和实践中其重要价值已经得到了验证.

　　带裂纹弹性域的求解问题实际上是多连通弹性域边值问题求解的一种特殊情形, 如以复变方法求解, 第 4 章中已介绍了路见可教授给出的一种方法轮廓, 该方法是直接按多连通弹性域的普遍求解方法并综合考虑裂纹的特殊几何构造来展开的, 该方法最终归结于解积分方程, 并且还是奇异型积分方程. 若想要获得问题的完整解析解, 针对一般情形用这种方法几乎不可能得到所需结果. 本章我们已经提到, 借助共形变换可以将一些复杂的平面弹性区域化为相对易于求解的特殊区域,在特殊区域上设法获得弹性问题的解,然后再求逆变换从而最终获得原问题的解. 在这方面穆斯赫利什维利倡导了一种有效的方法,即通过共形映射将某类单连通区域映射成圆域,然后由边界条件导出函数方程,当映射函数为某些特定类型时,通过解函数方程能够导致由 Cauchy 型积分表示的初等形式的完整解. 对于一般性的单连通区域也可以按 Muskhelishivili 方法求出近似解. 实践证明,基于平面弹性理论,用复变方法探究裂纹问题的解析求解时,共形映射的应用不失为一种有效的手段,虽然针对的对象始终较简单且理想化. 需要提到的是,采用共形映射的方法研究裂纹问题时,裂纹往往是作为平面上一般孔洞的极限情形来处理的,这和第 4 章就裂纹问题所做的一般性讨论比较,从研究对象上看有差异,第 4 章研究的是数字裂纹(或称为奇异性裂纹),从技术路径上看也略有不同.

5.2.1 Muskhelishivili 方法框架下裂纹问题的解析解

Muskhelishivili 方法的核心要点之一是要将 z 平面弹性区域共形映射到 ζ 平面单位圆域的内部或外部,这实际上就明确限定了所研究的孔洞区域是单连通的,对于多连通的情形只能采用其他方式(例如将寻求区域到圆域共形映射的问题等同于寻求某种 Green 函数问题的米赫林方法等). 穆斯赫利什维利自创立他的平面弹性复变方法开始就建议使用以下形式的有理函数来实现将物理平面 z 上特定单连通区域映射到 ζ 平面上的单位圆域 $\mathbb{D}_\zeta = \{\zeta \in \mathbb{C}: |\zeta| < 1\}$:

$$z = \omega(\zeta) = R\left(\frac{1}{\zeta} + \sum_{k=0}^{n}(C_k \zeta^k)\right) \tag{5.2.1}$$

或

$$z = \omega(\zeta) = R\left(\zeta + \sum_{k=0}^{n} B_k \zeta^{-k}\right) \tag{5.2.2}$$

其中 R 为实常数,C_k 与 B_k 均为复常数,并且 $z = \infty$ 与 $\zeta = 0$ 对应. 这两个假定实际上已限定了映射函数为最简单的有理函数,这样做可以使求解过程大为简化.

1. 化无限大弹性体中孔洞或裂纹边值问题为函数方程

对于无限大区域的情形,由式(4.4.16),并考虑变换式(5.2.1),则式(4.4.16)中的 $\ln z$ 可表示为

$$\begin{aligned}
\ln z &= \ln \omega(\zeta) = \ln\left[\frac{R}{\zeta}(1 + C_0\zeta + C_1\zeta^2 + C_2\zeta^3 + \cdots + C_n\zeta^{n+1})\right] \\
&= -\ln\zeta + \ln R + \ln[1 + (C_0\zeta + C_1\zeta^2 + C_2\zeta^3 + \cdots + C_n\zeta^{n+1})]
\end{aligned}$$

如果假定

$$\sum_{k=0}^{n} |C_k| < 1 \tag{5.2.3}$$

记 $\mathbb{D}_\zeta$ 的周界曲线为 γ，则在 $\mathbb{D}_\zeta$ 内及 γ 上，由 $|\zeta| \leqslant 1$ 以及式(5.2.3)的假定，故

$$\sum_{k=0}^{n} |C_k \zeta^k| < 1$$

于是在 $C_0\zeta + C_1\zeta^2 + C_2\zeta^3 + \cdots + C_n\zeta^{n+1}$ 中，当 $\zeta \to 0$ 时有展开式

$$\ln\left[1 + (C_0\zeta + C_1\zeta^2 + C_2\zeta^3 + \cdots + C_n\zeta^{n+1})\right]$$

$$= (C_0\zeta + C_1\zeta^2 + \cdots) - \frac{1}{2}(C_0\zeta + C_1\zeta^2 + \cdots)^2 + \cdots$$

从而有

$$\ln z = -\ln\zeta + F$$

其中 F 为单位圆域 $\mathbb{D}_\zeta$ 内的单值解析函数.

基于同样的理由，对于式(4.4.16)中 $\varphi_0(z)$，$\psi_0(z)$ 按式(4.4.19)展开的各项，例如

$$\frac{a_1}{z} = \frac{a_1}{\dfrac{R}{\zeta}(1 + C_0\zeta + C_1\zeta^2 + \cdots)} = \frac{a_1\zeta}{R}(1 - C_0\zeta - C_1\zeta^2 - \cdots)$$

等，显然 $\varphi_0(z)$，$\psi_0(z)$ 中各项都是单位圆内的解析函数. 将以上所得结果代入式(4.4.16)中，整理后有

$$\begin{cases} \varphi(\zeta) = \dfrac{X + iY}{2\pi(1+k)}\ln\zeta + (B + iC)\omega(\zeta) + \varphi_0(\zeta) \\[3mm] \psi(\zeta) = \dfrac{k(X - iY)}{2\pi(1+k)}\ln\zeta + (B' + iC')\omega(\zeta) + \psi_0(\zeta) \end{cases} \tag{5.2.4}$$

或

$$\begin{cases} \varphi(\zeta) = \dfrac{X + iY}{2\pi(1+k)}\ln\zeta + R\dfrac{B + iC}{\zeta} + \varphi_0(\zeta) \\[3mm] \psi(\zeta) = \dfrac{k(X - iY)}{2\pi(1+k)}\ln\zeta + R\dfrac{B' + iC'}{\zeta} + \psi_0(\zeta) \end{cases} \tag{5.2.4'}$$

其中

$$\varphi_0(\zeta) = \sum_{n=0}^{\infty} \alpha_n\zeta^n, \quad \psi_0(\zeta) = \sum_{n=0}^{\infty} \beta_n\zeta^n \tag{5.2.5}$$

是 $\mathbb{D}_\zeta$ 内的解析函数.

若把弹性区域映射到 $\mathbb{D}_\zeta$ 的外部，变换函数为

$$z = \omega(\zeta) = R\left(\zeta + \sum_{k=0}^{n} d_k \zeta^{-k}\right) \tag{5.2.6}$$

其中 R 为实常数，d_k 为复常数，经过类似的讨论，可知在变换函数(5.2.6)下，式(4.4.16)变为

$$\begin{cases} \varphi(\zeta) = \dfrac{X+iY}{2\pi(1+k)}\ln\zeta + (B+iC)\omega(\zeta) + \varphi_*(\zeta) \\[3mm] \psi(\zeta) = \dfrac{k(X-iY)}{2\pi(1+k)}\ln\zeta + (B'+iC')\omega(\zeta) + \psi_*(\zeta) \end{cases} \tag{5.2.7}$$

或

$$\begin{cases} \varphi(\zeta) = \dfrac{X+iY}{2\pi(1+k)}\ln\zeta + (B+iC)\zeta + \varphi_*(\zeta) \\[3mm] \psi(\zeta) = \dfrac{k(X-iY)}{2\pi(1+k)}\ln\zeta + (B'+iC')\zeta + \psi_*(\zeta) \end{cases} \tag{5.2.8}$$

其中

$$\begin{cases} \varphi_*(\zeta) = \displaystyle\sum_{n=0}^{\infty} \alpha_n \zeta^{-n} \\[3mm] \psi_*(\zeta) = \displaystyle\sum_{n=1}^{\infty} \beta_n \zeta^{-n} \end{cases} \tag{5.2.9}$$

为 $|\zeta|>1$ 内的解析函数.

对边值条件(式(4.3.19))作相应变换，因为 $z=\omega(\zeta)$，又由于在 $\mathbb{D}_\zeta$ 的周界 γ 上，所以 $\rho=1$，$\zeta=\sigma=e^{i\varphi}$. 将这些关系代入式(4.3.19)，则有

$$k\varphi(\sigma) - \frac{\omega(\sigma)}{\overline{\omega'(\sigma)}}\overline{\varphi'(\sigma)} - \overline{\psi(\sigma)} = 2\mu g(\sigma) \tag{5.2.10}$$

对于应力边界条件(式(4.3.16))，在变换 $z=\omega(\zeta)$ 下，同样取 $\zeta=\sigma=e^{i\varphi}$，则应力边界条件在 ζ 平面上有如下形式：

$$\varphi(\sigma) + \frac{\omega(\sigma)}{\overline{\omega'(\sigma)}}\overline{\varphi'(\sigma)} + \overline{\psi(\sigma)} = f(\sigma) \tag{5.2.11}$$

将式(5.2.4)代入式(5.2.11)，化简合并以后可写成

$$\varphi_0(\sigma) + \frac{\omega(\sigma)}{\overline{\omega'(\sigma)}}\overline{\varphi_0'(\sigma)} + \overline{\psi_0(\sigma)} = f_0 \tag{5.2.12}$$

其中(已取 $C=0$)

$$f_0=f-\frac{X+\mathrm{i}Y}{2\pi}\ln\sigma-\frac{X-\mathrm{i}Y}{2\pi(1+k)}\frac{\omega(\sigma)}{\overline{\omega'(\sigma)}}\sigma-2B\omega(\sigma)-(B'+\mathrm{i}C')\overline{\omega(\sigma)} \quad (5.2.13)$$

式中 f 的意义同式(5.2.11). 把式(5.2.7)代入式(5.2.11),则有

$$\varphi_*(\sigma)+\frac{\omega(\sigma)}{\overline{\omega'(\sigma)}}\overline{\varphi'_*(\sigma)}+\overline{\psi_*(\sigma)}=f_* \quad (5.2.14)$$

其中

$$f_*=f+\frac{X+\mathrm{i}Y}{2\pi}\ln\sigma+\frac{X-\mathrm{i}Y}{2\pi(1+k)}\frac{\omega(\sigma)}{\overline{\omega'(\sigma)}}\sigma-2B\omega(\sigma)-(B'+\mathrm{i}C')\overline{\omega(\sigma)} \quad (5.2.15)$$

取式(5.2.10)的共轭,得到应变边界条件的另一个线性无关的函数方程,由这两个方程可以确定未知函数 $\varphi(\zeta)$ 与 $\psi(\zeta)$,这是由应变边界条件确定复应力函数的最终函数方程.

类似地,取式(5.2.11)的共轭,可得应力边界条件的另一线性无关的函数方程,由这两个方程可以确定未知函数 $\varphi(\zeta)$ 与 $\psi(\zeta)$,这是由应力边界条件确定复应力函数的最终函数方程(这里已经取定 $C=0$).

2. 函数方程的解

用积分的方法可求解函数方程(5.2.10)、函数方程(5.2.11)(或方程(5.2.12)、方程(5.2.14)),这些方程的解法无本质的不同. 下面以方程(5.2.12)的求解为例,说明算法过程.

在方程(5.2.12)两边,乘以 $\mathrm{d}\sigma/2\pi\mathrm{i}(\sigma-\zeta)$,并且沿圆周 γ 积分,可得

$$\frac{1}{2\pi\mathrm{i}}\int_\gamma\frac{\varphi_0(\sigma)}{\sigma-\zeta}\mathrm{d}\sigma-\frac{1}{2\pi\mathrm{i}}\int_\gamma\frac{\omega(\sigma)}{\overline{\omega'(\sigma)}}\frac{\overline{\varphi'_0(\sigma)}}{\sigma-\zeta}\mathrm{d}\sigma+\frac{1}{2\pi\mathrm{i}}\int_\gamma\frac{\overline{\psi_0(\sigma)}}{\sigma-\zeta}\mathrm{d}\sigma$$

$$=\frac{1}{2\pi\mathrm{i}}\int_\gamma\frac{f_0}{\sigma-\zeta}\mathrm{d}\sigma,\ |\zeta|<1$$

其中 f_0 由式(5.2.13)给定.

因为 $\varphi_0(\zeta)$, $\psi_0(\zeta)$ 为 $\mathbb{D}_\zeta$ 内的单值解析函数(全纯函数),由 Cauchy 积分公式易得

$$\frac{1}{2\pi\mathrm{i}}\int_\gamma\frac{\varphi_0(\sigma)}{\sigma-\zeta}\mathrm{d}\sigma=\varphi_0(\zeta)$$

$$\frac{1}{2\pi\mathrm{i}}\int_\gamma\frac{\overline{\psi_0(\sigma)}}{\sigma-\zeta}\mathrm{d}\sigma=\overline{\psi_0(0)}$$

故有

$$\varphi_0(\zeta) - \frac{1}{2\pi i}\int_\gamma \frac{\omega(\sigma)}{\omega'(\sigma)}\frac{\overline{\varphi_0'(\sigma)}}{\sigma - \zeta}\mathrm{d}\sigma + \overline{\psi_0(0)} = \frac{1}{2\pi i}\int_\gamma \frac{f_0}{\sigma - \zeta}\mathrm{d}\sigma \qquad (5.2.16\text{a})$$

对式(5.2.12)取共轭，并重复上述步骤，得到

$$\psi_0(\zeta) - \frac{1}{2\pi i}\int_\gamma \frac{\overline{\omega(\sigma)}}{\overline{\omega'(\sigma)}}\frac{\varphi_0'(\sigma)}{\sigma - \zeta}\mathrm{d}\sigma + \overline{\varphi_0(0)} = \frac{1}{2\pi i}\int_\gamma \frac{\overline{f_0}}{\sigma - \zeta}\mathrm{d}\sigma \qquad (5.2.16\text{b})$$

解方程(5.2.16)，即可确定未知函数 $\varphi_0(\zeta)$，$\psi_0(\zeta)$，因而据式(5.2.4)，复应力函数 $\varphi(\zeta)$，$\psi(\zeta)$ 也就被确定了．方程(5.2.16)的解既取决于共形变换 $\omega(\zeta)$，又取决于式(4.3.15)确定的边界条件 $f_1 + \mathrm{i}f_2$．

3. 无限大平面上的一些经典解例

1）受远处斜拉伸的椭圆孔或裂纹的解

如图 5.6 所示，一孔洞受远处斜拉伸．若孔洞尺寸相对于物体足够小，则可认为物体无限大．

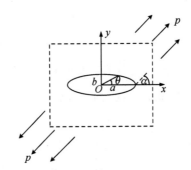

图 5.6　受远处斜拉伸的椭圆孔或裂纹模型

取共形变换

$$z = \omega(\zeta) = R\left(\frac{1}{\zeta} + m\zeta\right) \qquad (5.2.17)$$

其中 $R = \dfrac{a+b}{2}$，$m = \dfrac{a-b}{a+b}$，a，b 为椭圆长、短轴．

因 $\zeta = \rho e^{i\varphi}$，故可以写出

$$x = R\left(\frac{1}{\rho} + m\rho\right)\cos\varphi,\quad y = R\left(\frac{1}{\rho} + m\rho\right)\sin\varphi$$

由式(5.2.17)可得

$$\omega(\sigma)=R\left(\frac{1}{\sigma}+m\sigma\right),\ \omega'(\sigma)=R\left(m\rho-\frac{1}{\sigma^2}\right)$$

$$\overline{\omega'(\sigma)}=R(m-\sigma^2)$$

$$\frac{\omega(\sigma)}{\overline{\omega'(\sigma)}}=-\frac{1}{\sigma}\frac{m\sigma^2+1}{\sigma^2-m},\ \frac{\overline{\omega(\sigma)}}{\omega'(\sigma)}=\sigma\frac{\sigma^2+m}{m\sigma^2-1}$$

从而式(5.2.16a)可化成

$$\varphi_0(\zeta)-\frac{1}{2\pi i}\int_\gamma\left(-\frac{1}{\sigma}\frac{m\sigma^2+1}{\sigma^2-m}\right)\frac{\overline{\varphi_0'(\sigma)}}{\sigma-\zeta}d\sigma+\overline{\psi_0(0)}=\frac{1}{2\pi i}\int_\gamma\frac{f_0}{\sigma-\zeta}d\sigma \qquad (5.2.18)$$

由式(5.2.5)知

$$\overline{\varphi_0'(\sigma)}=\sum_{n=0}^\infty n\overline{\alpha_n}\left(\frac{1}{\sigma}\right)^{n-1}$$

故

$$\overline{\varphi_0'}\left(\frac{1}{\zeta}\right)=\sum_{n=0}^\infty n\overline{\alpha_n}\left(\frac{1}{\zeta}\right)^{n-1}$$

此函数在$\mathbb{D}_\zeta$外解析,因而函数

$$\left(-\frac{1}{\sigma}\frac{m\sigma^2+1}{\sigma^2-m}\right)\overline{\varphi_0'(\sigma)}=\left(-\frac{1}{\sigma}\frac{m\sigma^2+1}{\sigma^2-m}\right)\overline{\varphi_0'}\left(\frac{1}{\sigma}\right)$$

可以看作下列在$\mathbb{D}_\zeta$外解析的函数$F(\zeta)$的边值(在单位圆周γ上之值):

$$F(\zeta)\equiv\left(-\frac{1}{\zeta}\frac{m\zeta^2+1}{\zeta^2-m}\right)\overline{\varphi_0'}\left(\frac{1}{\zeta}\right)$$

由 Cauchy 积分公式,则式(5.2.18)中左端的积分为

$$\frac{1}{2\pi i}\int_\gamma\left(-\frac{1}{\sigma}\frac{m\sigma^2+1}{\sigma^2-\zeta}\right)\frac{\overline{\varphi_0'(\sigma)}}{\sigma-\zeta}d\sigma=\frac{1}{2\pi i}\int_\gamma\frac{F(\sigma)}{\sigma-\zeta}d\sigma=F(\infty)=0,\ |\zeta|<1$$

于是

$$\varphi_0(\zeta)=\frac{1}{2\pi i}\int_\gamma\frac{f_0}{\sigma-\zeta}d\sigma-\overline{\psi_0(0)} \qquad (5.2.19a)$$

把式(5.2.17)代入式(5.2.16b),并注意到$\overline{\varphi_0(0)}=0$,得到

$$\psi_0(\zeta)+\frac{1}{2\pi i}\int_\gamma\sigma\frac{\sigma^2+m}{m\sigma^2-1}\frac{\varphi_0'(\sigma)}{\sigma-\zeta}d\sigma=\frac{1}{2\pi i}\int_\gamma\frac{\overline{f_0}}{\sigma-\zeta}d\sigma \qquad (5.2.20)$$

其中

$$\sigma\frac{\sigma^2+m}{m\sigma^2-1}\varphi_0'(\sigma)$$

可以看作是 $\mathbb{D}_\zeta$ 内解析的函数

$$\zeta \frac{\zeta^2+m}{m\zeta^2-1}\varphi_0'(\zeta) = \zeta \frac{\zeta^2+m}{m\zeta^2-1}\sum_{n=0}^{\infty}n\alpha_n\zeta^{n-1}$$

的边值(在单位圆周 γ 上之值). 由 Cauchy 积分公式,有

$$\frac{1}{2\pi i}\int_\gamma \sigma \frac{\sigma^2+m}{m\sigma^2-1}\frac{\varphi_0'(\sigma)}{\sigma-\zeta}\mathrm{d}\sigma = \zeta \frac{\zeta^2+m}{m\zeta^2-1}\varphi_0'(\zeta),\ |\zeta|<1$$

那么式(5.2.20)变成

$$\psi_0(\zeta) + \zeta\frac{\zeta^2+m}{m\zeta^2-1}\varphi_0'(\zeta) = \frac{1}{2\pi i}\int_\gamma \frac{\overline{f_0}}{\sigma-\zeta}\mathrm{d}\sigma \tag{5.2.19b}$$

现在来计算式(5.2.19)右侧的积分. 首先容易证明,对于任意圆周 Γ,若 $f(z)$ 在 Γ 外无穷大区域(含 ∞)中解析,则沿 Γ 逆时针方向积分时,有

$$\frac{1}{2\pi i}\int_\gamma \frac{f(t)}{t-z}\mathrm{d}t = -f(z)+f(\infty),\ z\ 在\ \Gamma\ 外 \tag{5.2.21}$$

由图 5.6,物体受远处一个与 x 轴成 α 角方向的斜拉伸,令 X,Y 表示椭圆边界上的外应力主矢分量,且令

$$\begin{cases} T_x = \sigma_x\cos(n,x)+\tau_{xy}\cos(n,,y) \\ T_y = \tau_{xy}\cos(n,x)+\sigma_y\cos(n,y) \end{cases}$$

其中 $(x,y)\in L$ 表示取在边界 L 上的点坐标,$\cos(n,y)$ 表示边界 L 上任意一点外法线方向余弦,n 代表 L 在该点的外法线方向,如果设定 w 处主应力为 σ_1、σ_2,则有

$$\begin{cases} \sigma_x = \dfrac{\sigma_1+\sigma_2}{2}+\dfrac{\sigma_1-\sigma_2}{2}\cos2\alpha \\[2mm] \sigma_y = \dfrac{\sigma_1+\sigma_2}{2}-\dfrac{\sigma_1-\sigma_2}{2}\cos2\alpha \\[2mm] \tau_{xy} = \dfrac{\sigma_1-\sigma_2}{2}\sin2\alpha \end{cases}$$

因孔边自由,所以有

$$\sigma_1=p,\ \sigma_2=0,\ T_x=T_y=0,\ X=Y=0 \tag{5.2.22}$$

再结合式(4.4.17)就可得

$$B=\frac{p}{4},\ B'+iC'=-\frac{p}{2}e^{-2i\alpha},\ B'-iC'=-\frac{p}{2}e^{2i\alpha} \tag{5.2.22'}$$

因而式(5.2.13)为

$$f_0 = -2B\omega(\sigma) - (B' - iC')\overline{\omega(\sigma)}$$

$$= -\frac{pR}{2}\left(\frac{1}{\sigma} + m\sigma\right) + \frac{pR}{2}\left(\sigma + \frac{m}{\sigma}\right)e^{2i\alpha}$$

将此结果代入式(5.2.19a)，利用 Cauchy 积分公式并注意关系式(5.2.1)，即得

$$\varphi_0(\zeta) = \frac{pR}{2}(e^{2i\alpha} - m)\zeta - \overline{\psi_0(0)}$$

在此式中令 $\zeta = 0$，则有常数 $\overline{\psi_0(0)} = 0$，所以

$$\varphi_0(\zeta) = \frac{pR}{2}(e^{2i\alpha} - m)\zeta \tag{5.2.23a}$$

进行类似计算，得到

$$\psi_0(\zeta) = -\frac{pR}{2}\left[(1 - me^{-2i\alpha})\zeta + (m - e^{2i\alpha})\frac{m + \zeta^2}{1 - m\zeta^2}\zeta\right] \tag{5.2.23b}$$

据式(5.2.4)和式(5.2.22)、式(5.2.22′)，并注意到 $C = 0$ 以及式(5.2.23a)，可得

$$\begin{cases} \varphi(\zeta) = \dfrac{pR}{4}\left[\dfrac{1}{\zeta} + (2e^{2i\alpha} - m)\zeta\right] \\[3mm] \psi(\zeta) = -\dfrac{pR}{2}\left[\dfrac{1}{\zeta}e^{-2i\alpha} + \dfrac{\zeta^3 e^{2i\alpha} + (me^{2i\alpha} - m^2 - 1)\zeta}{m\zeta^2 - 1}\right] \end{cases} \tag{5.2.24}$$

取 $m = 1$，便得到 Griffith 裂纹问题的解. 这是穆斯赫利什维利在 1919 年发表的经典成果. 英国人英格利斯(C. E. Inglis)用其他算法也获得过相同的结论. 由于借助了复变函数方法，穆斯赫利什维利的解算过程显得更加简洁优美.

2）椭圆孔或 Griffith 裂纹的一段表面上受压力时的解

该问题如图 5.7 所示. 由共形变换

$$z = \omega(\zeta) = R\left(\zeta + \frac{m}{\zeta}\right) \tag{5.2.25}$$

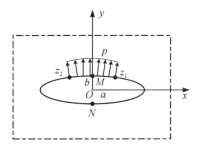

图 5.7　局部受压的椭圆孔或裂纹模型

把研究对象区域映射到 $\mathbb{D}_\zeta$ 的外部.

由图 5.7 可见, 在弧 $\widetilde{z_1Mz_2}$ 上:

$$T_x=-p\cos(n,x),\ T_y=-p\cos(n,y)$$

$$(T_x+iT_y)\,ds=\begin{cases}ip\,dz, & 在\ \widetilde{z_1Mz_2}\ 上\\[2mm]0, & 在\ \widetilde{z_2Nz_1}\ 上\end{cases}$$

其中

$$z_1=R\left(\sigma_1+\frac{m}{\sigma_1}\right)$$

$$z_2=R\left(\sigma_2+\frac{m}{\sigma_2}\right)$$

作用在孔边上面的合力为

$$X+iY=\int_L(T_x+iT_y)\,ds=ip(z_1-z_2)$$

由于远处不受力, 故由式(5.2.15)及式(5.2.25)知

$$f_*=f+\frac{X+iY}{2\pi}\ln\sigma+\frac{X-iY}{2\pi(1+\gamma)}\frac{\sigma^2+m}{1-m\sigma^2}$$

$$=f-\frac{p(z_1-z_2)}{2\pi i}\ln\sigma+\frac{p(\bar{z_1}-\bar{z_2})}{2\pi i(1+\gamma)}\frac{\sigma^2+m}{1-m\sigma^2}$$

于是由式(5.2.14)有

$$\varphi_*(\zeta)=-\frac{1}{2\pi i}\int_\gamma\frac{f_*}{\sigma-\zeta}d\sigma=\frac{pR}{2\pi i}\int_{\sigma_1}^{\sigma_2}\left(\sigma+\frac{m}{\sigma}\right)\frac{d\sigma}{\sigma-\zeta}+\frac{pz_2}{2\pi i}\int_{\sigma_1}^{\sigma_2}\frac{d\sigma}{\sigma-\zeta}+$$

$$\frac{p(z_1-z_2)}{2\pi i}\frac{1}{2\pi i}\int_\gamma\frac{\ln\sigma}{\sigma-\zeta}d\sigma-\frac{p(\bar{z_1}-\bar{z_2})}{2\pi i(1+k)}\frac{1}{2\pi i}\int_\gamma\frac{\sigma^2+m}{1-m\sigma^2}\frac{d\sigma}{\sigma-\zeta}$$

其中

$$\int_{\sigma_1}^{\sigma_2}\left(\sigma+\frac{m}{\sigma}\right)\frac{d\sigma}{\sigma-\zeta}=\int_{\sigma_1}^{\sigma_2}\sigma\frac{d\sigma}{\sigma-\zeta}+\int_{\sigma_1}^{\sigma_2}\frac{1}{\sigma}\frac{d\sigma}{\sigma-\zeta}$$

$$=\sigma_2-\sigma_1-\frac{m}{\zeta}\ln\frac{\sigma_2}{\sigma_1}+\left(\zeta+\frac{m}{\zeta}\right)\ln\frac{\sigma_2-\zeta}{\sigma_1-\zeta}$$

$$\int_{\sigma_2}^{\sigma_1}\frac{d\sigma}{\sigma-\zeta}=\ln\frac{\sigma_1-\zeta}{\sigma_2-\zeta}$$

又因为 $\dfrac{\zeta^2+m}{1-m\zeta^2}$ 在 $\mathbb{D}_\zeta$ 内解析, 据 Cauchy 积分公式, 有

$$\frac{1}{2\pi i}\int_{\gamma}\frac{\sigma^2+m}{1-m\sigma^2}\frac{d\sigma}{\sigma-\zeta}=0,\ |\zeta|>1$$

剩下的一个积分为

$$I(\zeta)=\frac{1}{2\pi i}\int_{\gamma}\frac{\ln\sigma}{\sigma-\zeta}d\sigma$$

可以计算如下：

$$\frac{dI(\zeta)}{d\zeta}=\frac{1}{2\pi i}\int_{\gamma}\frac{\ln\sigma}{(\sigma-\zeta)^{2}}d\sigma=-\frac{1}{2\pi i}\int_{\gamma}\ln\sigma d\left(\frac{1}{\sigma-\zeta}\right)$$

$$=-\frac{1}{2\pi i}\left[\frac{\ln\sigma}{\sigma-\zeta}\right]_{\sigma=e^{i\varphi_{1}}}^{\sigma=e^{i(\varphi_{1}+2\pi)}}+\frac{1}{2\pi i}\int_{\gamma}\frac{d\sigma}{\sigma(\sigma-\zeta)}$$

由 Cauchy 积分公式，有

$$\frac{1}{2\pi i}\int_{\gamma}\frac{d\sigma}{\sigma-\zeta}=-\frac{1}{\zeta}$$

又

$$\left[\frac{\ln\sigma}{\sigma-\zeta}\right]_{\sigma=e^{i\varphi_{1}}}^{\sigma=e^{i(\varphi_{1}+2\pi)}}=\frac{1}{\sigma_{1}-\zeta}\ln\frac{e^{i(\varphi_{1}+2\pi)}}{e^{i\varphi_{1}}}=\frac{2\pi i}{\sigma_{1}-\zeta}$$

其中 $\sigma_{1}=e^{i\varphi_{1}}$，由此可得

$$\frac{dI(\zeta)}{d\zeta}=-\frac{1}{\zeta}-\frac{1}{\sigma_{1}-\zeta}$$

对上式积分，则得

$$I(\zeta)=\ln(\sigma_{1}-\zeta)-\ln\zeta+\mathrm{const}$$

将以上各式相加，略去常数项，有

$$\varphi_{*}(\zeta)=\frac{p}{2\pi i}\left\{-\frac{mR}{\zeta}\ln\frac{\sigma_{2}}{\sigma_{1}}+\left[R\left(\zeta+\frac{m}{\zeta}\right)-z_{2}\right]\ln(\sigma_{2}-\zeta)-\right.$$

$$\left.\left[R\left(\zeta+\frac{m}{\zeta}\right)-z_{1}\right]\ln(\sigma_{1}-\zeta)-(z_{1}-z_{2})\ln\zeta\right\}$$

结合式(5.2.7)，便得

$$\varphi(\zeta)=\frac{p}{2\pi i}\left\{-\frac{mR}{\zeta}\ln\frac{\sigma_{2}}{\sigma_{1}}+\left[R\left(\zeta+\frac{m}{\zeta}\right)-z_{2}\right]\ln(\sigma_{2}-\zeta)-\right.$$

$$\left.\left[R\left(\zeta+\frac{m}{\zeta}\right)-z_{1}\right]\ln(\sigma_{1}-\zeta)-\frac{k(z_{1}-z_{2})}{k+1}\ln\zeta\right\} \tag{5.2.26a}$$

类似地，可得

$$\psi(\zeta)=\frac{p}{2\pi i}\left\{-\frac{R(1+m^2)}{\zeta^2-m}\zeta\ln\frac{\sigma_2}{\sigma_1}+R(\sigma_1-\sigma_2)\frac{1+m\zeta^2}{\zeta^2-m}-\bar{z_2}\ln(\sigma_2-\zeta)+\bar{z_1}\ln(\sigma_1-\zeta)-\right.$$

$$\left.\frac{\bar{z_1}-\bar{z_2}}{k+1}\ln\zeta-\frac{z_1-z_2}{k+1}\frac{1+m^2}{\zeta^2-m}\right\} \tag{5.2.26b}$$

当取 $m=1$ 时，即得到 Griffth 裂纹问题的解.

3）椭圆孔或 Griffith 裂纹内表面受一对集中力作用时的解

如图 5.8 所示，在此问题中设集中力为 $\boldsymbol{F}$.

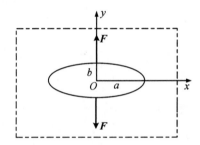

图 5.8　受一对集中力作用下的椭圆孔或裂纹模型

在式 (5.2.26) 中，取 $p=\dfrac{F}{|z_1-z_2|}$，并令 $z_2 \to z_1$，则可得

$$\varphi(\zeta)=\frac{F}{2\pi i}\left\{-\frac{mR}{\zeta}\lim_{z_2\to z_1}\frac{1}{|z_2-z_1|}\ln\frac{\sigma_2}{\sigma_1}+\frac{k}{k+1}\ln\zeta+\right.$$

$$\left.\lim_{z_2\to z_1}\frac{\left[R\left(\zeta+\dfrac{m}{\zeta}\right)-z_2\right]\ln(\sigma_2-\zeta)-\left[R\left(\zeta+\dfrac{m}{\zeta}\right)-z_1\right]\ln(\sigma_1-\zeta)}{|z_2-z_1|}\right\}$$

$$=\frac{F}{2\pi i}\left\{-\frac{mR}{\zeta}\lim_{z_2\to z_1}\frac{\left[\dfrac{d}{d\sigma_2}(\ln\sigma_2-\ln\sigma_1)\right]}{\dfrac{dz_2}{d\sigma_2}}+\frac{k}{k+1}\ln\zeta\right\}+\frac{F}{2\pi i}\lim_{z_2\to z_1}\left\{-\ln(\sigma_1-\zeta)+\right.$$

$$\left.\left[R\left(\zeta+\frac{m}{\zeta}\right)-z_2\right]\times\frac{\left[\dfrac{d}{d\sigma_2}\ln(\sigma_2-\zeta)\right]}{\dfrac{dz_2}{d\sigma_2}}\right\}\cdot\lim_{z_2\to z_1}\frac{z_2-z_1}{|z_2-z_1|}$$

$$= \frac{F}{2\pi i} \left\{ -\frac{m\sigma_1}{\zeta(\sigma_1^2 - m)} - \frac{k}{k+1} \ln\zeta - \ln(\sigma_1 - \zeta) + \frac{\sigma_1^2 \left[R\left(\zeta + \frac{m}{\zeta}\right) - z_1 \right]}{R(\sigma_1 - \zeta)(\sigma_1^2 - m)} \right\} \cdot \frac{i(\sigma_1 - m\,\overline{\sigma_1})}{|\sigma_1 - m\,\overline{\sigma_1}|}$$

$$(5.2.27a)$$

$$\psi(\zeta) = \frac{F}{2\pi i} \left\{ -\frac{\zeta\sigma_1(1+m^2)}{(\zeta^2 - m)(\sigma_1^2 - m)} + \frac{\ln\zeta}{k+1} + \frac{1+m^2}{(k+1)(\zeta^2 - m)} - \frac{\sigma_1^2(1+m\zeta^2)}{(\zeta^2 - m)(\sigma_1^2 - m)} - \right.$$

$$\left. \ln(\sigma_1 - \zeta) - \frac{\overline{z_1}\sigma_1^2}{R(\sigma_1 - \zeta)(\sigma_1^2 - m)} \right\} \cdot \frac{i(\sigma_1^2 - m)}{\sigma_1 |\sigma_1 - m\,\overline{\sigma_1}|}$$

$$(5.2.27b)$$

当取 $m=1$ 时，即得 Griffth 裂纹问题的解.

5.2.2　由超越函数实现的共形变换对裂纹问题解析求解的应用

对于无限大平面上的单裂纹问题或（由边界延伸的）多裂纹问题，若按 Muskhelishvili 方法来处理，在很多类应力、应变条件下都能获得完美的解析解，数十年来，中外学者在这方面取得的成果也相当丰硕. 然而原始的 Muskhelishvili 方法的局限性也是明显的，这体现在很多方面，例如该方法对于不能映射为圆域的多连通区域是不可行的. 穆斯赫利什维利本人始终推荐使用前述有理函数（式(5.2.1)、式(5.2.2)）作变换，他的初衷当然是为了在求解其导出的函数方程过程中应用解析延拓理论时更为简便可行，最终使解算结果尽可能"简洁完整". 然而，这样做也使得求解的区域构造较为简单且类型单一. 故在线弹性裂纹问题解析解的研究中对 Muskhelishvili 方法的任何改进与发展都是有价值的. 对于这方面的研究，中国学者近年来的一些工作是引人注目的，他们通过引入非有理函数作变换，将线弹性裂纹解析求解的研究对象拓展到有限尺寸裂纹体的情形. 下面简单介绍范天佑教授和他的学生在这方面的几个原初性工作，其他学者在这个方面的进一步拓展和细化研究可参阅相关文献.

1. 有限高狭长体中的单裂纹问题

如图 5.9(a)所示为有限高狭长体中存在某种半裂纹的情况，裂纹位于狭长体中部，裂纹面到物体上、下表面的高度均为 H，在裂纹上长度为 a 的一段上作用均布压力 p 或均布剪切力 τ.

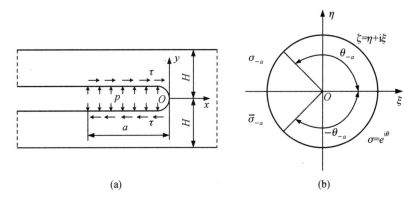

(a)   (b)

图 5.9   有限高狭长体中的单裂纹模型及裂纹区域共形变换到 ζ 平面中的映像

用变换

$$z=\omega(\zeta)=\frac{H}{\pi}\ln\left[1+\left(\frac{1+\zeta}{1-\zeta}\right)^2\right] \tag{5.2.28}$$

将裂纹域映射到 $\mathbb{D}_\zeta$ 的内部,如图 5.9(b)所示. 函数(5.2.28)为一个多值函数,其逆变换为

$$\zeta=\omega^{-1}(z)=\frac{-e^{\frac{\pi z}{H}}+i\sqrt{1-e^{\frac{\pi z}{H}}}}{z-e^{\frac{\pi z}{H}}} \tag{5.2.29}$$

在裂纹面 $y=0$,$-a<x<0$ 一段上作用均匀压力或剪力,其中 a 可以模拟一个有限尺寸裂纹.

由式(5.2.29)可知,$z=0$ 对应于 $\zeta=-1$;$y=0^+$,$x=-a$ 对应于 σ_{-a};$y=0^-$,$x=-a$ 对应于 $\bar{\sigma}_{-a}$,具体关系如下:

$$\left.\begin{aligned} \sigma_{-a}&=\frac{-e^{-\pi a/H}+2i\sqrt{1-e^{-\pi a/H}}}{2-e^{-\pi a/H}}\\ \bar{\sigma}_{-a}&=\frac{-e^{-\pi a/H}-2i\sqrt{1-e^{-\pi a/H}}}{2-e^{-\pi a/H}} \end{aligned}\right\} \tag{5.2.30}$$

由于远处不受力,即 $B=B'=C'=0$,$X=Y=0$,故如果令 T_x、T_y 分别表示边界上沿 x 方向及 y 方向的应力分量,则

$$f = \mathrm{i}\int (T_x + T_y)\,\mathrm{d}s = \begin{cases} -px = -p\omega(\sigma), & -a < x < 0 \\ -pa, & x < -a \end{cases}$$

又因为

$$\frac{\omega(\sigma)}{\omega'(\sigma)} = \frac{1}{4\sigma^2}\left[(1-\sigma)^2 + (1+\sigma)^2\right]\ln\left[1+\left(\frac{1+\sigma}{1-\sigma}\right)^2\right] \equiv \overline{G(\sigma)} \tag{5.2.31}$$

由式(5.2.16a)得

$$\varphi_0(\zeta) + \frac{1}{2\pi\mathrm{i}}\int_\gamma \overline{G(\sigma)}\,\frac{\overline{\varphi_0'(\sigma)}}{\sigma-\zeta}\mathrm{d}\sigma + \overline{\psi_0(\sigma)} = \frac{1}{2\pi\mathrm{i}}\int_{\sigma_{-a}}^{\bar\sigma_{-a}} -p\left[\omega(\sigma)+a\right]\frac{\mathrm{d}\sigma}{\sigma-\zeta} \tag{5.2.32}$$

由于函数

$$G(\zeta) = \frac{\overline{\omega\left(\dfrac{1}{\bar\zeta}\right)}}{\omega'(\zeta)}$$

在 $\mathbb{D}_\zeta$ 内解析,并且在 $\overline{\mathbb{D}}_\zeta$ 上连续,由 Cauchy 积分公式有

$$\frac{1}{2\pi\mathrm{i}}\int_\gamma \overline{G(\sigma)}\,\frac{\overline{\varphi_0'(\sigma)}}{\sigma-\zeta}\mathrm{d}\sigma = \overline{G(0)}\cdot\overline{\varphi_0'(0)} \tag{5.2.33}$$

故,式(5.2.32)可化简为

$$\varphi_0(\zeta) + \overline{G(0)}\cdot\overline{\varphi_0'(0)} + \overline{\psi(0)} = \frac{1}{2\pi\mathrm{i}}\int_{\sigma_{-a}}^{\bar\sigma_{-a}} -p\left[\omega(\sigma)+a\right]\frac{\mathrm{d}\sigma}{\sigma-\zeta} \tag{5.2.34}$$

对式(5.2.34)求导,经过一系列计算得

$$\varphi_0'(\zeta) = \frac{Hp}{2\pi^2}\left\{\frac{1}{1-\zeta}\ln(\sigma-1) - \frac{1+\zeta}{(1-\zeta)(1+\zeta^2)}\ln(\sigma-\zeta) - \right.$$

$$\left.\frac{\zeta}{2(1+\zeta^2)}\ln(1+\sigma^2) + \frac{\mathrm{i}}{2(1+\zeta^2)}\ln\frac{\sigma-\mathrm{i}}{\sigma+\mathrm{i}}\right\}\Big|_{\sigma=\sigma_{-a}}^{\sigma=\bar\sigma_{-a}} \tag{5.2.35}$$

由于 $B = B' = C' = 0$,$X = Y = 0$,因此 $\varphi(\zeta) = \varphi_0(\zeta)$,自然 $\varphi'(\zeta) = \varphi_0'(\zeta)$. 在此基础上可进一步确定这类裂纹模型的应力强度因子.

2. 有限高狭长体中的双裂纹问题

申大维与范天佑进一步将有限高狭长体中的问题推广到双裂纹情形,该情形如图 5.10 所示.

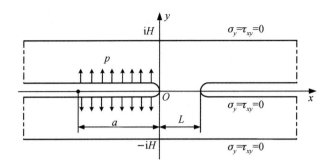

图 5.10　有限高狭长体中的双裂纹模型

此问题中的边界条件如下：

$$
\begin{cases}
y = \pm H,\ -\infty < x < +\infty:\ \sigma_y = \tau_{xy} = 0 \\
y = 0,\ -\infty < x < -a,\ L < x < +\infty:\ \sigma_y = \tau_{xy} = 0 \\
y = 0,\ -a < x < 0:\ \sigma_y = f(x),\ \tau_{xy} = g(x) \\
x = \pm\infty,\ -H < y < H:\ \sigma_y = \tau_{xy} = 0
\end{cases}
\tag{5.2.36}
$$

采用变换

$$
z = \omega(\zeta) = \frac{H}{\pi} \ln \frac{1 + \alpha\left(\dfrac{1-\zeta}{1+\zeta}\right)^2}{1 + \gamma\alpha\left(\dfrac{1-\zeta}{1+\zeta}\right)^2}
\tag{5.2.37}
$$

把裂纹域映射到 ζ 平面上 $\mathbb{D}_\zeta$ 的内部，其中

$$
\alpha = \frac{1 - e^{-\pi a/H}}{1 - e^{-\pi(a+L)/H}},\ \gamma = e^{-\pi L/H}
\tag{5.2.38}
$$

此处 a 为受载荷的一段裂纹面的长度，L 代表两条裂纹之间的距离，α 与 γ 代表裂纹之间相互作用的因子.

式(5.2.37)的逆变换为

$$
\zeta = \omega^{-1}(z) = \frac{\sqrt{\alpha} - \sqrt{\dfrac{e^{\pi z/H} - 1}{1 - \gamma e^{\pi z/H}}}}{\sqrt{\alpha} + \sqrt{\dfrac{e^{\pi z/H} - 1}{1 - \gamma e^{\pi z/H}}}}
\tag{5.2.39}
$$

它把 $z = 0$ 映射成 $\zeta = 1$，$z = L$ 映射成 $\zeta = -1$，$x + iy = -a + i0^+$ 映射成 $\zeta = -i$，$x + iy = -a + i0^-$ 映射成 $\zeta = i$.

对于$\dfrac{\omega(\sigma)}{\omega'(\sigma)}$以及外应力合力 f，仿照前面有限高狭长体单裂纹的计算方法作类似的讨论，将其代入式(5.2.16a)进行计算，则

$$\frac{1}{2\pi\mathrm{i}}\int_{\gamma}\frac{f_0}{\sigma-\zeta}\mathrm{d}\sigma=-\frac{1}{2\pi\mathrm{i}}\int_{-\mathrm{i}}^{\mathrm{i}}\frac{\omega(\sigma)+a}{(\sigma-\zeta)^2}\mathrm{d}\sigma$$

$$=\frac{2pH}{\pi^2}\left[\frac{\sqrt{\gamma\alpha}\,M}{(1+\zeta)^2+\gamma\alpha\,(1-\zeta)^2}-\frac{\sqrt{\alpha}\,A}{(1+\zeta)^2+\alpha\,(1-\zeta)^2}\right]-$$

$$\frac{2pH}{\pi^2}\frac{\mathrm{i}\alpha\,(1-\gamma)\,(1-\zeta^2)}{\left[(1+\zeta)^2+\alpha\,(1-\zeta)^2\right]\left[(1+\zeta)^2+\alpha\gamma\,(1-\zeta)^2\right]}\ln\frac{\mathrm{i}-\zeta}{1-\mathrm{i}\zeta}$$

$$\tag{5.2.40}$$

其中

$$\begin{cases} A=\ln\dfrac{1+\sqrt{\alpha}}{1-\sqrt{\alpha}} \\[3mm] M=\ln\dfrac{1+\sqrt{\gamma\alpha}}{1-\sqrt{\gamma\alpha}} \end{cases}\tag{5.2.41}$$

杨晓春对范天佑在有限高狭长体上裂纹问题解析求解相关工作的延展和细化方面作了一些进一步的研究和探讨. 对于图 5.11 所示的不等宽单裂纹模型，杨晓春采用了式(5.2.42)的变换：

$$z=\omega(\zeta)=\frac{H_1}{\pi}\ln(1-\zeta)+\frac{H_2}{\pi}\ln\left(1+\frac{H_1}{H_2}\zeta\right)\tag{5.2.42}$$

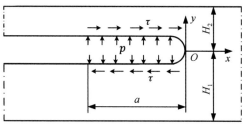

图 5.11　有限高狭长体中的不等宽单裂纹模型

对于图 5.12 所示的模型，则采用了反三角函数

$$z=\omega(\zeta)=\arctan\left(\sqrt{1-\zeta^2}\,\tan\frac{\pi a}{2w}\right)\tag{5.2.43}$$

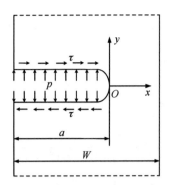

图 5.12　有限高狭长体中的横向单裂纹模型

同时，杨晓春还利用超越共形变换函数探讨了一些经典弹塑性模型的静力学及动力学问题的解（参阅文献[15]、[16]）.

第 6 章

Loewner 理论在平面弹性断裂动力学问题中的应用

第 5 章讨论了弹性平衡状况下裂纹的应力场与应变场的求解问题，用一句工程化术语来讲，这是针对稳定裂纹在缓慢加载或准静态加载状态下的研究，完全不考虑惯性效应的影响，但是，当裂纹处于快速运动或者加载速率很高时，惯性效应非常明显，是不可忽略的. 考虑惯性效应的断裂问题称为动态断裂问题，过去几十年来对这类问题的持续研究形成了连续介质力学的一个新方向——断裂动力学. 英国著名物理学家莫特(N. F. Mott)于 1948 年发表的一篇以量纲分析法定性研究裂纹传播的论文为断裂动力学研究的开始. 经过半个多世纪的发展，断裂动力学远远没有达到断裂静力学的成熟度，甚至于在断裂动力学中还存在着概念模糊不清、研究方法不系统甚至混乱的状况. 然而动态断裂问题与许多自然现象及工程实际问题有着广泛的联系，其重要性是毋庸置疑的. 因此，尽管困难重重，各国相关的科技工作者仍然坚持不懈地在这个方向上不断攻关，也取得了一些进展.

断裂动力学的问题主要分为两大类，第一类为裂纹稳定而外载荷随时间迅速变化(例如强震动、冲击、强波动作用的情况)；第二类为外载荷恒定或变化缓慢但裂纹发生快速扩展(亦称为传播). 第一类问题通常研究裂纹扩展的起始状态及机制，称为裂纹动态起始问题；第二类问题通常研究裂纹的扩展规律及止裂机制，称为裂纹扩展问题或运动裂纹问题. 在这两类问题的研究中，惯性效应是不能忽视的存在，故适用于断裂静力学的研究方法是不可能完全照搬过来的，必须寻求新的研究途径. 总体说来，和静态问题一样，对断裂动力学的研究目前也大致集中在理论分析、数值分析与模拟、实验测试与分析这三个方面. 本章主要讨论断裂动力学中裂纹扩展问题(即第二类问题)理论分析方法的某些方面.

6.1 平面弹性动力学基本方程

　　在线弹性条件下，动态断裂问题的理论分析仍然需要求解裂纹的渐进应力场与渐进应变场，由此获得应力强度因子，这与断裂静力学的研究思路是一样的. 但是，此时求解的出发点是裂纹区域满足的弹性动力学方程组，获得的应力强度因子是所谓的动态应力强度因子，它是时间或裂纹传播速度的函数.

　　下面以位移为基本未知量来讨论. 设 $u(x, y, t)$ 与 $v(x, y, t)$ 为弹性体中的点 $(x、y)$ 于时刻 t 分别在 x、y 方向上的位移分量. 应力分量记为 σ_x、σ_y、τ_{xy}，参照图 4.2，它们也是 x、y 与 t 的函数. 由动量守恒定律，有

$$\begin{cases} \dfrac{\partial \sigma_x}{\partial x} + \dfrac{\partial \tau_{xy}}{\partial y} = \rho \dfrac{\partial^2 u}{\partial t^2} \\[3mm] \dfrac{\partial \tau_{xy}}{\partial x} + \dfrac{\partial \sigma_y}{\partial y} = \rho \dfrac{\partial^2 v}{\partial t^2} \end{cases} \tag{6.1.1}$$

又设应变分量为 ε_x、ε_y、ε_{xy}，在小变形假定下，它们与位移的关系为

$$\begin{cases} \varepsilon_x = \dfrac{\partial u}{\partial x} \\[3mm] \varepsilon_y = \dfrac{\partial v}{\partial y} \\[3mm] \varepsilon_{xy} = \dfrac{1}{2}\left(\dfrac{\partial u}{\partial y} + \dfrac{\partial v}{\partial x}\right) \end{cases} \tag{6.1.2}$$

对于平面应变情形，有

$$\begin{cases} \sigma_x = \lambda e + 2\mu\varepsilon_x \\ \sigma_y = \lambda e + 2\mu\varepsilon_y \\ \tau_{xy} = 2\mu\varepsilon_{xy} \\ \sigma_z = \nu(\sigma_x + \sigma_y) \end{cases} \tag{6.1.3}$$

其中

$$e = \varepsilon_x + \varepsilon_y \tag{6.1.4}$$

$$\begin{cases} \lambda = \dfrac{\nu E}{(1+\nu)(1-2\nu)} \\ \mu = \dfrac{E}{2(1+\nu)} \end{cases} \tag{6.1.5}$$

λ、μ 是 Lamè 常数，ν 是材料的 Poisson 系数，E 为杨氏弹性模量.

对于平面应力情形，有

$$\begin{cases} \sigma_x = \lambda^* e + 2\mu\varepsilon_x \\ \sigma_y = \lambda^* e + 2\mu\varepsilon_y \\ \tau_{xy} = 2\mu\varepsilon_{xy} \end{cases} \tag{6.1.6}$$

其中

$$\lambda^* = \frac{2\lambda\mu}{\lambda+2\mu} = \frac{\nu E}{(1+\nu)(1-\nu)} \tag{6.1.7}$$

由式(6.1.2)与式(6.1.3)易得

$$\begin{cases} \sigma_x = \lambda\left(\dfrac{\partial u}{\partial x} + \dfrac{\partial v}{\partial y}\right) + 2\mu\,\dfrac{\partial u}{\partial x} \\ \sigma_y = \lambda\left(\dfrac{\partial u}{\partial x} + \dfrac{\partial v}{\partial y}\right) + 2\mu\,\dfrac{\partial u}{\partial y} \\ \tau_{xy} = \mu\left(\dfrac{\partial u}{\partial y} + \dfrac{\partial v}{\partial x}\right) \end{cases} \tag{6.1.8}$$

将式(6.1.8)代入式(6.1.1)可得

$$\begin{cases} (c_1^2 - c_2^2)\left(\dfrac{\partial^2 u}{\partial x^2} + \dfrac{\partial^2 v}{\partial x \partial y}\right) + c_2^2\left(\dfrac{\partial^2 u}{\partial x^2} + \dfrac{\partial^2 u}{\partial y^2}\right) = \rho\,\dfrac{\partial^2 u}{\partial t^2} \\ (c_1^2 - c_2^2)\left(\dfrac{\partial^2 u}{\partial x \partial y} + \dfrac{\partial^2 v}{\partial y^2}\right) + c_2^2\left(\dfrac{\partial^2 v}{\partial x^2} + \dfrac{\partial^2 v}{\partial y^2}\right) = \rho\,\dfrac{\partial^2 v}{\partial t^2} \end{cases} \tag{6.1.9}$$

其中 c_1 为材料膨胀波的传播速度，c_2 为材料畸变波的传播速度，可表示为

$$\begin{cases} c_1^2 = \dfrac{\lambda + 2\mu}{\rho} \\[3mm] c_2^2 = \dfrac{\mu}{\rho} \end{cases} \tag{6.1.10}$$

其中 ρ 为材料密度,式(6.1.9)即为平面应变情形下的弹性动力学方程组. 对于平面应力的情况,只需将相应式子中的 λ 替换为 λ^* 即可.

如果引入 Lamè 势函数 φ 与 ψ. 则

$$\begin{cases} u = \dfrac{\partial \varphi}{\partial x} + \dfrac{\partial \psi}{\partial y} \\[3mm] v = \dfrac{\partial \varphi}{\partial y} + \dfrac{\partial \psi}{\partial x} \end{cases} \tag{6.1.11}$$

将式(6.1.11)代入式(6.1.2)得

$$\begin{cases} \sigma_x = \lambda \nabla^2 \varphi + 2\mu \left(\dfrac{\partial^2 \varphi}{\partial x^2} + \dfrac{\partial^2 \psi}{\partial x \partial y} \right) \\[3mm] \sigma_y = \lambda \nabla^2 \varphi + 2\mu \left(\dfrac{\partial^2 \varphi}{\partial y^2} + \dfrac{\partial^2 \psi}{\partial x \partial y} \right) \\[3mm] \tau_{xy} = \mu \left(2 \dfrac{\partial^2 \varphi}{\partial x \partial y} - \dfrac{\partial^2 \psi}{\partial x^2} + \dfrac{\partial^2 \psi}{\partial y^2} \right) \end{cases} \tag{6.1.12}$$

将式(6.1.12)代入式(6.1.1),可得另一种形式的动力学方程(或称运动方程):

$$\frac{\partial}{\partial x} \left[(\lambda + 2\mu) \nabla^2 \varphi - \rho \frac{\partial^2 \varphi}{\partial t^2} \right] + \frac{\partial}{\partial y} \left[\mu \nabla^2 \psi - \rho \frac{\partial^2 \psi}{\partial t^2} \right] = 0 \tag{6.1.13}$$

如果

$$\begin{cases} (\lambda + 2\mu) \nabla^2 \varphi = \rho \dfrac{\partial^2 \varphi}{\partial t^2} \\[3mm] \nabla^2 \psi = \rho \dfrac{\partial^2 \psi}{\partial t^2} \end{cases}$$

则式(6.1.13)也等价于

$$\begin{cases} \nabla^2 \varphi = \dfrac{1}{c_1^2} \dfrac{\partial^2 \varphi}{\partial t^2} \\[3mm] \nabla^2 \psi = \dfrac{1}{c_2^2} \dfrac{\partial^2 \psi}{\partial t^2} \end{cases} \tag{6.1.14}$$

其中 c_1、c_2 与前述意义一样,∇^2 是二维 Laplace 算子.

对于平面应力情形，只需将相应式子中的 λ 替换为 λ^* 即可.

以上一般的平面弹性动力学方程(6.1.9)、(6.1.14)均是波动方程，对这类数学物理方程的求解，一种系统而成熟的方法是积分变换法. 积分变换法主要是对波动方程做双重 Laplace 变换、双重 Fourier 变换或是 Laplace-Fourier 变换、Laplace-Hankel 变换等，使得波动方程化为常微分方程，从而获取积分变换一般解再求其反演，然后利用一般解对具体的边界条件也做积分变换，可使所讨论的问题化为对偶积分方程，最终只要求出对偶积分方程的解并求得其反演，问题就完全解决了. 然而，很多具体问题若采用积分变换法求解，在绝大多数情况下很难化为常见的对偶积分方程，即使能化作这种方程，其求解过程往往也十分冗长复杂，并且还未必能获得最终解答. 鉴于此，多年来各国学者始终在积极寻求弹性动力学问题的其他解法并取得了一些成果，其中针对波动方程利用所谓自相似原理求函数不变解的方法较具有代表性. 这种方法本质上是一种复变解法，其基本思想是针对动态问题比静态问题多出一个时间变量 t 的事实，利用某些动态问题的所谓自相似性使变量减少一维，将动态问题转换成静态问题来处理，从而使问题的求解大为简化. 采用该方法很容易将所研究的问题化为半平面上的 Riemann-Hilbert 问题，然后再用解静态问题的一些有效的方法技巧(如 Muskhelishvili 方法)进行求解，这样做不但降低了一般线弹性均匀介质上动态断裂问题的解算难度，而且能有效地处理正交异性材料上的相关问题.

基于线弹性动力学理论的线弹性断裂动力学问题的理论分析实际上就是在具有应力及位移混合边界条件下求解波动方程(6.1.14)，故采用以上所述方法原则上是可行的. 然而实际情况是，在一般情形下要获得裂纹场的动态解析解甚至半解析解是一件异常困难的事情. 对快速加载而裂纹不扩展的动态断裂第一类问题情况尚好一些，如果是面对裂纹快速扩展或传播的动态断裂第二类问题，即使是针对相对简单的裂纹模型，用这些一般性的解法也几乎不可能获得解析解. 究其原因，主要还是裂纹在运动时，所要求解的初值-边值问题同时又是一个所谓的运动边界问题，即使控制方程是线性的，运动边界问题也是非线性的. 按照我国著名断裂力学专家范天佑教授的观点，就是"求解运动边界问题的数学理论尚未得到充分发展，不足以解决这里的力学问题"(见文献[17]). 面对动态断裂问题的复杂性和理论研究的困难性，主流的研究手段虽然是数值分析及实验方法，但若干年来人们在理论分析方面的探索却从未停歇过. 一般性问题的泛化讨论过于困难，人们就采取"各个击破"的方式针对第一类问题或第二类问题分别加以研究. 循此策略，各国学者在这方面取得了不少的成果，特别是对于困难的第二类问题，人们发展了基于复变函数的一些较为有效的解法，这些解法由于不需要进行反演(逆变换)计算，因而较之于积分变换法简单便捷.

6.2 求解运动裂纹与快速传播裂纹的复变方法

6.2.1 求解运动裂纹与扩展裂纹问题的 Radok-范天佑方法

1. 方法简介

对于某些运动裂纹与快速扩展裂纹问题,若用一种复变函数方法求解,可以得到系统性的结果,这种方法由拉多克(J. R. M. Radok)首先提出,随后不少中外学者对其加以改进和发展,获得了一批有价值的成果. 值得一提的是我国范天佑教授在该方法中充分地植入共形变换技巧,从而在扩展裂纹解析求解方面取得了丰硕的成果.

平面弹性动力学问题归结为求解波动方程(6.1.14),该方程中含有纵波与横波的相互作用,它比流体力学、声学、电磁学中的波动方程要复杂,因为这些方程中仅存在一种波. 若是弹性介质中出现运动扰动源(比如运动裂纹或扩展裂纹),则方程(6.1.14)会更难处理. 但若是裂纹以不变长度朝一个方向运动(例如 Yoffe 型 Griffth 运动裂纹),如图 6.1(a)所示,或者其扩展方向只能是一个方向(例如半无限定向扩展裂纹),如图 6.1(b)所示,则问题相对简单.

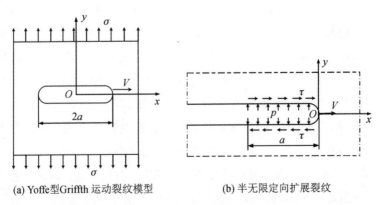

(a) Yoffe 型 Griffth 运动裂纹模型　　(b) 半无限定向扩展裂纹

图 6.1　运动裂纹及扩展裂纹的例子

当裂纹扩展或运动速度为 V 时，采用伽利略变换：

$$\begin{cases} x = x_1 - Vt \\ x_2 = y \end{cases} \tag{6.2.1}$$

那么方程(6.1.14)可化成

$$\begin{cases} \left(\dfrac{\partial^2}{\partial x^2} + \dfrac{\partial^2}{\partial y_1^2} \right) \varphi = 0 \\[2mm] \left(\dfrac{\partial^2}{\partial x^2} + \dfrac{\partial^2}{\partial y_2^2} \right) \psi = 0 \end{cases} \tag{6.2.2}$$

式中，

$$\begin{cases} y_1 = \alpha_1 y, \ y_2 = \alpha_2 y \\[2mm] \alpha_1 = \left(1 - \dfrac{V^2}{c_1^2} \right)^{\frac{1}{2}}, \ \alpha_2 = \left(1 - \dfrac{V^2}{c_2^2} \right)^{\frac{1}{2}} \end{cases} \tag{6.2.3}$$

引进复变量

$$\begin{cases} z_1 = x + \mathrm{i} y_1 \\ z_2 = x + \mathrm{i} y_2 \end{cases} \tag{6.2.4}$$

则 $\varphi(x, y_1)$ 与 $\psi(x, y_2)$ 可以有下列复表示：

$$\begin{cases} \varphi(x, y_1) = 2\mathrm{Re} F_1(z_1) = \left[F_1(z_1) + \overline{F_1(z_1)} \right] \\[2mm] \psi(x, y_2) = 2\mathrm{Im} F_2(z_2) = \mathrm{i} \left[F_2(z_2) + \overline{F_2(z_2)} \right] \end{cases} \tag{6.2.5}$$

式中，$F_1(z_1)$ 与 $F_2(z_2)$ 为 z_1 与 z_2 的任意解析函数，$\overline{F_1(z_1)}$ 与 $\overline{F_2(z_2)}$ 代表复共轭. 若引进

$$\begin{cases} \Phi(z_1) = \dfrac{\mathrm{d} F_1}{\mathrm{d} z_1} = F_1'(z_1) \\[3mm] \Psi(z_2) = \dfrac{\mathrm{d} F_2}{\mathrm{d} z_2} = F_2'(z_2) \end{cases} \tag{6.2.6}$$

则位移与应力的复表示为

$$\begin{cases} u = 2\mathrm{Re}(\Phi - \alpha_2 \Psi) \\ v = -2\mathrm{Im}(\alpha_1 \Phi - \Psi) \end{cases} \tag{6.2.7}$$

$$\begin{cases} \sigma_x = 2\mu \mathrm{Re} \left[(2\alpha_1^2 - \alpha_2^2 + 1) \Phi' - 2\alpha_2 \Psi' \right] \\[2mm] \sigma_y = -2\mu \mathrm{Re} \left[(1 + \alpha_2^2) \Phi' - 2\alpha_2 \Psi' \right] \\[2mm] \tau_{xy} = \tau_{yx} = -2\mu \mathrm{Im} \left[2\alpha_2 - (1 + \alpha_2^2) \Psi' \right] \end{cases} \tag{6.2.8}$$

和静态断裂力学一样，在物理平面(此处就是 z_1 平面，z_2 平面)上求解非常困难，需要借助共形变换转换到其他平面上来处理.

设映射函数

$$z_1,\ z_2 = \omega(\zeta) \tag{6.2.9}$$

把物理平面(z_1 平面，z_2 平面)上的区域变换成 ζ 平面上的 $\mathbb{D}_\zeta$ 的内部. 此处记

$$\begin{cases} \Phi(z_1) = \Phi[\omega(\zeta)] = \Phi_*(\zeta) \\ \Psi(z_2) = \Psi[\omega(\zeta)] = \Psi_*(\zeta) \end{cases} \tag{6.2.10}$$

同时，有

$$\begin{cases} \Phi(z_1) = \dfrac{\Phi'_*(\zeta)}{\omega'(\zeta)} \\[3mm] \Psi(z_2) = \dfrac{\Psi'_*(\zeta)}{\omega'(\zeta)} \end{cases} \tag{6.2.11}$$

把式(6.2.11)代入式(6.2.8)，则 σ_y 与 τ_{xy} 可表示成

$$\begin{cases} \sigma_y = -2\mu\left[\dfrac{G_1(\zeta)}{\omega'(\zeta)} + \overline{\dfrac{G_1(\zeta)}{\omega'(\zeta)}}\right] \\[4mm] \tau_{xy} = \tau_{yx} = -2\mathrm{i}\mu\left[\dfrac{G_2(\zeta)}{\omega'(\zeta)} + \overline{\dfrac{G_2(\zeta)}{\omega'(\zeta)}}\right] \end{cases} \tag{6.2.12}$$

式中

$$\begin{cases} G_1(\zeta) = (1+\alpha_2^2)\Phi'_*(\zeta) - 2\alpha_2\Psi'_*(\zeta) \\ G_2(\zeta) = 2\alpha_1\Phi'_*(\zeta) - (1+\alpha_2^2)\Psi'_*(\zeta) \end{cases} \tag{6.2.13}$$

设裂纹面用 L 表示，其上任意点 (x,y) 的应力 σ_y，τ_{xy} 给定如下：

$$\begin{cases} \sigma_y = -p_0 f_1(s) \\ \tau_{xy} = -\tau_0 f_2(s) \end{cases} \tag{6.2.14}$$

由式(6.2.12)及式(6.2.14)，可得

$$\begin{cases} \dfrac{G_1(\sigma)}{\omega'(\sigma)} + \overline{\dfrac{G_1(\sigma)}{\omega'(\sigma)}} = \dfrac{p_0}{2\mu}f_1(\sigma) \\[4mm] \dfrac{G_2(\sigma)}{\omega'(\sigma)} + \overline{\dfrac{G_2(\sigma)}{\omega'(\sigma)}} = -\mathrm{i}\dfrac{\tau_0}{2\mu}f_2(\sigma) \end{cases} \tag{6.2.15}$$

此处 σ 是 ζ 在单位圆域 $\mathbb{D}_\zeta$ 边界圆周 γ 上的取值，在变换(6.2.9)下，裂纹则变为 γ 或 γ 的一部分.

在方程(6.2.15)两端乘以 $\dfrac{\mathrm{d}\sigma}{2\pi\mathrm{i}(\sigma-\zeta)}$ 之后，沿 γ 积分，ζ 在 $\mathbb{D}_\zeta$ 内取值(即 $|\zeta|<1$)，对于某些映射函数 $\omega(\zeta)$，由 Cauchy 积分公式及解析延拓原理，可得

$$
\begin{cases}
G_1(\zeta) = \dfrac{p_0}{2\mu} \dfrac{1}{2\pi\mathrm{i}} \displaystyle\int_\gamma f_1(\sigma)\omega'(\sigma)\,\dfrac{\mathrm{d}\sigma}{\sigma-\zeta} \\[3mm]
G_2(\zeta) = -\mathrm{i}\,\dfrac{\tau_0}{2\mu} \dfrac{1}{2\pi\mathrm{i}} \displaystyle\int_\gamma f_2(\sigma)\omega'(\sigma)\,\dfrac{\mathrm{d}\sigma}{\sigma-\zeta}
\end{cases}
\tag{6.2.16}
$$

将给定的 $f_1(\sigma)$ 与 $f_2(\sigma)$ 代入上式，进一步用 Cauchy 积分便可计算出 $G_1(\zeta)$ 与 $G_2(\zeta)$，因而得到 $\Phi_*(\zeta)$ 与 $\Psi_*(\zeta)$，如此裂纹位移场 u，v 与应力场 σ_x，σ_y 与 $\tau_{xy}=\tau_{yx}$ 即被确定.

2. 解例

1) 运动 Griffith 裂纹的 Yoffe 解

对于长度为 $2a$ 的 Griffith 裂纹以常速 $\dot{a}=V=\text{const}$ 沿主裂纹面方向运动的情形，如图 6.1(a)所示，约飞(E. Y. Yoffe)于 1951 年给出了第一个完整的解析解.

由式(6.2.2)、式(6.2.3)，考虑到 $\varphi(x,y_1)$ 是 x 的偶函数，$\psi(x,y_2)$ 是 x 的奇函数，对 φ 作 Fourier 余弦变换，在变换域上解是容易得到的，然后再求其逆，得

$$
\begin{cases}
\varphi(x,y_1) = \dfrac{2}{\pi} \displaystyle\int_0^\infty A_1(s)\cos(sx)\exp(-\alpha_1 sy)\,\mathrm{d}s \\[3mm]
\psi(x,y_2) = \dfrac{2}{\pi} \displaystyle\int_0^\infty A_2(s)\sin(sx)\exp(-\alpha_2 sy)\,\mathrm{d}s
\end{cases}
\tag{6.2.17}
$$

其中 $A_1(s)$ 与 $A_2(s)$ 为待定函数.

在运动坐标系中，相应的边界条件为

$$
\begin{cases}
\tau_{xy}(x,0)=0, \quad -\infty<x<\infty \\[2mm]
\sigma_y(x,0)=-\sigma_0, \quad |x|<a \\[2mm]
v(x,0), \quad |x|>a \\[2mm]
\sigma\to 0, \ \tau\to 0, \ \sqrt{x^2+y^2}\to\infty
\end{cases}
\tag{6.2.18}
$$

由于这是一个稳态动力学问题，与初始条件无关，故由式(6.2.17)、应力-应变关系和应变-位移关系，以及边界条件(式(6.2.18))，得到对偶积分方程

$$\begin{cases} \int_0^\infty s A(s) \cos(sx) \, \mathrm{d}s = -\dfrac{\pi \sigma_0 M_2^2}{2\mu \left[(1+\alpha_2^2)^2 - 4\alpha_1 \alpha_2 \right]}, \ 0 < x < a \\ \int_0^\infty A(s) \cos(sx) \, \mathrm{d}s = 0, \ x > a \end{cases} \tag{6.2.19}$$

式中，$A(s)$ 为待定函数，并且

$$\begin{cases} A_1(s) = (1+\alpha_2^2)^2 \dfrac{A(s)}{s M_2^2} \\ A_2(s) = -2\alpha_1 \dfrac{A(s)}{s M_2^2} \\ M_2 = \dfrac{V}{c_2} \end{cases} \tag{6.2.20}$$

对偶积分方程 (6.2.19) 有解

$$A(s) = -\frac{\pi \sigma_0 M_2^2}{2\mu s \left[4\alpha_1 \alpha_2 - (1+\alpha_2^2)^2 \right]} J_1(as) \tag{6.2.21}$$

式中，$J_1(as)$ 为第一类一阶 Bessel 函数. 由此及应力公式，可得到

$$\sigma_y(y, 0) = \begin{cases} -\sigma_0, & |x| < a \\ \sigma_0 \left[\dfrac{x}{\sqrt{x^2 - a^2}} - 1 \right], & |x| > a \end{cases} \tag{6.2.22}$$

因而可得动态应力强度因子

$$K_{\mathrm{I}}(V) = \lim_{x \to 0} \sqrt{2\pi x} \, \sigma_y(x, 0) = \sqrt{\pi a} \, \sigma_0 \tag{6.2.23}$$

此动态应力强度因子与时间无关，也与裂纹运动速度无关，这是一种非常极端的情况，在实际中出现的概率趋于 0. 尽管如此，Yoffe 解所得到的渐进位移场与渐进应力场是很有意义的，其对常速、变速运动的裂纹均成立. 此处给出的 Yoffe 的解法虽没有直接应用复变方法(注：运动 Griffth 型裂纹问题也可以完全基于复变方法求解，拉多克、范天佑都有相关的工作)，但是其采用了伽利略变换来简化问题，这也是求解运动裂纹的 Radok-范天佑复变方法的出发点之一，再加上 Yoffe 解是运动裂纹问题解析求解有史以来的第一个结果，故在此对其进行简介.

2) 狭长体中的快速扩展裂纹的解

快速扩展裂纹问题在二十世纪六十年代以后有了一定进展. 克拉格斯(J. W. Craggs)最早提出了无限大体中半无限裂纹快速传播的问题，后来范天佑将其发展成狭长体中的某类半无限裂纹快速传播问题，如图 6.2 所示，并应用复变方法特别是共形变换方法对其进行

了探讨.

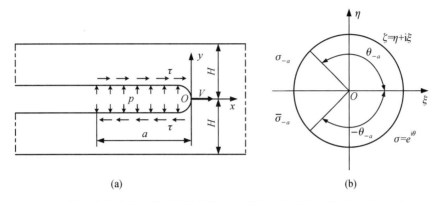

图 6.2 有限高狭长体中的单裂纹扩展模型及裂纹区域共形变换到 ζ 平面中的映像

按图 6.2(a)所示模型,裂纹面上一段长度为 a 的区域上,受内压力 p 或剪切应力作用(前者对应 Ⅰ 型裂纹,后者对应 Ⅱ 型裂纹). 若设裂纹面的载荷与裂纹顶端以同一速度向一个方向运动,则问题将大为简化.

将式(6.2.9)中的共形映射取为

$$\frac{z_1}{\alpha_1}, \ \frac{z_2}{\alpha_2} = \omega(\zeta) = \frac{H}{\pi}\ln\left[1+\left(\frac{1+\zeta}{1-\zeta}\right)^2\right] \tag{6.2.24}$$

其将物理平面(z_1 平面及 z_2 平面)上裂纹的外部映射成 ζ 平面上 $\mathbb{D}_\zeta$ 的内部,如图 6.2(b)所示,其中 σ 表示 ζ 在 γ 上之值,σ_{-a} 与 $y=0$,$x=-a$ 相对应,$\bar{\sigma}_{-a}$ 是 σ_{-a} 的复共轭,$\zeta=-1$ 与裂纹顶端 $y=0$,$x=0$ 相对应.

本例裂纹若属于 Ⅰ 型,则边界条件为

$$\begin{cases} y=\pm H, \ -\infty<x<\infty: \sigma_y=\tau_{xy}=0 \\ x=\pm\infty, \ -H<y<H: \sigma_x=\tau_{xy}=0 \\ y=0, \ -a<x<0: \sigma_y=-pf(x), \ \tau_{xy}=0 \\ y=0, \ x<-a: \sigma_y=\tau_{xy}=0 \end{cases} \tag{6.2.25}$$

将式(6.2.15)代入此边界条件,则有

$$\begin{cases} G_1(\sigma)+\dfrac{\omega'(\sigma)}{\overline{\omega'(\sigma)}}\overline{G_1(\sigma)}=\dfrac{p}{2\mu}f(\sigma)\omega'(\sigma) \\ \\ G_2(\sigma)-\dfrac{\omega'(\sigma)}{\overline{\omega'(\sigma)}}\overline{G_2(\sigma)}=0 \end{cases} \tag{6.2.26}$$

其中 $\sigma = \zeta\big|_\gamma = e^{i\vartheta}$，$f(\sigma)$ 对内压为常数的 I 型问题为

$$f(\sigma) = \begin{cases} 1, & \theta_{-a} < \theta < 2\pi - 2\theta_{-a} \\ 0, & \theta < \theta_{-a}, \ \theta > 2\pi - 2\theta_{-a} \end{cases} \tag{6.2.27}$$

将式(6.2.26)两边乘以 $\dfrac{\mathrm{d}\sigma}{2\pi\mathrm{i}(\sigma - \zeta)}$，然后沿 γ 积分，得到

$$\frac{1}{2\pi\mathrm{i}}\int_\gamma \frac{G_1(\sigma)}{\sigma - \zeta}\mathrm{d}\sigma + \frac{1}{2\pi\mathrm{i}}\int_\gamma \frac{\omega'(\sigma)}{\overline{\omega'(\sigma)}}\overline{G_1(\sigma)}\,\frac{\mathrm{d}\sigma}{\sigma - \zeta} = \frac{p}{2\pi\mu}\frac{1}{2\pi\mathrm{i}}\int_\gamma f(\sigma)\omega'(\sigma)\frac{\mathrm{d}\sigma}{\sigma - \zeta}$$

$$\frac{1}{2\pi\mathrm{i}}\int_\gamma \frac{G_2(\sigma)}{\sigma - \zeta}\mathrm{d}\sigma - \frac{1}{2\pi\mathrm{i}}\int_\gamma \frac{\omega'(\sigma)}{\overline{\omega'(\sigma)}}\overline{G_2(\sigma)}\,\frac{\mathrm{d}\sigma}{\sigma - \zeta} = 0$$

进一步计算可得

$$\begin{cases} G_1(\zeta) = -\dfrac{p}{2\pi^2\mathrm{i}\mu}\left\{\dfrac{1}{1-\zeta}\ln(\sigma - 1) - \dfrac{1+\zeta}{(1-\zeta)(1+\zeta^2)}\ln(\sigma - \zeta)\right. \\ \left. \qquad\qquad - \dfrac{\zeta}{2(1+\zeta^2)}\ln(1+\sigma^2) + \dfrac{1}{2(1+\zeta^2)}\ln\dfrac{\sigma-1}{\sigma+\mathrm{i}}\right\}_{\sigma = \sigma_{-a}}^{\sigma = \overline{\sigma}_{-a}} \\ G_2(\zeta) = 0 \end{cases}$$

因而

$$\begin{cases} \Phi'_*(\zeta) = \dfrac{-(1+\alpha_2^2)/\alpha_2}{4\alpha_1\alpha_2 - (1+\alpha_2^2)^2}G_1(\zeta) \\ \Psi'_*(\zeta) = \dfrac{-2\alpha_1/\alpha_2}{4\alpha_1\alpha_2 - (1+\alpha_2^2)^2}G_1(\zeta) \end{cases} \tag{6.2.28}$$

式中

$$\sigma_a = \zeta\big|_{z_1 = -a} = \zeta\big|_{z_2 = -a}$$

$$\zeta = \omega^{-1}(z_1) = \frac{\left[-\exp\left(\dfrac{\pi z_1}{\alpha_1 H}\right) + 2\mathrm{i}\sqrt{1 - \exp\left(\dfrac{\pi z_1}{\alpha_1 H}\right)}\,\right]}{\left[2 - \exp\left(\dfrac{\pi z_1}{\alpha_1 H}\right)\right]}$$

$$= \omega^{-1}(z_2) = \frac{\left[-\exp\left(\dfrac{\pi z_2}{\alpha_2 H}\right) + 2\mathrm{i}\sqrt{1 - \exp\left(\dfrac{\pi z_2}{\alpha_2 H}\right)}\,\right]}{\left[2 - \exp\left(\dfrac{\pi z_2}{\alpha_2 H}\right)\right]}$$

因为已经计算出了 $\Phi'_*(\zeta)$，也就相当于得到了 $\Phi'(z_1)$，所以可以进一步求出应力强度因

子. 例如对于 I 型裂纹, 应力强度因子为

$$K_{\mathrm{I}}(V)=\frac{\sqrt{\alpha_1}\sqrt{2}\,p\,\sqrt{H}}{2\pi}\ln\left\{\frac{\left[2\exp\left(\frac{\pi a}{\alpha_1 H}\right)-1+2\exp\left(\frac{\pi a}{\alpha_1 H}\right)\sqrt{1-\exp\left(-\frac{\pi a}{\alpha_1 H}\right)}\right]}{\left[2\exp\left(\frac{\pi a}{\alpha_1 H}\right)-1-2\exp\left(\frac{\pi a}{\alpha_1 H}\right)\sqrt{1-\exp\left(-\frac{\pi a}{\alpha_1 H}\right)}\right]}\right\}$$

详细计算过程可参阅文献[18].

6.2.2　动力相似原理方法

在求解快速传播裂纹时, 克拉格斯引入了一种方法, 其本质上为一种复变函数解法, 但是与前述 Radok-范天佑方法有很大的不同. Radok-范天佑方法是引入伽利略变换将动态问题"静态化", 而克拉格斯的方法则是采用变换

$$\begin{cases} \omega=\dfrac{r}{t} \\[2mm] \theta=\arctan\left(\dfrac{y}{x}\right)^{-1} \\[2mm] r=\sqrt{x^2+y^2} \end{cases} \tag{6.2.29}$$

把物理时间-空间坐标(x,y,t)转化成平面极坐标(ω,θ), 如图 6.3 所示.

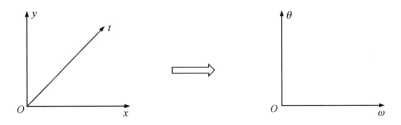

图 6.3　时空坐标系的降维转换示意图

在极坐标(r,θ)中, 有

$$u_r=\frac{\partial\varphi_1}{\partial r}+\frac{1}{r}\frac{\partial\psi_1}{\partial\theta},\ u_\theta=\frac{1}{r}\frac{\partial\varphi_1}{\partial\theta}-\frac{\partial\psi_1}{\partial r} \tag{6.2.30}$$

并且

$$\begin{cases} \left(\dfrac{\partial^2}{\partial r^2} + \dfrac{1}{r}\dfrac{\partial}{\partial r} + \dfrac{1}{r^2}\dfrac{\partial^2}{\partial \theta^2} \right)\varphi_1 = \dfrac{1}{c_1^2}\dfrac{\partial^2 \varphi_1}{\partial t^2} \\[3mm] \left(\dfrac{\partial^2}{\partial r^2} + \dfrac{1}{r}\dfrac{\partial}{\partial r} + \dfrac{1}{r^2}\dfrac{\partial^2}{\partial \theta^2} \right)\psi_1 = \dfrac{1}{c_2^2}\dfrac{\partial^2 \psi_1}{\partial t^2} \end{cases} \tag{6.2.31}$$

在变换(6.2.26)下,方程组(6.2.28)化为

$$\begin{cases} \omega^2\left(1-\dfrac{\omega^2}{c_1^2}\right)\dfrac{\partial^2 \varphi}{\partial \omega^2} + \omega\left(1-\dfrac{2\omega^2}{c_1^2}\right)\dfrac{\partial^2 \varphi}{\partial \omega^2} + \dfrac{\partial^2 \varphi}{\partial \theta^2} = 0 \\[3mm] \omega^2\left(1-\dfrac{\omega^2}{c_2^2}\right)\dfrac{\partial^2 \psi}{\partial \omega^2} + \omega\left(1-\dfrac{2\omega^2}{c_2^2}\right)\dfrac{\partial^2 \psi}{\partial \omega^2} + \dfrac{\partial^2 \psi}{\partial \theta^2} = 0 \end{cases} \tag{6.2.32}$$

这样,波函数便化成了两个变量 ω 和 θ 的函数,即

$$\varphi_1(x,\,y,\,t) = \varphi_1(r,\,\theta,\,t) = \varphi(\omega,\,t)$$

$$\psi_1(x,\,y,\,t) = \psi_1(r,\,\theta,\,t) = \psi(\omega,\,t)$$

此处 ω 具有速度的量纲. 一般情况下,总是假定介质扰动源的运动速度都小于弹性波速度,故作如下约定:

$$\omega < c_2 < c_1 \tag{6.2.33}$$

若作变换

$$\omega = c_1 \operatorname{sech}(-\beta_1) = c_2 \operatorname{sech}(-\beta_2) \tag{6.2.34}$$

或

$$\beta_1 = -\operatorname{arcsech}\left(\dfrac{\omega}{c_1}\right),\ \beta_2 = -\operatorname{arcsech}\left(\dfrac{\omega}{c_2}\right) \tag{6.2.34'}$$

则方程组(6.2.32)化成

$$\dfrac{\partial^2 \varphi}{\partial \beta_1^2} + \dfrac{\partial^2 \varphi}{\partial \theta^2} = 0,\ \dfrac{\partial^2 \psi}{\partial \beta_2^2} + \dfrac{\partial^2 \psi}{\partial \theta^2} = 0 \tag{6.2.35}$$

引进复变量

$$\zeta_1 = \beta_1 + i\theta,\ \zeta_2 = \beta_2 + i\theta \tag{6.2.36}$$

则 $\varphi(\beta_1,\,\theta)$ 与 $\psi(\beta_2,\,\theta)$ 可以表示成任意解析函数 $f_1(\zeta_1)$ 与 $f_2(\zeta_2)$ 的实部或虚部,例如

$$\varphi(\beta_1,\,\theta) = \operatorname{Re} f_1(\zeta_1),\ \psi(\beta_2,\,\theta) = \operatorname{Re} f_2(\zeta_2) \tag{6.2.37}$$

这样 $(\omega,\,\theta)$ 平面上的问题转化成两个复平面 ζ_1 与 ζ_2 上的问题,如图 6.4 所示. 虽然 $\varphi(\zeta_1)$ 与 $\psi(\zeta_2)$ 分别定义在 ζ_1 平面与 ζ_2 平面上,但应力与 $\varphi(\zeta_1)$ 和 $\psi(\zeta_2)$ 均有联系,自然地边界条件也是如此,而 $f_1(\zeta_1)$ 与 $f_2(\zeta_2)$ 必须由边界条件去确定. 物理平面的区域及其

边界条件在经过两次变换(6.2.29)、(6.2.34)后,已经变得很复杂,采用共形变换已不可能.

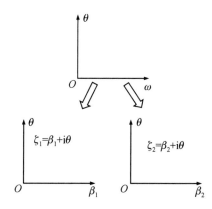

图 6.4　极坐标平面的双复平面化

在变换(6.2.29)下,于极坐标系中,以自变量 ω 与 θ 的函数表示位移:

$$u_r = \frac{1}{r}\left(\omega\,\frac{\partial\varphi}{\partial\omega} + \frac{\partial\psi}{\partial\theta}\right),\ u_\theta = \frac{1}{r}\left(\frac{\partial\varphi}{\partial\theta} - \omega\,\frac{\partial\psi}{\partial\omega}\right) \tag{6.2.38}$$

以自变量 ω 与 θ 的函数表示应力:

$$\sigma_r = \frac{\rho}{r^2}\left[c_1^2\omega^2\frac{\partial^2\varphi}{\partial\omega^2} + (c_1^2 - 2c_2^2)\left(\omega\,\frac{\partial\varphi}{\partial\omega} + \frac{\partial^2\varphi}{\partial\theta^2}\right) + 2c_2^2\left(\omega\,\frac{\partial^2\psi}{\partial\omega\partial\theta} - \frac{\partial\psi}{\partial\theta}\right)\right]$$

$$\sigma_\theta = \frac{\rho}{r^2}\left[(c_1^2 - 2c_2^2)\omega^2\frac{\partial^2\varphi}{\partial\omega^2} + c_1^2\left(\omega\,\frac{\partial\varphi}{\partial\omega} + \frac{\partial^2\varphi}{\partial\theta^2}\right) - \left(\omega\,\frac{\partial^2\psi}{\partial\omega\partial\theta} - \frac{\partial\psi}{\partial\theta}\right)\right]$$

$$\tau_{r\theta} = \tau_{\theta r} = \frac{\rho c_2^2}{r^2}\left[2\omega\,\frac{\partial^2\varphi}{\partial\omega\partial\theta} - 2\,\frac{\partial\varphi}{\partial\theta} + \frac{\partial^2\psi}{\partial\theta^2} + \omega\,\frac{\partial\psi}{\partial\omega} - \omega^2\frac{\partial^2\psi}{\partial\omega^2}\right]$$

另一种等价的简化表达式如下:

$$\begin{cases} \sigma_r = \dfrac{2(\lambda+\mu)}{c_1^2 t^2}\dfrac{\partial}{\partial\omega}\left(\omega^2\dfrac{\partial\psi}{\partial\omega}\right) - \sigma_{\theta\theta} \\[3mm] \sigma_\theta = \dfrac{\mu}{t^2}\dfrac{\partial}{\partial\omega}\left[\left(\dfrac{\omega^2}{c_2^2} - 2\right)\dfrac{\partial\varphi}{\partial\omega} - \dfrac{2}{\omega}\dfrac{\partial\psi}{\partial\theta}\right] \\[3mm] \tau_{r\theta} = \tau_{\theta r} = \dfrac{\mu}{t^2}\dfrac{\partial}{\partial\omega}\left[\dfrac{2}{\omega}\dfrac{\partial\varphi}{\partial\omega} - \left(\dfrac{\omega^2}{c_2^2} - 2\right)\dfrac{\partial\psi}{\partial\omega}\right] \end{cases} \tag{6.2.39}$$

将式(6.2.37)代入上式,便能得到位移的复表示.

6.3　扩展裂纹问题与 Loewner 理论

前面已经介绍了扩展裂纹问题的几种复变解法,但要求得解析解,则始终要对裂纹的几何特征和运动状态做十分苛刻的限制.如 Yoffe 运动裂纹是长度不变的恒速运动裂纹,这在实际中是极难出现的特例.范天佑提出的有限高狭长体中的定向恒速扩展裂纹模型虽然和真实试样与结构更为接近,但毕竟是在"无限长"及"定向扩展"限制下来讨论的,这样得出的解按照著名力学家卡尼伦(M. F. Kanninen)的评价是"它们都不具备实际应用价值".这个评价也许有些偏颇和绝对,但确实也折射出人们在研究这类问题时面临的尴尬状况.

其实导致这类问题在理论分析上难以对付的主要原因,一是所谓的"裂纹增长的不可知性",也就是扩展裂纹的尺寸本身是一个随时间变化的未知函数,并且对这种变化人们事先并不知道其任何规律;二是裂纹场的"时变性",即在已知(任意)裂纹增长规律的情况下,如何有效地确定裂纹周边的随时间变化的应力场、应变场仍然十分棘手.当然归根结底还是缺乏处理这类力学问题的有效数学工具,至少在过去相当长一段时间内是这样的.

同样是基于复变解法,近来一些新的数学工具的开发应用,给这类问题的研究带来了新的起色.特别是在裂纹"准静态扩展"的研究方面,单叶函数论经典技术的引入,尤其是 Loewner 理论的成功应用使该问题的研究取得了突破,而对于裂纹快速扩展问题的研究同样也有了新的解题思路.

6.3.1　裂纹准静态扩展路径的精确解

裂纹扩展过程中的发展路径如果可以确定的话,对其动态场的求解是大有益处的,然而如何预测裂纹的扩展本身就是一个困难的问题,相关的理论研究长期以来也没有大的突破.近来,奥里加借助单叶函数理论中的强有力方法在裂纹"准静态扩展"路径的确定方面取得了可喜的进展,他在文献[19]中探讨了模型 Ⅲ 场中脆性材料的裂纹准静态扩展问题,借助 Schiffer 边界变分方法并依最大能量释放原理确定了一类裂纹扩展的最佳路径，并以此为裂纹扩展的试验路径(Trial path)由弦 Loewner 微分方程给出了实现扩展的标量条件. 下面对奥里加的此项工作做较为详细的介绍.

1. 裂纹准静态扩展的条件

当假定平面裂纹从平衡状态向附近任意方向做足够小的虚拟扩展时，裂纹的变化量为 δl，此过程中弹性势能的变化为 $\delta E(\leqslant 0)$，裂纹耗散的能量为 $\delta Q(\geqslant 0)$. 此处，$-\delta E = \delta W$ 可以认为是来自势能 E 的广义力的功，而 $\delta Q = k\delta l$，其中 $k \geqslant 0$ 是材料常数.

裂纹的稳定平衡条件是对所有方向上足够小的虚拟扩展，存在所谓的 Fourier 不等式：

$$-\delta E \leqslant \delta Q \tag{6.3.1}$$

如果在所有方向上式(6.3.1)总是取严格不等式，则裂纹稳定静止不会扩展；如上式在某些方向上取等式：

$$-\delta E = \delta Q \tag{6.3.2}$$

则可以认为裂纹会沿着一条曲线准静态增长(扩展). 显然这里定义的准静态扩展从物理的视角来描述是介于"有速"运动扩展与完全静止之间的一种状态，当然是"极缓慢"而不计惯性的.

由 Fourier 不等式(6.3.1)及临界增长条件(6.3.2)可以推测，裂纹将试图在最大释放能量(即 $-\delta E/\delta l$ 须保持最大)与最小能量耗散之间找到某种平衡.

2. 反平面场

模型Ⅲ或反平面场是最简单的一种二维弹性场，对这类场中的裂纹来讲，裂纹尖端附近的位移问题是已经解决了的，其特点是位移场和应力的两个分量只有一个标量函数. 下面考虑全平面上的裂纹问题. 不失一般性，设初始裂纹为全平面中的半线缝隙 $\Gamma_0 = \{(x, 0): x \leqslant 0\}$，则弹性域为平面 $\mathbb{R}^2$ 删除裂纹 Γ_0，初始位移场 u_0 为满足以下边值问题的任意实函数：

$$\Delta u_0 = 0, \quad x \in \mathbb{R}^2 \backslash \Gamma_0 \tag{6.3.3}$$

$$\frac{\partial u_0}{\partial n}(x) = 0, \quad x \in \mathbb{R}^2 \backslash \Gamma_0 \tag{6.3.4}$$

其中 $\Delta = \partial^2/\partial x_1^2 + \partial^2/\partial x_2^2$ 是 Laplace 算子，式(6.3.4)也称为 Neumann 条件，该条件基于沿裂纹没有给定的法向力. 此外，还需要能量条件：

$$\int_{B_r(0)\backslash\Gamma_0}|\nabla u_0|^2\mathrm{d}x<\infty,\ \forall\, r>0 \qquad (6.3.5)$$

其中 $B_r(0)$ 是以原点为中心半径为 r 的圆. 式(6.3.5)约束着 u_0 在裂纹尖端附近的行为, 并使计算任何裂纹扩展的能量变化具备了实际意义. 另外, 通过分段光滑曲线 Γ 定义 Γ_0 的扩展演化, 使得 $\Gamma_0\subset\Gamma$.

对于由扩展裂纹来给定边界的场 u, 将满足平衡方程(6.3.3)、Neumann 条件(6.3.4)以及能量有限条件(6.3.5)(此时将 Γ_0 替换为 Γ 而 $B_r(0)$ 替换为 $B_r(\mathrm{tip}(\Gamma))$). 另一方面, 一旦 u_0 和 Γ 在无穷远处附加进一步条件后给出, 则映射 u 是唯一的, 且对 x 一致地有下式成立:

$$\lim_{x\to\infty}|u(x)-u_0(x)|=0 \qquad (6.3.6)$$

场 u 的唯一性可通过 $\mathbb{R}^2\backslash\Gamma$ 到上半平面的共形映射结合 Schwarz 反射原理、Liouville 定理及式(6.3.6)而得到证明.

值得注意的是, 能量泛函

$$E(u)=\frac{1}{2}\int_{\mathbb{R}^2\backslash\Gamma}|\nabla u|^2 \qquad (6.3.7)$$

不一定是有限的, 而能量增量

$$\Delta E=\frac{1}{2}\int_{\Delta\Gamma}[u]\frac{\partial u_0}{\partial n^+} \qquad (6.3.8)$$

是有限量, 其中 $\Delta\Gamma=\Gamma\backslash\Gamma_0$, $[u]=u^+-u^-$ 表征位移场在 $\Delta\Gamma$ 上的跳跃、非连续特性, 上标 "$+$" 及 "$-$" 表示 $\Delta\Gamma$ 两侧面上场的上、下限. 此外, $\partial/\partial n^+$ 是考虑扩展裂纹表面外法线方向的方向导数, 如图 6.5 所示. 式(6.3.8)对任意形状的有限扩展 $\Delta\Gamma$ 均有效, 它表示裂纹从 Γ_0 变为 Γ 时弹力所做的功.

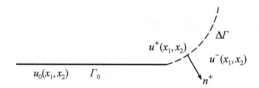

图 6.5　全平面上的半线裂纹及其扩展模型

3. 能量增量的复表示及裂纹映射

设 $\mathbb{C}$ 表示复平面, $\hat{\mathbb{C}}=\mathbb{C}\cup\infty$ 表示扩充复平面, $\mathbb{H}$ 为上半平面 $\mathrm{Im}z>0$, $\hat{\mathbb{H}}=\mathbb{H}\cup\mathbb{R}$ 是 $\mathbb{H}$

的闭包.

由调和函数的基本性质,存在一复函数 η,在 $\mathbb{C}\backslash\Gamma$ 中解析,使得

$$\mathrm{Re}\,\eta(\zeta)=u \tag{6.3.9}$$

并且

$$\begin{cases} \eta'(\zeta)=\dfrac{\partial u}{\partial x_1}-\mathrm{i}\,\dfrac{\partial u}{\partial x_2} \\[2mm] \zeta=x_1+\mathrm{i}x_2 \end{cases} \tag{6.3.10}$$

设 $\Delta\Gamma$ 是 Jordan 弧. 由 Riemann 映射定理,可以将 $\mathbb{C}\backslash\Gamma$ 一一地共形映射到上半平面 $\mathbb{H}$. 用 $f:z\in\mathbb{H}\mapsto\zeta\in\mathbb{C}\backslash\Gamma$ 表示其中的一个映射的逆,由共形映射的 Carathéodory 边界延拓定理(见定理 1.2.4)可知其可以连续扩展到实轴. 如图 6.6 所示,当 $\Gamma=\Gamma_0$(即 $\Delta\Gamma=\varnothing$)时,取 $f(z)\equiv f_0(z)=-z^2$. 当 $\Gamma\supset\Gamma_0$(即 $\Delta\Gamma\neq\varnothing$)时,实轴上存在有限闭区间 I 使得

$$f^{-1}(\Delta\Gamma)=I \tag{6.3.11}$$

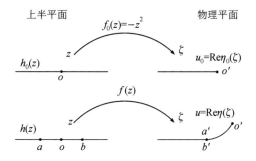

图 6.6　半线裂纹扩展平面到上半平面的逆映射

考虑函数

$$h(z)=\eta\circ f_0(z),\ z\in\mathbb{H} \tag{6.3.12}$$

有

$$h'(z)=\eta'(f(z))f'(z)=\left(\frac{\partial u}{\partial t}-\mathrm{i}\,\frac{\partial u}{\partial n}\right)|f'(z)| \tag{6.3.13}$$

(t,n) 表示轴 (z_1,z_2) 通过映射 f 到 ζ 平面上的像的方向. 就函数 h 而言,边界条件采用如下形式:

$$\mathrm{Im}\,h'(z)=0,\ z\in\mathbb{R}$$

由 Schwarz 对称原理,可以用下式将 h' 解析延拓到下半平面:

$$h'(z) = \overline{h'(\bar{z})} \tag{6.3.14}$$

根据条件(6.3.5)，排除了原点周围的任何奇点. 注意到：

$$h_0(z) = \eta_0 \circ f_0(z) \tag{6.3.15}$$

至此，通过复平面中的积分可以得到能量增量(6.3.8)的复表示：

$$\Delta E = \frac{1}{2} \int_I \operatorname{Re} h(x) \operatorname{Im}(\eta_0 \circ f)'(x) \, \mathrm{d}x = \frac{\mathrm{i}}{4} \int_C h(z)(\eta_0 \circ f)'(z) \mathrm{d}z$$

$$= \frac{1}{4\mathrm{i}} \int_C h'(z) h_0(f_0^{-1} \circ f(z)) \mathrm{d}z \tag{6.3.16}$$

其中 C 是围绕区间 I 的闭合路径.

定义一个映射

$$F(z) = f_0^{-1} \circ f(z) = \sqrt{-f(z)} \tag{6.3.17}$$

将 z 平面上的 $\mathbb{H}$ 映射为 w 平面上的 $\mathbb{H} \setminus \gamma$，$\gamma = \sqrt{-\Delta\Gamma}$ 为 $\mathbb{H}$ 中有限的 Jordan 弧，如图 6.7 所示.

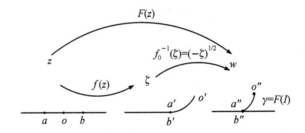

图 6.7 上半平面到含裂纹扩展增量的上半平面的复合映射

显然，ΔE 决定于初始场与曲线 γ，而 γ 又定义了共形映射 F 及 z 平面上的区间 I. 这就是说，γ 可以看作是 w 平面上一个共形映射 F 的略去集，而不断变化增长的裂纹 $\Delta\Gamma$（对应于 γ）可以由 F 的一组略去集来刻画. 另外根据式(6.3.14)，h 在 C 中解析并且允许变量 z 的展开具有实系数，即

$$h(z) = \sum_{n=0}^{\infty} c_n z^n, \ c_n \in \mathbb{R} \tag{6.3.18}$$

将式(6.3.17)、式(6.3.18)代入式(6.3.16)，则

$$\Delta E = \frac{1}{4\mathrm{i}} \int_C \left(\sum_{j=1}^{\infty} j c_j(\gamma) z^{j-1} \right) \left(\sum_{k=0}^{\infty} c_k (F(z, \gamma))^k \right) \mathrm{d}z \tag{6.3.19}$$

设对应于所有可能的扩展裂纹的映射 F 构成族 $\mathcal{F}$，当族 $\mathcal{F}$ 满足适当条件紧化以后，借助合适的变分方法便能在 $\mathcal{F}$ 中针对裂纹增长过程中的某些泛函极值问题进行分析并获得定性的解答.

4. 按能量最大释放率确定的最优裂纹扩展路径

首先，可以取合适的函数 f（在对 z 进行适当的比例变化之后），使得对于某个 $Z>0$，F 可以展开成如下形式：

$$F(z,\gamma)=z+b_0(\gamma)+\frac{b_1(\gamma)}{z}+\cdots,\ |z|>Z,\ b_i\in\mathbb{R}$$

为了对每一个略去集都有唯一的表示，需要对映射函数 F 做所谓的"流体动力学正规化"（Hydrodynamic Normalization）处理，而所有正规化后的 F 构成 $\mathcal{F}$ 的子族 $\mathcal{F}_R$. 具体地讲，就是给定 $R>0$，对于任意 $F\in\mathcal{F}_R$，须满足以下正规化条件：

（1）对于 $x\in\mathbb{R}$，有 $F(x)\in\mathbb{R}$，且使得 $|x|>2R$.

（2）在 ∞ 附近有展开式

$$F(z)=z+\frac{b_1}{z}+\frac{b_2}{z^2}+\cdots,\ z\to\infty$$

在以上正规化条件下，容易证明裂纹的尺度可由区间 I 的长度控制. 显然这种对裂纹长度的限定是人为的，并非实际裂纹的物理约束条件，这在考虑能量耗散因素时是不恰当的，因为能量耗散是以实际裂纹长度来计算的. 不过在只考虑能量最大释放而不计能量耗散的情况下来预测最佳裂纹扩展路径时，这保证了裂纹按任意长度增长的一种约束（虽无物理意义但有必要），随后将进行的分析也就基于此考量.

可以证明在一致收敛的拓扑下对于紧集上的函数而言，$\mathcal{F}_R$ 是紧的（详细论证可参阅文献[19]），并且由初等单叶函数论中的面积定理（见定理 2.1.1），可得

$$|b_n|\leqslant n^{-1/2}(2R)^{n+1},\ n=1,2,\cdots \tag{6.3.20}$$

这样就给出了对应于扩展裂纹的一个正规化的紧族 $\mathcal{F}_R$，此时结合式（6.3.20），则 ΔE 可以重新表示为

$$\Delta E=\frac{1}{4\mathrm{i}}\int_C\left(c_1^2 F(z)+c_1 c_2\Big(F(z)^2+2F(z)(z+b_0(F))\Big)\right)\mathrm{d}z+O(R^4)$$

$$=\frac{\pi}{2}\left(c_1^2 b_1(F)+4c_1 c_2\Big(b_0(F)b_1(F)+b_2(F)\Big)\right)+O(R^4),\ R\to\infty$$

以上积分路径 C 围绕闭区间 $[-2R, 2R]$. 根据正规化条件(2), 显然 $b_0(F) \equiv 0$, 则当 $R \to 0^+$ 时(即裂纹发生足够小的扩展), 作为问题的近似处理, 可以在 $\mathscr{F}_R$ 上采用如下的能量泛函:

$$\varepsilon(F) = \frac{\pi}{2}(c_1^2 b_1(F) + 4c_1 c_2 b_2(F)) \tag{6.3.21}$$

其中 c_1, $c_2 \in \mathbb{R}$ 已给定, 则 $\varepsilon(F)$ 为紧族 $\mathscr{F}_R$ 上的连续泛函, 那么至少存在一个 $F \in \mathscr{F}_R$ 能使 $\varepsilon(F)$ 最小化, 也就是能使 $-\varepsilon(F)$ 取得最大值.

考虑由映射给定的 F 的单叶变分

$$\chi(w) = w + \frac{\lambda_r}{w - w_0} + o(r^2), \quad r \to 0^+$$

其中 $w_0 \in \mathbb{H}$ 属于 F 的略去值集合, λ_r 满足

$$\lim_{r \to 0^+} r^{-2} |\lambda_r| > 0$$

泛函 $\varepsilon(F)$ 的实部为

$$\mathrm{Re}\{\varepsilon(\chi \circ F)\} - \mathrm{Re}\{\varepsilon(F)\} = \lambda_r \ell\left(\frac{1}{F - w_0}; F\right) + o(r^2)$$

此处 $\ell(\cdot; F)$ 是 $\mathrm{Re}\{\varepsilon\}$ 在 F 处的 Fréchet 微分, 那么必然有

$$\mathrm{Re}\{\lambda_r s(w_0) + o(r^2)\} \geqslant 0$$

对于略去集中的所有 w_0 成立, 其中

$$s(w_0) = \ell\left(\frac{1}{F - w_0}; F\right)$$

再由 Schiffer 边界变分定理(见定理 3.3.1), 则导出略去集的二次微分

$$s(w(t))\left(\frac{\mathrm{d}w}{\mathrm{d}t}\right)^2 < 0 \tag{6.3.22}$$

为计算轨迹, 必须找到 s 的显式表达, 为此作如下变分:

$$\frac{\varepsilon}{F - w}, \quad |\varepsilon| \ll 1$$

则系数 b_1、b_2 的变化可表示为

$$\frac{\mathrm{d}b_1}{\mathrm{d}\varepsilon} = 1$$

$$\frac{\mathrm{d}b_2}{\mathrm{d}\varepsilon} = w$$

于是

$$\ell\left(\frac{1}{F-w};\ F\right)=\frac{\pi}{2}(c_1^2+4c_1c_2w)$$

因而式(6.3.22)变为

$$(c_1^2+4c_1c_2w)\left(\frac{\mathrm{d}w}{\mathrm{d}t}\right)^2<0 \qquad (6.3.23)$$

当选择合适的参数化后，也有下式成立：

$$\sqrt{(c_1^2+4c_1c_2w)}\,\frac{\mathrm{d}w}{\mathrm{d}t}=\mathrm{i} \qquad (6.3.23')$$

当假定 $c_1c_2\neq0$ 时，则有

$$(c_1^2+4c_1c_2w)^{3/2}=6c_1c_2\mathrm{i}t+k \qquad (6.3.24)$$

其中 k 为取决于 R 的积分常数. 如果假定裂纹增长必须从原点开始，则必有 $k=|c_1|^3$，代入式(6.3.24)，就得

$$w(t)=\frac{(6c_1c_2\mathrm{i}t+|c_1|^3)^{2/3}-c_1^2}{4c_1c_2} \qquad (6.3.25)$$

取 $-(w(t)^2)$ 关于 t 在 $t=0$ 附近的 Taylor 展开，有

$$-\left(\frac{(6c_1c_2\mathrm{i}t+|c_1|^3)^{2/3}-c_1^2}{4c_1c_2}\right)^2=\frac{t^2}{c_1^2}-2\mathrm{i}\frac{c_2}{c_1}\frac{t^3}{|c_1|^3}+O(t^4)$$

由此得到开始扩展后裂纹的"行为"，也可以理解为裂纹增长的路径：

$$x_1\approx\frac{t^2}{c_1^2},\ x_2=-2\frac{c_2}{c_1}\frac{t^3}{|c_1|^3}\approx-2\frac{c_2}{c_1}x_1^{3/2} \qquad (6.3.26)$$

　　值得注意的是，借助于 Schiffer 边界变分法获得的这种裂纹扩展路径只是在能量释放最大的前提下得到的，而实际裂纹扩展还必须受到能量耗散的约束，即必须满足式 (6.3.2)，因而目前得到的扩展路径在实际的物理背景下可能并不完全正确，故只能作为一种"试验路径"(Trial Paths). 尽管如此，通过变分方法所获得的这类定性的结果绝不是无用的，一方面可以据此再附加物理条件以后对路径进行修正，另一方面也可以按此"试验路径"对裂纹的性态作进一步的考察.

5. 最佳扩展路径的确证及实现条件

　　在考虑能量耗散的情形下，即在满足式(6.3.2)的约束下，由 Schiffer 边界变分法所得到的裂纹最佳扩展路径是否为真呢？以下将借助强有力的 Loewner 理论来对此问题给出

解答.

考虑图 6.7 中的映射 F,仍然按前述正规化条件(2)进行正规化,显然 w 平面上的弧 γ 的两侧值与 z 平面上区间 I 以及 ζ 平面上的裂纹增量 $\Delta\Gamma$ 有一一对应关系,且 $F(I)=\gamma$.

在上半平面 $\mathbb{H}$ 中将 γ 参数化,$\gamma(t):0<t<T$,其中 t 为时间参数,$\gamma(t)$ 则视为裂纹尖端的演化,时间 t 内整条扩展弧表示为 $\gamma[0,t]$. 考虑所有扩展试验路径均从原点开始的假定,则 $\gamma(0)=0$. 可以选择参数 t,使得每一个正规化的映射(记为 F_t,$F_t:\mathbb{H}\backslash\gamma[0,t]\to\mathbb{H}$)的系数 $b_1(t)$ 为 $-2t$,则

$$F_t(z)=z-\frac{2t}{z}-\frac{b_2(t)}{z^2}+O\left(\frac{1}{z^3}\right) \tag{6.3.27}$$

另外,定义 w_t 为 $F_t^{-1}(\gamma(t))$,显然,$w_t\in\mathbb{R}$. 可以证明(见本书第 2 章)F_t 满足以下的弦 Loewner 微分方程:

$$\frac{\partial F_t(z)}{\partial t}=-\frac{\partial F_t(z)}{\partial z}\cdot\frac{2}{z-w_t},\ F_0(z)=z \tag{6.3.28}$$

反之,若给定 w_t(即驱动函数),则当其为范数较小且指数为 $1/2$ 的 Hölder 连续函数时,方程(6.3.28)生成裂纹映射 F_t.

当驱动函数为线性函数,即 $w_t=\lambda t$ 时,有

$$\frac{\partial F_t(z)}{\partial t}=-\frac{\partial F_t(z)}{\partial z}\cdot\frac{2}{z-\lambda t},\ F_0(z)=z \tag{6.3.29}$$

方程(6.3.29)可以精确解出(参阅文献[20]),由此得到裂纹在弹性平面中扩展的渐进行为(即扩展路径的演化趋势):

$$y=-\frac{\lambda}{3}x^{3/2}+o(x^{3/2}) \tag{6.3.30}$$

式(6.3.30)为平面直角坐标系 xOy 中的裂纹轨迹方程,y 等同于 x_2,x 等同于 x_1,显然这与 Schiffer 边界变分法所得到的定性结果是一致的. 但若仅止于此,似乎 Loewner 方法的意义并不显著,因为方程中线性驱动函数的设定,明显是在 Schiffer 方法获得最优路径方案的提示下人为"拼凑"的一个选项,解出的相应结果仅仅是对最优路径所提示方案的一个佐证,其真实性不会超过 Schiffer 方案. 不过这种看法是欠妥的,对此拟从两个方面加以说明:

(1)在应用 Loewner 方法时,基于时间变量已经将扩展裂纹参数化,而 Loewner 方程实际上是在某种外在物理条件下(取某种驱动函数)刻画裂纹扩展的过程,方程的唯一解是

对实际裂纹扩展的进一步(虽然并不完全)准确的描述. 换句话讲，Loewner 方法得到的结果更具"真实"性. 之前用 Schiffer 边界变分法所得到的定性结果实际上对采用 Loewner 方法寻求"真实"解起到了指引作用，在很大程度上缩小了构造驱动函数的范围. 当然理论上也存在一种可能，即在某类弹性场域中的裂纹扩展问题，由 Schiffer 方法得到的某种路径方案无法通过 Loewner 方程的解加以印证，这也就表明单纯基于最大能量释放原则的这种扩展方案可能并不存在.

(2) 另外，在使用 Loewner 演化刻画裂纹扩展时，这个过程中某些物理约束能较方便地依时间变量进行描述，比如实际裂纹扩展时必须考虑的能量耗散等，因此能基于 Loewner 方程依相应的物理约束作进一步的分析，进而对最优扩展给出一些具有明确意义的限制条件，这是应用 Loewner 方法的独特优势. 作为例证，以下做进一步的分析讨论.

对于正规化的 F_t，展开如下：

$$F_t = z + \frac{b_1(t)}{z} + \frac{b_2(t)}{z^2} + \cdots, \quad z \to \infty$$

则有

$$\frac{\partial F_t(z)}{\partial t} = \frac{b_1'(t)}{z} + \frac{b_2'(t)}{z^2} + \cdots, \quad z \to \infty$$

$$\frac{\partial F_t(z)}{\partial z} = 1 - \frac{b_1(t)}{z^2} - 2\frac{b_2(t)}{z^3} + \cdots, \quad z \to \infty$$

由式(6.3.29)可得

$$\frac{b_1'(t)}{z} + \frac{b_2'(t)}{z^2} + O(z^{-3}) = \frac{2}{z - \lambda t}\left(1 - \frac{b_1(t)}{z^2} - 2\frac{b_2(t)}{z^3} + O(z^{-4})\right)$$

$$= -\frac{2}{z} - \frac{2\lambda t}{z^2} + O(z^{-3})$$

由此得到唯一解：

$$b_1(t) = -2t, \quad b_2(t) = -\lambda t^2$$

依时间 t 的扩展将释放一定能量，据式(6.3.21)可以给出

$$\delta E = \frac{\pi}{2}(c_1^2 b_1(F_t) + 4c_1 c_2 b_2(F_t)) + O(t^3)$$

$$= -\pi c_1^2 t - 2\pi \lambda c_1 c_2 t^2 + O(t^3)$$

当 λ 取定时，对应的式(6.3.29)的解记为 $F_{\lambda,t}(z)$. 容易证明，可以通过 $F_{1,t}$ 获得每

一个解：

$$F_{\lambda,t}(z) = \frac{1}{\lambda} F_{1,\lambda^2 t}(\lambda z)$$

值得注意的是，此处因子 $1/\lambda$ 必须要做"流体动力学正规化"处理. 可以证明奇点 $\gamma_{\lambda,t}$（注：t 时刻裂纹端点）的轨迹满足

$$\gamma_{\lambda,t} = \begin{cases} \dfrac{1}{\lambda} \gamma_{1,\lambda^2 t}, & \lambda > 0 \\[2mm] \dfrac{1}{\lambda} \overline{\gamma_{1,\lambda^2 t}}, & \lambda < 0 \end{cases} \tag{6.3.31}$$

并且当 $t \to 0$ 时，有

$$\gamma_{1,t} = 2\mathrm{i}t^{1/2} + \frac{2}{3}t - \frac{\mathrm{i}}{18}t^{3/2} + O(t^2)$$

代入式（6.3.31），则有

$$\gamma_{\lambda,t} = 2\mathrm{i}t^{1/2} + \frac{2}{3}\lambda t - \frac{\mathrm{i}}{18}\lambda^2 t^{3/2} + O(t^2)$$

于是物理平面中的试验路径可由下式给出：

$$-(\gamma_{\lambda,t})^2 = 4t - \frac{8}{3}\mathrm{i}\lambda t^{3/2} + O(t^{5/2}) - \frac{2}{3}\lambda^2 t^2$$

最终，裂纹扩展的长度可近似表示为

$$l(t) = 4\int_0^t \sqrt{\left(1 - \frac{\lambda^2}{3}\tau\right)^2 + \lambda^2 \tau + O(\tau^2)}\,\mathrm{d}\tau$$

$$= 4t + \frac{2\lambda^2}{3}t^2 + O(t^3)$$

由此可以得到

$$-\delta E - \delta Q = (\pi c_1^2 - 4k)t + \left(2\pi\lambda c_1 c_2 - \frac{2k\lambda^2}{3}\right)t^2 + O(t^3) \tag{6.3.32}$$

在文献[21]中已经证明，任何足够强的初始裂纹场的任何扩展必须满足

$$|c_1| = \sqrt{\frac{4k}{\pi}} \tag{6.3.33}$$

故在线性驱动函数条件下，裂纹实现最佳扩展满足的 Fourier 条件（6.3.1）实则为

$$-\delta E - \delta Q = \left(2\pi\lambda c_1 c_2 - \frac{2k\lambda^2}{3}\right)t^2 + O(t^3) \leqslant 0$$

而临界条件可由上式关于 λ 求极大值而获得，即

$$\lambda = \frac{3\pi c_1 c_2}{2k} \tag{6.3.34}$$

这表明了扩展驱动与裂纹增长形状的内在联系. 若将式(6.3.34)代回式(6.3.32)，则当 $c_2 \neq 0$ 时，有

$$-\delta E - \delta Q = \frac{3}{2} \frac{\pi^2}{k} c_1^2 c_2^2 t^2 + O(t^3) > 0$$

这是有违准静态增长条件(6.3.1)、(6.3.2)的. 故对于我们所研究的弹性域上的这类裂纹的准静态扩展问题，除遵从式(6.3.33)的要求以外，还必须满足 $c_2 = 0$ 的条件.

6.3.2　裂纹准静态扩展时裂纹场的近似分析解

前一节介绍了基于弦 Loewner 方程及 Schiffer 边界变分法去寻求 III 型反平面场中裂纹准静态扩展的最佳可能路径的解法. 实际上已在准静态条件下基本解决了 III 型反平面场中全平面半线裂纹增长的"不可知"问题，这对于其他类型平面场中同类问题的求解提供了参考和指南. 本节将利用径向 Loewner 方程、全平面 Loewner 方程及 Goluzin 变分法求取准静态扩展条件下裂纹场的近似分析解. 这涉及笔者在文献[22]、[23]中的相关工作，其中涉及变分方法的应用方面在一定程度上受到拉夫连季耶夫在文献[26]中对共形映射变分的一些一般性说明的启发. 诚然，在复平面区域上研究问题时，对区域任意的变分不一定能导致收敛与逼近原区域上所论问题的结果，但作为一种近似分析手段，在变分区域上研究相关问题同样具有考察所论述问题的一般性规律与特性的作用，而作理论分析时，已知的一些变分函数往往比用一般方法(例如多项式逼近法)获得的构造性函数更具体也更便于应用. 尤其重要的是，基于区域的核收敛性质(见定理 2.2.7)，构造变分区域(变分函数)过程中如适当考虑一定的约束，让变分区域(变分函数)嵌入收敛列，则同样能得到所论述问题具有收敛性和逼近特征的结果. 对 S 族函数的已知变分公式如考虑收敛性，就得做必要的改造和修正，这需要大篇幅的研究和讨论，为紧扣本节主题并尽量简洁地阐明裂纹场近似分析解的求解思路，以下在应用 Goluzin 变分的环节中均采用未加改造的原变分公式.

1. 借助 Loewner 方程求解准静态扩展裂纹场的基本思路

下面以大尺度裂纹扩展为背景来阐明解法的基本轮廓. 设有一个大尺度平面断裂问题，裂纹从边沿循任意路径向平面中某一定点扩展，裂纹边界受外载荷已知，求裂纹缓慢

稳定扩展过程中的平面应力场.

可以将此问题抽象为复平面 $\mathbb{C}$ 除去由有穷点延伸至 ∞ 的光滑裂纹 Γ 的模型，如图 6.8 所示. 对任意时刻 T，裂纹生成为 Γ_t，$\Lambda(t)$ 对应裂纹此刻的尖点，设 D_t 为全平面上 Γ_t 的补集. 考虑裂纹内扩的假定，则 $T \to \infty$ 时，$\Lambda(t) \to w_0$，故参数 $t \in [0, \infty)$，$t = 1/T$. 现在的问题是要确定此时刻裂纹在外载荷作用下的应力场，即域 D_t 上的复应力函数 $\varphi(w, t)$，$\psi(w, t)$. 为使问题简化，假设外载荷已知，则问题就转化为在边界应力 $f(t)$ 下，求解关于 D_t 的弹性平衡问题，即关于 D_t、Γ_t 求解边值问题：

$$\varphi(\tau, t) + \tau \overline{\varphi'(\tau, t)} + \overline{\psi(\tau, t)} = f(\tau), \quad \tau \in \pm\Gamma_t \bigcup \Lambda(t) \bigcup \infty \qquad (6.3.35)$$

其中 $\pm\Gamma_t$ 表示由 Γ_t 生成的两侧边界.

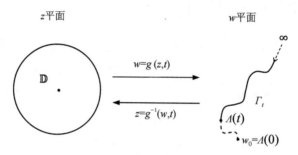

图 6.8 单位圆域到单裂纹平面的共形映射

为便于求解并刻画场的连续变化，取 S_L 族函数 $g(z, t)$ 将 $\mathbb{D}$ 映成 D_t（该函数由式 (2.3.1) 定义），由定理 2.3.2′ 可知 $g(z, t)$ 可按以下初值问题解出，（其中 $f(z)$，$k(t)$ 已知）：

$$\begin{cases} \dfrac{\partial g(z, t)}{\partial t} = \dfrac{\partial g(z, t)}{\partial z} \cdot z \cdot \dfrac{1 + k(t)z}{1 - k(t)z}, \quad |k(t)| = 1 \\ g(z, 0) = f(z) \end{cases} \qquad (6.3.36)$$

设 $\lambda(t) = e^{i\theta(t)} \in |z| = 1$，则 $g(e^{i\theta(t)}, t)$ 与 $\Lambda(t)$ 对应，而 $\Lambda(t)$ 是一个 inward 点. 很显然 $g'(z, t)$ 不能连续到 $\lambda(t)$，故引入 $g(z, t)$ 的具有光滑边界的变分 $g^*(z, t)$，其在 $\Lambda(t)$ 及 ∞ 点均足够光滑，$g^*(z, t)$ 将 $|z| < 1$ 映成 D_t 的变分区域 D_t^*，则以上边值问题就成为

$$\varphi(\sigma, t) + \frac{g^*(\sigma, t)}{g_\sigma^{*'}(\sigma, t)} \overline{\varphi_\sigma'(\sigma, t)} + \overline{\psi(\sigma, t)} = f(g^*(\sigma, t)), \quad \sigma \in |z| = 1 \qquad (6.3.37)$$

其中 $g_\sigma^{*'}(\sigma, t)$、$\varphi_\sigma'(\sigma, t)$ 为函数对 σ 的导数.

在 z 平面单位圆域上解此边值问题，求出 $\varphi(z, t)$、$\psi(z, t)$，将 $z = g^{*-1}(w, t)$ 代入.

即可求出 $\varphi(w, t)$、$\psi(w, t)$ 的近似解 $\varphi^*(w, t)$、$\psi^*(w, t)$.

按以上思路求解裂纹扩展问题，具体操作起来存在一些技术上的困难，有些难点似乎也没有十分简单的解决方案，以下对相关要点作进一步的说明.

1）边值问题的解法

在单位圆域上求解边值问题(6.3.37)，按文献[12]中所述的方法原则上是可解的，但实际过程非常烦琐.

2）具有光滑边界变分函数的构造问题

构造合适的变分函数可以有多种途径，但没有一种是十分简单的，而 Goluzin 变分较为细致且不是太过复杂，故可按 Goluzin 变分公式来构造函数显式(Goluzin 变分定理可参阅定理 3.2.1).

在 Goluzin 定理 3.2.1 中，当 $f(z) = z + \sum\limits_{n=2}^{\infty} a_n z^n \in S$ 时，取定理中函数 $q(z)$ 为最简单形式(这不影响最终结果)：

$$q(z) = e^{i\alpha}, \ p(z) = 0, \ \alpha \neq 0, \pi$$

则有

$$w^* = F(z, \lambda) = f(z) + \lambda e^{i\alpha}, \ \lambda > 0 \tag{6.3.38}$$

由此可得 $f(z)$ 的变分函数

$$f^*(z) = f(z) + \lambda z f'(z) \left[\varphi_1(z) + \frac{e^{i\alpha}}{z f'(z)} \right] +$$

$$\lambda^2 z f'(z) \cdot \left[\varphi_2(z) + \left(\frac{1}{2} + \frac{z f''(z)}{f'(z)} \right) \varphi_1(z)^2 \right] + o(\lambda^3) \tag{6.3.39}$$

其中

$$\varphi_1(z) = -\frac{e^{i\alpha}}{z} + e^{-i\alpha} z$$

$$\varphi_2(z) = -e^{2i\alpha} \left(\frac{1}{2z^2} + \frac{a_2}{z} \right) + e^{-2i\alpha} \left(\frac{z^2}{2} + \overline{a_2} z \right)$$

按 $f^{*'}(0) = \lim\limits_{z \to 0} \dfrac{f^*(z)}{z}$ 求出 $f^{*'}(0)$，则可将 $f^{*'}(z)$ 标准化：

$$F^* = \frac{f^*(z)}{f^{*'}(0)} \in S \tag{6.3.40}$$

此时，边界曲线 C 的参数表示，实际上就是 $w(\theta)=F^{*}(\mathrm{e}^{\mathrm{i}\theta})$，$0\leqslant\theta\leqslant2\pi$，即只与 θ 有关的函数，要使 $F^{*}(z)$ 具有到 $|z|\leqslant1$ 上的连续开拓，由定理 1.2.8，C 的参数表示 $w(\theta)$ 必须满足 Dini 光滑条件，也就是 $w'(\theta)$ 为 Dini 连续，即满足

$$\int_{0}^{\pi}\frac{\omega(t)}{t}\mathrm{d}t<\infty \tag{6.3.41}$$

其中

$$\omega(\delta,w'(\theta))=\sup\{|w'(\theta_{1})-w'(\theta_{2})|:\theta_{1},\theta_{2}\in[0,2\pi]\},\ |\theta_{1}-\theta_{2}|<\delta$$

为 $w'(\theta)$ 的连续模。由式（6.3.38）、式（6.3.39）、式（6.3.40）可知，要满足光滑条件（6.3.41），实际上只要合适地选择变分函数中的 α 与 λ 即可，这就是说在裂纹解中代入 $g(z,t)$ 的变分 $g^{*}(z,t)$，同时选择 α，λ，使 $g^{*}(\mathrm{e}^{\mathrm{i}\theta},t)$ 满足条件（6.3.41）。

3）关于 $g(z,t)$ 的具体求解问题

$g(z,t)$ 隐含于 Loewner 方程中，对每一种具体裂纹，要求出 $g(z,t)$，驱动函数 $k(t)$ 是必须要知道的，但不是任取模为 1 的连续复值函数 $k(t)$ 均能得到裂纹解，正如注记 2.3.1 已提到过的，什么是 $k(t)$ 使方程得到裂纹解的充要条件，目前在数学中还是一个待解决的问题。已知 $k'(t)$ 连续，由方程（2.3.3）可得裂纹解 $f(z,t)$（$f(z,t)$ 由式（2.3.2）定义），从而在同样条件限定下，由方程（2.3.10）所得解 $g(z,t)$ 就为裂纹映射。要具体求出 $g(z,t)$，除 $k'(t)$ 的连续性要求以外，需要给出 $k(t)$ 的显式，显然 $k(t)$ 与裂纹映射 $f(z)$ $\in S_{L}$ 或 $g(z,0)$ 有直接关联，故由 $g(z,0)$ 获得表征区域整体几何性质的函数 $k(t)$ 是必须解决的问题，这也就相当于裂纹扩展路径须预先给出。

2. 圆界区域上一类准静态扩展裂纹场的近似解析解

如图 6.9 所示，设有半径为 r 的圆平面，有裂纹由边界生成并随着时间的推移向内缓慢扩展，这类由边界生成并向域内扩展的裂纹姑且称其为"内扩裂纹"。不失一般性，令 $r=1$，则得到一区域，其边界为单位圆周与圆内裂纹的并。设在任意时刻 t，裂纹扩展到圆内某一点，若已知应力边界条件，求此时刻裂纹面上的应力场与位移场。

图 6.9　含内扩裂纹的圆界区域模型

下面给出该问题在某种扩展路径下的一个近似解答. 以 γ_t 表示任意时刻 t 圆平面上的裂纹，$\lambda(t)$ 表示裂纹尖点，其中 $t \in [0, \infty)$. 考虑裂纹内扩的假定，令裂纹（物理）平面在 $t = 0$ 时刻对应复平面 w 上的区域（包含原点）$\Omega_0 = \mathbb{D}_w$，裂纹在任意 t 时刻，对应 $\Omega_t = \mathbb{D}_w \backslash \gamma_t$，而当 $t \to \infty$ 时，裂纹扩展至 w_0，并假设裂纹不过圆心. 设 $w = f(z, t) \in S, t \in [0, \infty)$ 由式 (2.3.2) 定义，该函数为将复平面 z 上单位圆盘 $\mathbb{D}$ 映射为 Ω_t 的单叶解析函数，$w = f(z, 0) = z$，如图 6.10 所示. 那么按定理 2.3.2，$w = f(z, t)$ 可由 Loewner 方程解出，在第 2 章中已提到，库法雷夫证明了 $k'(t)$ 在 $[0, \infty)$ 上连续方能得到裂纹解 $f(z, t)$，由此只要满足 $k'(t)$ 连续的条件，则任取一个连续驱动函数 $k(t)$，$|k(t)| = 1$ 就完全决定了一条单位圆盘上的裂纹及其几何形态.

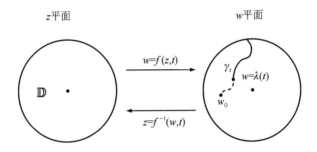

图 6.10　单位圆域到含内扩单裂纹的单位圆域的共形映射

如前所述，当裂纹缓慢稳定扩展（准静态扩展）时，该弹性平面问题的求解相当于解如下与时间 t 相关的边值问题：

$$\varphi(\tau, t) + \overline{\tau \varphi'(\tau, t)} + \overline{\psi(\tau, t)} = F(\tau, t), \tau \in \pm \gamma_t \bigcup \lambda(t) \bigcup |w| = 1 \quad (6.3.42)$$

其中 $\pm \gamma_t$ 为裂纹两侧边界，而

$$F(\tau, t) = \mathrm{i} \int_L (X_n(\tau, t) + \mathrm{i} Y_n(\tau, t)) \mathrm{d}s, L = \pm \gamma_t \bigcup \lambda(t) \bigcup |w| = 1$$

为由边界应力所确定的一个函数，$X_n(\tau, t)$、$Y_n(\tau, t)$ 为 t 时刻，τ 点应力在水平方向及垂直方向的分量.

在一般情形下解析地求解边值问题 (6.3.42) 几乎是不可能的，但当裂纹及区域满足一定的几何条件时，可以给出该问题的近似分析解.

首先，为简化边值问题的求解，利用 $z = f^{-1}(w, t)$ 将裂纹圆域 Ω_t 映于 z 平面的单位圆域上来进行讨论，这样式 (6.3.42) 将转化成

$$\varphi(\sigma,t)+\frac{f(\sigma,t)}{f_\sigma{}'(\sigma,t)}\,\overline{\varphi_\sigma'(\sigma,t)}+\overline{\psi(\sigma,t)}=F(f(\sigma,t),t),\quad\sigma\in|z|=1 \qquad (6.3.43)$$

其中 $f_\sigma{}'(\sigma,t)$、$\varphi_\sigma'(\sigma,t)$ 为函数对 σ 的导数.

因为在裂纹端点及裂纹与圆周的交点处存在角点和尖点，所以映射函数的导数不能完全连续到边界上. 为此，设 Ω_t^* 为 Ω_t 的具有充分光滑边界的一个变分区域，$\Gamma_t^*=\partial\Omega_t^*$ 为变分区域 Ω_t^* 的边界，如图 6.11 所示，令 $w^*=f^*(z,t)$ 为 $f(z,t)$ 的某种变分，则该变分映射函数将 z 平面 $\mathbb{D}$ 映射为 w 平面的变分区域 Ω_t^*，若在变分区域 Ω_t^* 上讨论该边值问题，则式(6.3.43)成为

$$\varphi(\sigma,t)+\frac{f^*(\sigma,t)}{f_\sigma^{*'}(\sigma,t)}\,\overline{\varphi_\sigma'(\sigma,t)}+\overline{\psi(\sigma,t)}=F(f^*(\sigma,t),t);\quad\sigma\in|z|=1 \qquad (6.3.44)$$

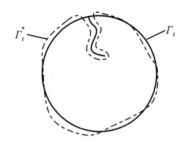

图 6.11　含内扩裂纹的单位圆域及其变分区域 Ω_t^*

为了获得该裂纹扩展问题的一种具体显式解，还需再补充设定裂纹扩展过程中满足的一些具体条件.

(1) 几何条件：区域转换映射 $f(z,t)$ 的某种变分 $f^*(z,t)$ 满足 $\dfrac{f^*(z,t)}{f^{*'}(z,t)}=z$；驱动函数 $k(t)=\mathrm{e}^{-i\alpha}$，$\alpha$ 为任意实常数，裂纹足够光滑.

(2) 扩展状态：裂纹极缓慢地向内域扩展(准静态扩展).

(3) 边界条件：边界受分布压力 $P(t)$.

注：这些条件仅仅决定了圆界域裂纹扩展场的某一种类型，当然可以更换条件而得到另一种类型的研究对象.

如此，由定理 2.3.2，当 $k(t)=\mathrm{e}^{-i\alpha}$，$\alpha$ 为任意实常数时，令 $w=f(z,t)$，则

$$\frac{\partial w}{\partial t}=-w\,\frac{\mathrm{e}^{i\alpha}+w}{\mathrm{e}^{i\alpha}-w}$$

固定 z，则有

$$\frac{\mathrm{e}^{\mathrm{i}\alpha}-w}{w(\mathrm{e}^{\mathrm{i}\alpha}+w)}\mathrm{d}w = -\mathrm{d}t$$

积分得

$$\int_z^w \frac{\mathrm{e}^{\mathrm{i}\alpha}-w}{w(\mathrm{e}^{\mathrm{i}\alpha}+w)}\mathrm{d}w = -\int_0^t \mathrm{d}t$$

$$\ln\frac{w}{z} - 2\ln\left(1+\frac{w}{\mathrm{e}^{\mathrm{i}\alpha}}\right) + 2\ln\left(1+\frac{z}{\mathrm{e}^{\mathrm{i}\alpha}}\right) = -t$$

$$w\left(1+\frac{z}{\mathrm{e}^{\mathrm{i}\alpha}}\right)^2 - z\left(1+\frac{w}{\mathrm{e}^{\mathrm{i}\alpha}}\right)^2 \mathrm{e}^{-t} = 0 \tag{6.3.45}$$

由式(6.3.45)即可确定 w，下面仍然按 Goluzin 变分定理来构造 w 的变分. 在 Goluzin 变分公式中取 $F(z,\lambda)=f(z)+\lambda\mathrm{e}^{\mathrm{i}\beta}$，其中 λ，β 为常数，则 $f(z,t)$ 的变分为

$$f^{\otimes}(z,t) = w + \lambda z w'\left[\varphi_1(z) + \frac{\mathrm{e}^{\mathrm{i}\beta}}{zw'}\right] + \lambda^2 z w'\left[\varphi_2(z) + \left(\frac{1}{2}+\frac{zw''}{2w'}\right)\varphi_1(z)^2\right] + o(\lambda^3)$$

其中

$$\varphi_1(z) = -\frac{\mathrm{e}^{\mathrm{i}\alpha}}{z} + \mathrm{e}^{-\mathrm{i}\alpha}z$$

$$\varphi_2(z) = -\mathrm{e}^{\mathrm{i}2\alpha}\left(\frac{1}{2z^2}+\frac{a_2(t)}{z}\right) + \mathrm{e}^{-\mathrm{i}2\alpha}\left(\frac{z^2}{2}+\overline{a_2(t)}z\right)$$

进行标准化处理，即 $\dfrac{f^{\otimes}(z,t)}{f^{\otimes\prime}(0,t)} = f^*(z,t)\in S$，故

$$w^* = f^*(z,t)$$

$$= w + \lambda(\mathrm{e}^{\mathrm{i}\alpha}+2a_2(t)\mathrm{e}^{\mathrm{i}\beta}w+zw'\varphi_1(z) + \lambda^2\{(1+6a_2(t)^2\,\mathrm{e}^{\mathrm{i}\beta}-3a_3(t)\mathrm{e}^{2\mathrm{i}\beta})w +$$

$$zw'\left[2a_2(t)\mathrm{e}^{\mathrm{i}\beta}\left(\varphi_1(z)+\frac{\mathrm{e}^{\mathrm{i}\beta}}{zw'}+\frac{1}{2}\left(1+\frac{zw''}{w'}\right)\varphi_1(z)^2+\varphi_2(z)\right)\right]\} + o(\lambda^3) \tag{6.3.46}$$

注：① 系数 $a_2(t)$ 的含义参考 Goluzin 定理 3.2.1 中的式(3.2.8)；② 显然 φ_1、φ_2 均是关于 z、t 的函数，为避免与应力函数混淆，此处简记为 $\varphi_1(z)$、$\varphi_2(z)$.

设变分区域 Ω_t^* 的边界曲线为 Γ_t^*，其解析表示显然是将 $z=\mathrm{e}^{\mathrm{i}\theta}$ 代入式(2.3.2)得 $F(\theta)=f^*(\mathrm{e}^{\mathrm{i}\theta},t)$，此即为 Γ_t^* 以 $\theta\in[0,2\pi]$ 为参数的参数表示式. $f^{*\prime}(\mathrm{e}^{\mathrm{i}\theta},t)$ 要在 Γ^* 上

连续开拓，只要满足 Dini 光滑条件(式(6.3.41))，其中 $\omega(\delta, w^{*'}(\theta)=\sup\{|F'(\theta_1)-F'(\theta_2)|:\theta_1, \theta_2\in[0, 2\pi]\}$，$|\theta_1-\theta_2|<\delta$ 为 $F'(\theta)$ 的连续模，选择合适的 β，λ 代入式 (6.3.46)，使式(6.3.41)成立即可.

如图 6.12 所示，求解任意时刻 w 平面变分区域 Ω_t^* 的场转化为求区域 $\mathbb{D}$ 的场，可由式 (6.3.44)进行求解，此时分布载荷 $p(t)$ 和式(6.3.44)中右边外应力函数项相对应，在 $\mathbb{D}$ 的边界上任意 σ 点，有关系

$$X_n(\sigma, t)+\mathrm{i}Y_n(\sigma, t)=-p(\sigma, t)\cdot\mathrm{e}^{\mathrm{i}\theta}$$
$$F(f^*(\sigma, t), t)=-\mathrm{i}\int_L p(\sigma, t)\,\mathrm{e}^{\mathrm{i}\theta}\mathrm{d}\theta \tag{6.3.47}$$

z平面 w平面

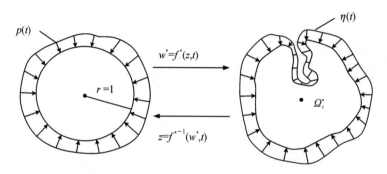

图 6.12   单位圆域到变分区域 Ω_t^* 的共形映射

根据文献[12]提供的方法，对圆域 $\mathbb{D}$ 可简化边界上积分方程的解法，从式(6.3.44) 解得

$$\begin{cases}\varphi(z, t)=\dfrac{1}{2\pi\mathrm{i}}\displaystyle\int_L \frac{F(f^*(\sigma, t), t)}{\sigma-z}\mathrm{d}\sigma+\mathrm{Re}B\cdot z\\[3mm]\psi(z, t)=\dfrac{1}{2\pi\mathrm{i}}\displaystyle\int_L \frac{\overline{F(f^*(\sigma, t), t)}}{\sigma-z}\mathrm{d}\sigma-\dfrac{1}{2\pi\mathrm{i}}\displaystyle\int_L \frac{\bar{\sigma}F'(f^*(\sigma, t), t)}{\sigma-z}\mathrm{d}\sigma\end{cases} \tag{6.3.48}$$

其中

$$\mathrm{Re}B=-\frac{1}{4\pi}\mathrm{Im}\int_L \frac{F(f^*(\sigma, t), t)}{\sigma}\mathrm{d}\sigma$$

结合式(6.3.46)，将 $z=f^{*-1}(w^*, t)$ 代入式(6.3.48)，便得到变分区域上应力函数的近似解 $\varphi(w^*, t)$、$\psi(w^*, t)$，此解析式中的 w^* 由式(6.3.45)、式(6.3.46)给定. 特别

地，当场域更加特殊时，如共形变换后 $p(t) = p = $ 常数，则

$$F((f^*\sigma, t), t) = p\mathrm{i}\int_L \mathrm{e}^{\mathrm{i}\theta}\mathrm{d}\theta = -pt$$

此时

$$\varphi(z, t) = -\frac{1}{2}pz, \quad \psi(z, t) \equiv 0$$

由此则有

$$\varphi(w^*, t) = \frac{1}{2}pf^{*-1}(w^*, t), \quad \psi(w^*, t) \equiv 0 \qquad (6.3.49)$$

因为 $w^* = f^*(z, t) = z + c_2(t)z^2 + c_3(t)z^3 + \cdots \in S$ 在 $|z| < 1$ 中单叶解析，且 $c_1(t) = 1 \neq 0$，所以由解析函数反函数的 Lagrange 公式，在变分区域 Ω_t^* 中原点附近邻域，即在 w 面上，对某一 $\delta > 0$，当 $|w| < \delta$ 时，有

$$z = f^{*-1}(w^*, t) = \sum_{n=1}^{\infty} \frac{1}{n!} \frac{\mathrm{d}^{n-1}}{\mathrm{d}\zeta^{n-1}}\left(\frac{\zeta}{f^*(\zeta, t)}\right)^n \bigg|_{\zeta=0} \cdot f^*(z, t)^n \qquad (6.3.50)$$

将式(6.3.50)代入式(6.3.48)，便得原点附近解的明确显式，特别地，当 $p(t) = p = $ 常数时，有

$$\begin{cases} \varphi(w^*, t) = -\frac{1}{2}p \cdot \sum_{n=1}^{\infty} \frac{1}{n!} \frac{d^{n-1}}{d\zeta^{n-1}}\left(\frac{\zeta}{f^*(\zeta, t)}\right)^n \bigg|_{\zeta=0} \cdot f^*(z, t)^n \\ \psi(w^*, t) \equiv 0 \end{cases} \qquad (6.3.51)$$

6.3.3　有界区域内裂纹快速扩展的一种解法

当扩展过程的速度较高时，动态效应将十分明显，此时决定应力场、应变场的将不可能仅是几何因素与边界条件，如何将裂纹传播速度的因素考虑进去，这是一个困难的问题. 按权威文献[17]的介绍，目前只能在有限的几种特殊情形下得到裂纹尖端附近(应力、应变)场的渐进分析解，从而给出相应的应力强度因子. 其中传统复变方法的解法首先由拉多克提出，随后格拉威尔(G. M. L. Gladwell)进行了改进，我国断裂力学专家范天佑教授于二十世纪八十年代后期进一步改进了该方法，得到了一些特殊模型的分析解. 为了从纯数学的角度得到分析解，在应用这种经典复分析方法(Radok-范天佑方法)进行的分析讨论中，对模型附加了许多条件，如裂纹扩展速度定常且定向、裂纹长度不变、边界条件恒定等，这样在使用伽利略变换后，可以使数学分析过程相对简化，不过这么做所得结果与实

际情形相去甚远，其工程价值是极其有限的.

若将 Loewner 理论引入上述这类动态问题的研究中，则当裂纹常速、定向扩展时，可以克服变动边界带来的困难而获得裂纹扩展过程中应力、应变场的时变解，从而在一定程度上实现对 Radok-范天佑方法的改进. 下面结合一个例子说明该方法.

如图 6.13 所示，对有界弹性平面 D 中由边界向域内的常速、定向的裂纹扩展模型建立固定坐标系 xOy，动坐标系 $x_T O_T y_T$.

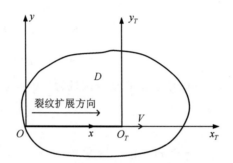

图 6.13　含定向快速内扩裂纹的有界区域模型

如果裂纹做等速、定向扩展，则在坐标系 xOy 与 $x_T O_T y_T$ 间实行伽利略变换：

$$x_T = x - VT, \quad y_T = y \tag{6.3.52}$$

那么裂纹平面 D 满足的弹性动力学方程组(6.1.14)可化成 Laplace 方程组：

$$\begin{cases} \left(\dfrac{\partial^2}{\partial x_T^2} + \dfrac{\partial^2}{\partial y_1^2}\right)\varphi = 0 \\ \left(\dfrac{\partial^2}{\partial x_T^2} + \dfrac{\partial^2}{\partial y_2^2}\right)\psi = 0 \end{cases} \tag{6.3.53}$$

其中

$$y_1 = \alpha_1 y, \quad y_2 = \alpha_2 y, \quad \alpha_1 = \left(1 - \frac{V^2}{c_1^2}\right)^{\frac{1}{2}}, \quad \alpha_2 = \left(1 - \frac{V^2}{c_2^2}\right)^{\frac{1}{2}}$$

φ、ψ 为式(6.1.11)定义的 Lamè 势函数，V 为裂纹扩展速度.

仿照 Radok-范天佑方法的处理技巧，这里也引入两个复变量

$$z_1 = x_T + iy_1, \quad z_2 = x_T + iy_2$$

则在 T 时刻，Lamè 势函数可以表示为

$$\varphi(x_T, y_1) = 2\mathrm{Re}F_1(z_1, T) = F_1(z_1, T) + \overline{F_1(z_1, T)}$$

$$\psi(x_T, y_2) = 2\mathrm{Im}F_2(z_2, T) = \mathrm{i}\big[F_2(z_2, T) - \overline{F_2(z_2, T)}\big]$$

$F_1(z_1, T)$、$F_2(z_2, T)$ 分别为与 z_1，z_2 有关的解析函数，$\overline{F_1(z_1, T)}$、$\overline{F_2(z_2, T)}$ 为各自复共轭，若令

$$\begin{cases} \Phi(z, T) = \dfrac{\mathrm{d}F_1}{\mathrm{d}z_1} \\[2mm] \Psi(z, T) = \dfrac{\mathrm{d}F_2}{\mathrm{d}z_2} \end{cases}$$

则可以将 T 时刻的位移与应力表示为

$$\begin{cases} u_{x_T} = 2\mathrm{Re}(\Phi - \alpha_2\Psi) \\ v_y = -2\mathrm{Im}(\alpha_1\Phi - \Psi) \end{cases} \tag{6.3.54}$$

$$\begin{cases} \sigma_{x_T} = 2\mu\mathrm{Re}\big[(2\alpha_1^2 - \alpha_2^2 + 1)\Phi' - 2\alpha_2\Psi'\big] \\ \sigma_y = -2\mu\mathrm{Re}\big[(1 + \alpha_2^2)\Phi' - 2\alpha_2\Psi'\big] \\ \tau_{x_Ty} = \tau_{yx_T} = -2\mu\mathrm{Im}\big[2\alpha_2\Phi' - (1 + \alpha_2^2)\Psi'\big] \end{cases} \tag{6.3.55}$$

可按断裂静力学的处理方法求 Φ、Ψ，在明确时刻 T 的边界条件时，可按解析函数的边值问题的解法求出. 但一般来说，在一段时间范围内，求出随时间变化的 Φ、Ψ 是极其困难的，造成这种困难的原因有三：一是裂纹扩展过程中随时间变动的边界导致区域几何形态不具有确定性(对有界区域尤其显著)，二是扩展过程中边界条件的变更，三是在一般区域上求解边值问题本身具有很大的难度.

要得到与时间相关的解，可采取如下方法：借助 Loewner 微分方程引入映射函数 ζ_1，$\zeta_2 = \omega(z, t)$，把单位圆域映射为 T 时刻物理平面(ζ_1 面、ζ_2 面)上的区域，$t = \eta(T) \in [0, \infty)$ 为与时间 T 有关的参数，进而在单位圆内部解边值问题求出 $\Phi(z, t)$、$\Psi(z, t)$，最终得到时变解 $\Phi(\zeta, t)$、$\Psi(\zeta, t)$. 求解过程中确定映射函数是关键环节，就本例(如图 6.13 所示)来讲，$\zeta = \omega(z, t) = \chi(w, t) \circ f(z, t)$ 为将 z 平面圆界域映射为 w 平面有边界内扩单裂纹的圆界域，再映射为 ζ 平面任意有边界内扩裂纹的有界区域 D 的复合映射(注：不失一般性，圆界区域可取为单位圆域)，如图 6.14 所示. 由注记 2.3.1 可知，只要在 Loewner 微分方程(2.3.3)中选择合适的驱动函数 $k(t)$，保证 $k'(t)$ 在 $[0, \infty)$ 上连续，则 $f(z, t)$ 可由 Loewner 微分方程(定理 2.3.2)解出，故原则上 $\zeta = \omega(z, t)$ 也就能确定下来. 如果难以获得映射函数的显式，也可借助数值共形映射方法来处理(注：这样也提示了动态断裂分析的一种半解析、半数值的研究途径). 特别地，当 D 为裂纹圆界区域时，此问

题就简化为前一节讨论过的问题. 在准静态条件下，甚至可以按照前一节所述求解方法进行分析而获得近似的时变解析解.

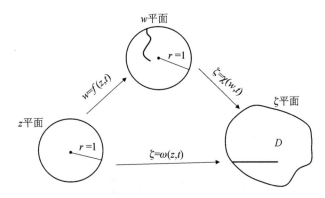

图 6.14   单位圆域到含定向快速内扩裂纹区域的复合映射

显然，按传统的 Radok-范天佑方法来求解本例是不可能的. 其实 Radok-范天佑方法只是对不变边界（人为设定裂纹长度）及恒定边界条件用共形变换求解，即只是针对一些特殊区域克服了上面所说的第三个困难而绕开了前两个障碍，将较为特殊的区域映射入单位圆内求解边值问题，从而求出与时间无关的 Φ、Ψ，动态因素仅仅反映在速度参量上.

附录　查尔斯·勒夫纳小传

　　查尔斯·勒夫纳（Charles Loewner）是著名的美籍捷克裔数学家，早期在捷克时曾用姓名 Karel Löwner，在德国时曾用姓名 Karl Löwner。1893 年 5 月 29 日，Loewner 出生于捷克共和国拉尼镇的一个犹太商人家庭，其父亲西蒙·勒夫纳（Sigmund Löwner）在镇上经营着一家店铺。勒夫纳于 1917 年获得布拉格大学数学博士学位，导师是著名的数学家格奥尔格·皮克（Georg Pick）。取得学位后，勒夫纳主要以教师为职业，先后在柏林大学、布拉格大学、路易斯维尔大学、布朗大学、叙拉古大学、斯坦福大学任职，于 1968 年 1 月卒于美国斯坦福大学。勒夫纳专长于经典分析，研究工作涉及复分析、泛函分析、李群与半群理论，早年即在单复变几何函数论的比伯巴赫猜想的研究中取得重大突破——用其独创的基于所谓 Loewner 微分方程的参数表示法证明了关于 S 族单叶函数的系数不等式 $|a_3| \leqslant 3$ 成立。由于众所周知的原因，和许多犹太人一样，他从欧洲移居到了美国，移居美国后把姓名改为 Charles Loewner。在战乱年代客居他乡，勒夫纳经历了不少的艰辛，作为一个颇有名望的学者，为了生活却不得不四处奔波谋取普通教师职位。由于当时美国的许多学校研究水平并不高（注：与欧洲相较而言），一般的高校数学系很少开设具有高级研究水平的课程，故初到美国时，勒夫纳只能屈就，拿着低薪讲授大量的初级课程，每周授课学时竟高达 24 小时，后来在少部分有兴趣的学生要求下，才在没有报酬的情况下义务地讲授一些高级课程。不管怎样，勒夫纳一生从教 50 年，悉心培养出了不少优秀学生，日后卓有建树的有贝尔斯（Lipman Bers）、霍恩（Roger A. Horn）、加希亚（Adriano Garsia）等，其中特别值得一提的是我国四川大学已故数学教授蒲保明就是勒夫纳在叙拉古大学执教时的博士生。

参 考 文 献

[1] 张南岳. 复变函数论选讲[M]. 北京：科学出版社，1995.

[2] 李忠. 复分析导引[M]. 北京：北京大学出版社，2004.

[3] 龚昇. 比贝尔巴赫猜想[M]. 北京：科学出版社，1989.

[4] 刘书琴. 单叶函数[M]. 西安：西北大学出版社，1988.

[5] POMMERENKE C. Boundary behaviour of conformal maps [M]. New York：Springer-Verlag，1992.

[6] 戈鲁辛. 复变函数的几何理论[M]. 北京：科学出版社，1956.

[7] POMMERENKE C. Univalent functions [M]. Göttingen：Vanderhoeck and Ruprecht，1975.

[8] LAWLER G F. Conformally invariant processes in the plane [M]. Volume 114. Providence：Amer Math Soc，2008.

[9] ABATE M，BRACCI F，CONTRERAS M D. The evolution of Loewner differential equations[J]. E MS Newsletter，2010，(78)：31 – 38.

[10] SCHRAMM O. Scaling limits of loop-erased random walks and uniform spanning trees[J]. Israel J Math，2000，118：221 – 288.

[11] DUREN P L. Univalent functions [M]. New York：Springer-Verlag，1983.

[12] 路见可. 平面弹性的复变方法[M]. 武汉：武汉大学出版社，2002.

[13] 穆斯海利什维里 N I，数学弹性理论的几个基本问题[M]. 5 版. 北京：科学出版社，2018.

[14] 陈篪. 论裂纹扩展的判据[J]. 新金属材料，1977，13(1)：57 – 72.

[15] 杨晓春. 保形映照法与断裂问题的解析解（Ⅰ）[J]. 宁夏大学学报（自然科学版），2000，21(1)：60 - 65.

[16] 杨晓春. 保形映照法与断裂问题的解析解（Ⅱ）[J]. 宁夏大学学报（自然科学版），

2000，21(2)：93 - 97.

[17]　范天佑. 断裂动力学原理与应用[M]. 北京：北京理工大学出版社，2006.

[18]　范天佑. 断裂理论基础[M]. 北京：科学出版社，2003.

[19]　OLEAGA G E. The classical theory of functions and quasistatic crack propagation [J]. Euro. Jnl of Applied Mathematics，2006，17：233 - 255.

[20]　KAGER W，NIENHUIS B，KADANOFF L P. Exact solutions for Loewner evolutions[J]. Journal of Statistical Physics，2004，115：805 - 822.

[21]　OLEGA G. On the path of a quasistatic crack in Mode Ⅲ. [J]. Elasticity，2004，76(2)，163 - 169.

[22]　吴华. Lowner 理论对动态断裂问题的应用初探[J]. 重庆电子工程职业学院学报，2010，19(5)：140 - 143，165.

[23]　吴华. 圆界平面上一类裂纹扩展的近似分析解[J]. 西南师范大学学报，2011，36(5)：74 - 78.

[24]　吴华. Loewner 理论 100 年(Ⅰ)：Loewner 基本定理及其早期发展述评 [J]. 科教创新与实践，2021，(8)：278 - 280.

[25]　吴华. Loewner 理论 100 年(Ⅱ)：近期发展及重大应用述评 [J]. 前卫，2022，(7)：4 - 7.

[26]　拉夫连季耶夫 M A，沙巴特 B B. 复变函数论方法[M]. 6 版. 北京：高等教育出版社，2006.

[27]　韩勇. 随机 Loewner 演化介绍[J]. 中国科学(数学)，2020，50(6)：795 - 828.

[28]　杜振叶，蓝师义. 偶极 Loewner 微分方程的一些估计[J]. 中山大学学报（自然科学版），2021，60(5)：175 - 184.

[29]　田爽爽. 带形区域上的通弦 SLE 和反向 SLE 的一些性质 [D]. 南宁：广西民族大学，2016.